U0322360

国防科技图书出版基金

迭代检测伪码捕获技术
Iterative Detection Pseudo-code Acquisition Technology

王伟 李欣 著

国防工业出版社
·北京·

图书在版编目(CIP)数据

迭代检测伪码捕获技术/王伟,李欣著. —北京:国防工业
出版社,2014.5
ISBN 978 - 7 - 118 - 09316 - 2

Ⅰ.①迭… Ⅱ.①王…②李… Ⅲ.①扩频通信 - 信
息代码 - 迭代法 - 信号检测 Ⅳ.①TN914.4

中国版本图书馆 CIP 数据核字(2014)第 055853 号

※

国防工业出版社 出版发行
(北京市海淀区紫竹院南路 23 号 邮政编码 100048)
北京嘉恒彩色印刷有限公司
新华书店经售
*
开本 710×1000 1/16 印张 13¾ 字数 262 千字
2014 年 5 月第 1 版第 1 次印刷 印数 1—3000 册 定价 76.00 元

(本书如有印装错误,我社负责调换)

国防书店:(010)88540777 发行邮购:(010)88540776
发行传真:(010)88540755 发行业务:(010)88540717

致 读 者

本书由国防科技图书出版基金资助出版。

国防科技图书出版工作是国防科技事业的一个重要方面。优秀的国防科技图书既是国防科技成果的一部分，又是国防科技水平的重要标志。为了促进国防科技和武器装备建设事业的发展，加强社会主义物质文明和精神文明建设，培养优秀科技人才，确保国防科技优秀图书的出版，原国防科工委于 1988 年初决定每年拨出专款，设立国防科技图书出版基金，成立评审委员会，扶持、审定出版国防科技优秀图书。

国防科技图书出版基金资助的对象是：

1. 在国防科学技术领域中，学术水平高，内容有创见，在学科上居领先地位的基础科学理论图书；在工程技术理论方面有突破的应用科学专著。

2. 学术思想新颖，内容具体、实用，对国防科技和武器装备发展具有较大推动作用的专著；密切结合国防现代化和武器装备现代化需要的高新技术内容的专著。

3. 有重要发展前景和有重大开拓使用价值，密切结合国防现代化和武器装备现代化需要的新工艺、新材料内容的专著。

4. 填补目前我国科技领域空白并具有军事应用前景的薄弱学科和边缘学科的科技图书。

国防科技图书出版基金评审委员会在总装备部的领导下开展工作，负责掌握出版基金的使用方向，评审受理的图书选题，决定资助的图书选题和资助金额，以及决定中断或取消资助等。经评审给予资助的图书，由总装备部国防工业出版社列选出版。

国防科技事业已经取得了举世瞩目的成就。国防科技图书承担着记载和弘扬这些成就，积累和传播科技知识的使命。在改革开放的新形势下，原国防科工委率先设立出版基金，扶持出版科技图书，这是一项具有深远意义的创举。此举势必促使国防科技图书的出版随着国防科技事业的发展更加兴旺。

设立出版基金是一件新生事物，是对出版工作的一项改革。因而，评审工作需要不断地摸索、认真地总结和及时地改进，这样，才能使有限的基金发挥出巨大的效能。评审工作更需要国防科技和武器装备建设战线广大科技工作者、专家、教授，以及社会各界朋友的热情支持。

让我们携起手来，为祖国昌盛、科技腾飞、出版繁荣而共同奋斗！

国防科技图书出版基金

评审委员会

前　言

　　扩频通信技术具有抗干扰能力强、保密性好、抗截获、抗衰落、抗多径干扰、多址能力以及测距精准等一系列优点,因而受到了人们越来越多的重视。目前,在无线通信、卫星导航定位、雷达、水声通信和深空探测等诸多领域,扩频通信技术都得到了较为广泛的应用。同步作为扩频通信理论的一项关键技术,得到越来越多科研人员的关注,特别是在国防领域,随着超长伪码序列的发展和应用,传统方法在同步时间上已经无法满足实时性和复杂度的要求。本书重点介绍一种新的伪码捕获方法,不同于传统意义上的时频域捕获,而是基于迭代译码的思想,是从一种全新的视觉角度来分析伪码捕获问题的方法。

　　全书共分为6章:第1章介绍扩频通信系统的基础知识和伪随机序列,并着重对传统的捕获跟踪算法进行分析,便于读者理解本书所介绍的迭代检测伪码捕获方法;第2章介绍迭代检测的基础知识,包括概率、信号检测与估值、迭代检测思想的来源和迭代检测的相关知识及应用;第3章介绍因子图理论,包括因子图的基础知识、基于图模型理论的和积算法、最小和算法,最后给出了基于因子图的迭代检测伪码捕获方法;第4章分别以 m 序列和 Gold 码为例详细描述基于迭代检测伪码捕获方法的流程,并对迭代伪码捕获算法的性能进行仿真和分析。第5章针对算法的捕获性能提升和实现复杂度等方面提出相应的优化方法;第6章主要阐述算法的硬件实现,给出基于 FPGA 的硬件实现过程。

　　本书基于国内外学者的文献资料和作者从事的科研项目成果撰写而成,获得了总装备部国防科技图书出版基金的资助,在此作者谨向关心和支持本书撰写工作的各位专家、同事和同行表示由衷的感谢!

　　迭代检测伪码捕获技术是从一种新的视角解决长伪码序列捕获问题,涉及的知识比较广泛,作者水平和经验有限,疏失错误在所难免,全书的整体结构和内容安排还不够缜密。以上不当之处,恳请读者批评指正。

目　录

X

Contents

第1章　扩频通信系统

1.1　概　述

通信现代化是人类社会进入信息时代的重要标志。在现代通信系统中遇到的一个重要问题就是干扰问题。随着通信事业的发展,各类通信网的建立,使得有限的频率资源更加"拥挤",相互之间的干扰更为严重。如何在恶劣的环境条件下,保证通信有效、准确、迅速地进行是摆在当今通信科研人员面前的一个难题。

扩频通信是应用频谱展宽技术,实现加密、选址通信的一门新学科,它是一种具有多功能、抗干扰能力强的通信方式,是传统通信方式的重大突破和飞跃,其优点是传统通信方式无法比拟的。将其用于移动通信系统,不但可以实现 CDMA 移动通信系统,而且能减轻甚至消除由于移动信道多径时延扩展所引起的频率选择性衰落对数字移动通信系统性能的影响。扩频通信之所以得到迅速发展并且自成体系,其基本原因有以下两个方面:一是社会需要,特别是军事上的迫切需要;二是电子器件的发展,尤其是大规模、超大规模集成电路的研制成功,为扩频通信进入实用阶段奠定了物质基础。本章主要介绍了扩频通信系统的基础知识和伪随机序列,并着重对传统的捕获跟踪算法进行了分析,便于读者理解本书所介绍的迭代检测伪码捕获方法。

1.2　扩频通信系统的基础知识

1.2.1　扩频通信系统的概念

扩频通信就是扩展频谱(Spread Spectrum,SS)通信,它最初应用于军事导航和通信系统中。到了第二次世界大战末期,通过扩展频谱的方法达到抗干扰的目的已成为雷达工程师们熟知的概念。在随后的数年中,出于提高通信系统抗干扰性能的需要,扩频技术的研究得以广泛开展,并且出现了许多其他的应用,如降低能量密度、高精度测距、多址接入等。

扩频通信技术是一种信息传输方式,在发送端采用扩频码调制,使信号所占的频带宽度远大于传送信息所需的带宽;在接收端采用相同的扩频码进行相关解扩以恢复所传信息数据。这个定义包括三方面的含义:

1. 信号的频谱被展宽

众所周知,传输任何信息都需要一定的频带,称为信息带宽或基带信号频带宽度。例如,人类语音的信息带宽为300~3400Hz,电视图像信息带宽为6MHz。在常规通信系统中,为了提高频率利用率,通常都尽量采用带宽大体相当的信号来传输信息,即在无线电通信中射频信号的带宽与所传信息的带宽是相比拟的,一般属于同一个数量级。如用调幅(AM)信号来传送语言信息,其带宽为语言信息带宽的2倍,用单边带(SSB)信号来传输,其信号带宽更小;即使是调频(FM)或脉冲编码调制(PCM)信号,其带宽也只是信息带宽的几倍。而扩频系统在传输同样信息信号时所需要的传输带宽远远超过常规通信系统中各种调制方式所要求的带宽,其信号带宽与信息带宽之比则高达100~1000,属于宽带通信。

2. 采用扩频码序列调制的方式来展宽信号频谱

由信号理论可知,在时间上有限的信号,其频谱是无限的。信号脉冲越窄,其频谱就越宽。作为工程估算,信号的频带宽度与其脉冲宽度近似成反比。例如,波长为1μs的脉冲带宽约为1MHz。因此,如果所传信息被很窄的脉冲序列调制,则可产生很宽频带的信号,这种很窄的脉冲码序列(其码速率很高)可作为扩频码序列。需要说明的是,扩频码序列与所传的信息数据是无关的,也就是说,它与一般的正弦载波信号是相类似的,不影响信息传输的透明性,扩频码序列仅仅起扩展信号频谱的作用。

3. 在接收端用相关解调(或相干解调)来解扩

正如在一般的窄带通信中,已调信号在接收端都要进行解调来恢复发送端所传的信息一样,在扩频通信中,接收端用与发送端完全相同的扩频码序列,与接收到的扩频信号进行相关解扩,恢复所传信息。

这种在发送端把窄带信息扩展成宽带信号,而在接收端又将其解扩成窄带信息的处理过程,会带来一系列好处。

1.2.2 扩频通信系统的基本原理

1. 香农公式

"信息论"的奠基人香农(C. E. Shannon)指出"在高斯白噪声干扰情况下,在平均功率受限的信道上,实现有效和可靠通信的最佳信号乃是白噪声形成的传递信号",并给出了著名的香农公式,即

$$C = B\log_2(1 + S/N) \tag{1-1}$$

式中:C为信息容量,相当于信息传输率(b/s);B为信道带宽(Hz);S/N为信号的信噪比。

香农公式的本意是在给定信号功率和白噪声功率N的情况下,只要采用某种编码系统,就能以任意小的差错概率,以接近于C的传输速率来传送信息。但从式(1-1)还可以进一步看出:在信道容量不变的前提下,可以用加大系统带宽为代价来降低信噪比的要求,即带宽与信噪比具有互换关系。也就是说,增加带宽可以

在较低信噪比的情况下用相同的信息传输速率,以任意小的出错概率来传输信息,甚至在信号被噪声淹没的情况下,只要信号带宽足够大,也能保证可靠通信。因此,如果用高速率的扩频码将待传信息的带宽扩展成原来的几百倍甚至上千倍,就可以提高通信系统的工作能力,保证系统在低信噪比和强干扰条件下仍然能够安全可靠的工作。这就是扩展频谱通信的基本思想。

2. 潜在的抗干扰理论

根据柯捷里尼可夫在"潜在抗干扰性理论"中得到的信息传输差错概率公式为

$$p = f_{\mathrm{u}}\left(\frac{E_{\mathrm{s}}}{n_0}\right) \tag{1-2}$$

式中:p 为差错概率;f_{u} 表示函数关系;E_{s} 为信号能量;n_0 为噪声功率密度。

变换式(1-2),设信号带宽为 B_{s},信号功率为 P,信息带宽为 B_{d},信息持续时间为 T_{d},噪声功率为 N

$$\begin{cases} B_{\mathrm{d}} = \dfrac{1}{T_{\mathrm{d}}} \\[2mm] P = \dfrac{E_{\mathrm{s}}}{T_{\mathrm{d}}} \\[2mm] N = B_{\mathrm{s}} n_0 \end{cases} \tag{1-3}$$

把式(1-3)代入式(1-2),得

$$p = f_{\mathrm{u}}\left(\frac{E_{\mathrm{s}}}{n_0}\right) = f_{\mathrm{u}}\left(\frac{PT_{\mathrm{d}}}{N}B_{\mathrm{s}}\right) = f_{\mathrm{u}}\left(\frac{P}{N}\frac{B_{\mathrm{s}}}{B_{\mathrm{d}}}\right) \tag{1-4}$$

由式(1-4)可知,差错概率 p 是输入信号与噪声功率比(P/N)和信号带宽与信息带宽比($B_{\mathrm{s}}/B_{\mathrm{d}}$)两者乘积的函数。也就是说,对于输入一定带宽 B_{d} 的信息,信噪比(S/N)与信号带宽 B_{s} 可以互换,指出了使用增加信号带宽 B_{s} 的方法可以换取 S/N 的好处。

3. 扩频通信系统的模型

1)扩频通信系统的数学模型

扩频通信系统可以认为是扩频和解扩的变换对,其数学模型如图1.1所示。要传的信号 $s(t)$ 经过扩频变换,将频带较窄的信号 $s(t)$ 扩展到很宽的频带 B_{s} 上去,发射的信号为 $s_{\mathrm{s}}(s(t))$。扩频信号通过信道后,叠加噪声 $n(t)$ 和干扰信号 $J(t)$,送入解扩器的输入端。对解扩器而言,其解扩过程正好是扩频过程的逆过程,从而有:对信号 $s_{\mathrm{s}}^{-1}[\cdot]$ 的处理,还原出 $s(t)$,即 $s_{\mathrm{s}}^{-1}[s_{\mathrm{s}}(s(t))] = s(t)$,而对噪声 $n(t)$ 和干扰信号 $J(t)$,有 $s_{\mathrm{s}}^{-1}[n(t)] = n(t)'$ 和 $s_{\mathrm{s}}^{-1}[J(t)] = J(t)'$,即将 $n(t)$ 和 $J(t)$ 扩展。这样,噪声和干扰只有在 $s(t)$ 的频带 $[f_a, f_b]$ 内时才能通过,$[f_a, f_b]$ 相对于 B_{s} 来讲要小得多,所以,噪声和干扰得到很大程度的抑制,提高了系统的输出信噪比或信干比。

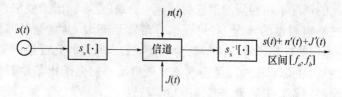

图1.1 扩频通信系统的数学模型

2）扩频通信系统的物理模型

扩频通信系统的物理模型如图1.2所示。信源产生的信号经过第一次调制——信息调制（如信源编码）成为一数字信号,再进行第二次调制——扩频调制,即用一扩频码将数字信号扩展到很宽的频带上,然后进行第三次调制,把经扩频调制的信号搬移到射频上发送出去。在接收端,接收到发送的信号后,经混频后得到一中频信号,再用本地扩频码进行相关解扩,恢复成窄带信号,然后进行解调,将数字信号还原出来。在接收的过程中,要求本地产生的扩频码与发端用的扩频码完全同步。

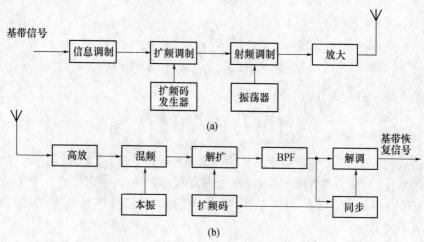

图1.2 扩频通信系统物理模型

（a）发射；（b）接收。

1.2.3 扩频通信系统的类型

1. 直扩工作方式

直扩（Direct Sequence Spread Spectrum,DSSS）工作方式是直接用伪随机序列对载波进行调制,要传送的数据信息需要经过信道编码后,跟伪随机序列进行模二加生成复合码去调制载波。接收机在收到发射信号后,首先通过伪码捕获环路确定伪码的精确相位,并由此产生跟发送端的伪码相位完全一致的伪码序列,作为本地解扩信号,以便能够及时恢复出数据信息来,完成整个系统的信号接收。

2. 跳频工作方式

跳频(Frequency Hopping,FH)工作方式是经过数据信息调制后的基带信号,作载波调制后发射,但发射载波频率受伪随机序列发生器控制,并在一定频带内随机地跳变。这种工作方式需要快速响应的频率合成器。因此,载波调制大多数采用与相位无关的调频方式,其跳频工作称为非相干 FH 方式。扩展频带由整个频率合成器生成的最小频率间隔和频率间隔数目来共同决定。

3. 跳时工作方式

跳时(Time Hopping,TH)工作方式是信息数据送入受伪随机序列控制的脉冲调制发射器,发射出携带信息数据的伪随机间隔射频信号。这种工作方式允许在随机时分多址通信应用中,发射机和接收机使用同一天线。在实际应用中,很少采用这种工作方式。

4. 线性调频扩频

线性调频扩频是指在给定脉冲持续间隔内,系统载频线性地扫过一个很宽的频带。因为频率在较宽的频带内变化,故信号的带宽被展宽。

5. 混合扩频

几种不同的扩频方式混合应用,如直扩和跳频的结合(DS/FH),跳频与跳时的结合(FH/TH),以及直扩、跳频与跳时的结合(DS/FH/TH)等。

在扩频系统中,直扩、跳频是两种最重要的形式,应用得较普遍的是 DS 和 FH 以及二者的结合(DS/FH)。

1.2.4　扩频通信系统的基本参数

1. 处理增益

处理增益为接收机解扩器的输出信噪比$(S/N)_{out}$与接收机的输入信噪比$(S/N)_{in}$的比值,即

$$G_p = \frac{(S/N)_{out}}{(S/N)_{in}} \qquad (1-5)$$

处理增益的物理意义是表明扩频系统对于信噪比的改善程度,即对干扰的抑制程度。也可以表示为频谱扩展后的信号带宽B_c与频谱扩展前的信号带宽B_b之比(单位用 dB 表示),即

$$G_p = \frac{B_c}{B_b} = \frac{R_c}{R_b} = \frac{T_b}{T_c} \qquad (1-6)$$

式中:R_c为扩频码的时钟速率,$R_c = 1/T_c$;R_b为信息速率,$R_b = 1/T_b$,T_b为信息数据的脉宽;T_c为扩频码的码元宽度。

对于直扩系统,若一个基带信息包含一个周期的伪码,伪码序列长度为 N,即 $T_b = NT_c$,因而其处理增益 $G_p = N$。提高直扩系统扩频增益有两种途径:一是提高伪码的速率;二是降低基带信息速率。

对于跳频系统,假设频率跳变范围为 B_R,跳频频率数为 N,频率间隔为 ΔF,而信息带宽 $B_b \leqslant \Delta F$,则跳频系统处理增益为

$$G_p = \frac{B_R}{B_b} \geqslant N \qquad (1-7)$$

当 $B_b = \Delta F$ 时,$G_p = N$。可见,跳频系统的处理增益与跳频系统的可用频率数 N 成正比,N 越大,射频带宽越宽,抗干扰能力越强。

对于跳时系统,其处理增益为占空比的倒数,即

$$G_p = \frac{1}{D} \qquad (1-8)$$

式中:D 为占空比。

处理增益表明了扩频系统对干扰的抑制程度,但系统能否正常工作仅靠处理增益是不能描述的,还取决于干扰容限。

2. 抗干扰容限

抗干扰容限定义为

$$M_j = G_p - \left[L_{sys} + \left(\frac{S}{N} \right)_{out} \right] \qquad (1-9)$$

式中:G_p 为系统处理增益;L_{sys} 为系统插入损耗;$(S/N)_{out}$ 为信息数据被正确解调所要求输出的最小信噪比。

抗干扰容限考虑了一个可用系统输出信噪比的要求,而且顾及了系统内部的信噪比损耗,它反映了扩频通信系统在干扰环境中的工作能力。若扩频增益 $G_p = 40dB$,假设系统插入损耗 $L_{sys} = 3dB$,要求输出信噪比 $(S/N)_{out} = 10dB$,则由式(1-9)可得系统的干扰容限 $M_j = 27dB$。它表明:干扰功率超过信号功率 27dB 时,系统就不能正常工作,即系统的输出信噪比就不能满足要求;而在二者之差小于 27dB 时,系统仍能正常工作,即信号在一定的噪声(或干扰)淹没下(信噪比为 $-27dB$ 时)也能正常通信。

但在实际工程中,扩频接收机的相关解扩和解调器都达不到理想的线性要求,其非线性及码元跟踪误差导致信噪比损失,且在输入信噪比很低时存在门限效应,因此扩频接收机实际上容许输入干扰与信号功率比值比干扰容限还要低。

3. 频带效率

频带效率是传输的码率(bit/s)与数字信号所占的频带(Hz)之比。频带效率与信源编码无关,只决定于信息调制的方式,表明调制的信息密度。

1.2.5 扩频通信系统的特点

扩频通信之所以得到应用和发展,成为近代通信发展的方向,是因为它具有独特的性能。

1. 抗干扰能力强

由于扩频系统利用了扩展频谱技术,在发送端对信号能量进行展宽,在接收端对信号频谱能量压缩集中,因此在输出端就得到了信噪比的增益,这样的扩频通信机制可以在很小的信噪比情况下进行通信,甚至在信号比干扰信号低得多的条件下实现可靠的通信。这种"去掉干扰"能力的功能,是扩频通信的主要优点之一。

当接收机本地解扩码与收到的信号码完全一致时,所需要的信号恢复到未扩频前的原始带宽,而其他任何不匹配的干扰信号被接收机扩展到更宽的频带上,从而使落入到信息带宽范围的干扰强度被大大降低,当通过窄带滤波器(带宽为信息带宽)时,就抑制了滤波器的带外干扰信号。

系统对高斯白噪声干扰、正弦波干扰(瞄准式干扰)、邻码干扰以及脉冲干扰均有较强的抗干扰能力,对多径效应的影响不敏感。扩频系统对瞄准式干扰有独特的抵抗效能,这对于电子对抗是很有利的。扩频抗干扰系统的思想是:通信链路中有许多正交信号坐标点或维度可供选择,在任一时段只选用其中的一个很小的子集。假定干扰者无法确定当前使用的信号子集,比如对于带宽 B、持续时间 T 的信号,可以证明其信号维数约为 $2BT$。在功率无限的高斯白噪声环境下,扩频并没有带来性能的提升,但功率固定且有限的干扰台只能在有限的频带内施放噪声干扰,而且不能确定信号坐标点所处的信号空间的位置,因此只能从以下两种方式中选择其一。

(1)向系统使用的信号坐标点施放等强度的干扰,结果是落在每一个坐标点上的干扰噪声功率很小。

(2)在某些信号坐标上施放高强度的干扰,也可以理解为在各个坐标点上施加强度不一的干扰。

2. 可随机接入、任意选址

扩频通信的另一个重要特点是可以进行选址通信,组网方便,适合机动灵活的战术通信。

(1)将扩展频谱技术与正交编码方法结合起来,可以构成码分多址通信。为了区别不同用户,使用不同的正交地址码,在同一载频、同一时间内,允许多对电台同时工作。或者用数码控制跳频器,随机的变换信号载频。不同的用户,可用不同的载频跳变规律(称为跳频圈)相互区分,故在同一频带内,可允许很多不同地址号码的电台。各电台号码可以随机改变,还可以用微处理机软件程序进行控制。若想变更电台号码,只要给电台内微处理器送入相应的程序即可。所以,扩频通信是一个多地址通信系统,而且地址号码可以随机变动。

(2)扩频通信具有共用信道自动选呼能力。每个用户有自己的号码,每个用户可以自由选呼其他各个用户,呼叫中自动持续,不需人工交换,如同自动电话一样使用方便。在同一信道内,若几十对电台同时通话,可以做到互不影响。

（3）由于组成多址通信时,网内并不需要各电台严格同步,因此,网内可随机接入电台,增加用户数,随时随地可增减电台号码。各个通信系统也便于用微处理机进行信息处理与自动交换控制。

（4）如果单纯从窄带信息被扩展成宽带信号来看,扩频通信似乎是频带利用率很低,但实际上,由于扩频码实现了码分多址,地址数可以由几百增加到几千个,虽然每个用户占用的时间是很有限的,但是用户可以同时占用同一频带,这就有效地利用了频带,大大提高了频带的利用率。

3. 安全通信

扩频通信是一个比较安全、可靠的通信系统,其原因如下:

（1）信号功率密度低。扩频发送端对要传送的信息进行了频谱扩展,其频谱分量的能量被扩散,使信号功率密度降低,近似于噪声性能,从而使信号具有低幅度、隐蔽性好的优点。

（2）数字信息易加密。由于扩频通信可以传送数字信号,因此当把模拟信号变换成数字信号时,数字信号不但加密很方便,而且数字加密的密级也较高,保密性能好。

（3）通信信息不易被窃取。由于扩频通信电台地址采用伪随机编码,可以进行数字加密,在接收端如不掌握发送端信号随机码的规律,是提取不到信号的,接收到的只是噪声。即便是知道了地址码,解出了加密的发射信息信号,如果不了解密钥,不采取相应的解密措施,还是听不懂对方的讲话,解不出正确的数字、文字符号,所以扩频系统通信安全性较好。

（4）通信不易被破坏。扩频通信体制具有很高的抗干扰能力,尤其对瞄准式干扰具有特别有效的抵制功能,在电子战对抗中有很强的抗干扰能力,要企图封锁和压制这个系统的通信是比较困难的,所以扩频通信的可靠性较好。

4. 距离分辨力高。

扩频信号可用于测距和定位。利用脉冲在信道中的传输时延可以计算出传播距离,时延测量的不确定度与脉冲信号带宽成反比。不确定度 Δt 与脉冲上升时间成正比,即与脉冲信号带宽 B 成反比,即

$$\Delta t = \frac{1}{B}$$

因此,带宽 B 越大,测距的精度就越高。在高斯信道中,对单个脉冲的一次性测量是不可靠的,扩频技术中通常采用极性不断变化的长序列编码信号（如 BPSK 调制信号）代替单个脉冲。接收端对接收序列与本地移位序列进行相关检测,即可精确测定时延和距离。

5. 信息传输方便灵活

扩频通信系统基本上是一个数字通信系统,电路大部分采用数字电路,可以实

现集成化。集成电路体积小、功耗低、电气性能稳定可靠,用集成电路模块组成的系统,适宜于移动通信的要求。由于系统传送的是数字信号,系统的终端便于与微处理机相连接,可以直接进行人机对话,实现现代通信,因此,也就增加了系统的功能。

6. 抗衰落能力强

扩频系统不但具有数字通信的特性,而且还具有抗衰落性能。这是因为扩频通信系统所传送的信号频谱已扩展很宽,频谱密度很小,在传输过程中存在小部分频谱衰落时,不会使信号造成严重畸变。扩频信号的功率、谱密度远比普通信号小,这样在任一窄的频率范围内,发送的功率都很低,如果信号在传播中局部频谱损耗,也不会严重影响整个信号的传输。

以上是扩频通信的特点。但并不是同一系统内必须同时利用上述的所有特点,而是可以只利用其中的某一个特点。

1.3　伪随机序列

在扩频通信系统中,信号频谱的扩展是通过扩频码(或伪随机序列)来实现的。从理论上讲,用纯随机序列去扩展信号的频谱是最理想的,但接收机中为了解扩还应有一个同发送端扩频码同步的副本。由于纯随机序列很难复制,因此实际工程中多用伪随机序列作为扩频码。这是由于伪随机序列具有类似随机序列的性质。

1.3.1　伪随机序列的基本概念

1. 伪随机序列

香农编码定理指出:只要信息速率 R_b 小于等于信道容量 C,总可以找到某种编码方式,使在码字 N 足够长的条件下,能够几乎无差错地从遭受到高斯白噪声干扰的信号中复制出原发送信息。

这里有两个条件:一是 $R_b < C$;二是码字足够长。香农在证明编码定理时提出了用具有高斯白噪声统计特性的信号来编码。白噪声是一种随机过程,它的瞬时值服从正态分布,功率谱在很宽的频带内是均匀的,具有较好的自相关特性,其理想自相关特性可以表示为

$$R_n(\tau) = \frac{n_0}{2}\delta(\tau) \qquad\qquad (1-10)$$

$$G_n(\omega) = \frac{n_0}{2} \qquad\qquad (1-11)$$

式中:$n_0/2$ 为白噪声的双边噪声谱密度;$R_n(\tau)$ 为自相关函数;$G_n(\omega)$ 为功率谱密度函数。

白噪声虽然具有优良的相关特性,但至今无法对其进行产生、调制、检测、同步及控制等操作,因此,在工程中只能用类似于带限白噪声统计特性的伪随机码信号来逼近,并作为扩频系统的扩频码。

大部分伪随机码都是周期码,可以人为地加以产生和复制,通常由二进制移位寄存器来产生。由于这种码具有类似白噪声的性质,相关函数具有尖锐的特性,功率谱占有很宽的频带,因而易于从其他信号或干扰中分离出来,具有良好的抗干扰特性。工程上常用二元域$\{0,1\}$内的 0 元素与 1 元素的序列来表示伪随机码。

2. 伪随机序列的相关性

在信息传输中各种信号之间的差别性越大,任意两个信号之间越不容易混淆,即相互之间不易发生干扰和误判。理想的传输信息的信号形式应该是类似于高斯白噪声,因为取任何不同时间的两段噪声来比较都不会完全相似,若用它表示两种信号,其差别性就最大,即为了实现多址通信,信号间就必须正交或者准正交。用数学表示为

$$\int_0^{2\pi} \sin\omega t \cdot \cos\omega t \mathrm{d}\omega t \qquad (1-12)$$

1) 码序列的自相关性

在数学上用自相关函数来表示信号与它自身相移以后的自相关,模拟信号的自相关函数定义为

$$R(\tau) = \lim_{T\to\infty} \int_{-\frac{T}{2}}^{\frac{T}{2}} f(t)f(t-\tau)\,\mathrm{d}t = \begin{cases} 0, & \tau \neq 0 \\ 常数, & \tau = 0 \end{cases} \qquad (1-13)$$

式中:$f(t)$ 为信号时间函数;τ 为时间延迟;$R(\tau)$ 是信号 $f(t)$ 与其相对延迟为 τ 的 $f(t-\tau)$ 进行比较得到(如果二者不完全重叠,即 $\tau \neq 0$,则乘积的积分为 0;若二者完全重叠,即 $\tau = 0$,则相乘积分后为常数)。

长度为 N 的离散码序列 $f(n)$ 的自相关函数为

$$R_x(\tau) = \sum_{n=1}^{N} f(n)f(n+\tau) \qquad (1-14)$$

有时,将函数归一化,即用相关系数来表示相关性,对式(1-14)进行归一化,则自相关系数为

$$\rho_x(\tau) = \frac{1}{N} \sum_{n=1}^{N} f(n)f(n+\tau) \qquad (1-15)$$

图 1.3(a)为任意随机噪声波形及其延迟为 τ 的信号波形。图 1.3(b)表示其自相关函数,当 $\tau = 0$ 时,两个函数完全相同,相乘积分为一常数;$\tau \neq 0$ 时,$R(\tau) = 0$,即处于横坐标上。可见,随机噪声的自相关函数具有理想的二值自相关性。利

用这种特性,很容易判断接收到的信号与本地产生的信号复制品之间的波形和相位是否完全一致。

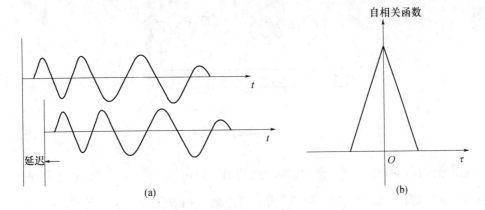

图 1.3　随机噪声的自相关函数

(a) 信号波形; (b) 自相关函数曲线。

2) 随机序列的互相关性

两个不同码序列 $x(t)$ 与 $y(t)$ 之间的相关性用互相关函数来表征,其表达式为

$$R_{xy}(\tau) = \lim_{T \to \infty} \int_{-\frac{T}{2}}^{\frac{T}{2}} x(t)y(t - \tau)\,dt \qquad (1-16)$$

如果两信号是完全随机的,则式(1 – 16)中 $R_{xy}(\tau) = 0$;若两信号具有一定的相似性,则式(1 – 16)中 $R_{xy}(\tau) \neq 0$。两信号的互相关性越小越容易区分,相互间的干扰也越小。在码分多址中,希望两个码序列完全正交。

对于周期均为 N 的两个序列码 $x(n)$ 和 $y(n)$,其互相关函数为

$$R(x,y) = \sum_{n=1}^{N} x(n)y(n) \qquad (1-17)$$

互相关系数为

$$\rho(x,y) = \frac{1}{N} \sum_{n=1}^{N} x(n)y(n) \qquad (1-18)$$

3. 移位寄存器序列

几乎所有的扩频序列都由移位寄存器产生,它能用简单的硬件来产生极长的序列,n 级移位寄存器结构如图 1.4 所示。

移位寄存器是由时钟控制的 n 个串接存储器、反馈函数和加法器组成,如果 a_i 表示第 i 级的状态,则 $a_i = 0$ 或 $a_i = 1$。在时钟信号的控制下,每级的状态自左至右移动,成为下一级的新状态,如果没有新的输入,每级的状态保持不变。反馈函数的输入端通过控制系数($C_i = 0$,为断;$C_i = 1$,为通)与移位寄存器的各级状态连接,

11

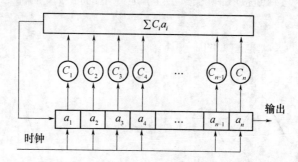

图 1.4　n 级移位寄存器结构

其输出通过反馈线作为第一级的输入，反馈函数为 $a_1 = \sum_{i=1}^{n} C_i a_i$，移位寄存器序列是指由移位寄存器输出的"1"和"0"构成的序列。相应的时间波形是指由高电平代表"1"和低电平代表"0"构成的时间函数，如图 1.5 所示。

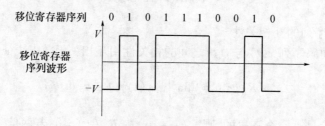

图 1.5　移位寄存器序列及波形

　　用来产生伪随机序列的移位寄存器通常有三种结构：线性反馈结构、非线性反馈结构、非线性前馈结构。

1.3.2　m 序列

　　扩频编码序列有很多种，最大长度线性移位寄存器序列（简称为 m 序列）是一类很重要的伪随机序列，称为伪噪声（PN）序列。它最早应用于扩频通信，也是目前研究最深入的伪随机序列。此外，m 序列还是研究和构造其他扩频序列的基础。m 序列有较理想的伪随机性，自相关函数尖锐，并且电路很容易实现。

　　m 序列是由多级移位寄存器通过线性反馈产生的码序列。在二进制移位寄存器中，若 n 为移位寄存器的级数，n 级移位寄存器共有 2^n 个状态，除去全零状态外，还剩下 $2^n - 1$ 种状态，因此它能产生的最大长度的码序列为 $2^n - 1$ 位。故产生 m 序列的线性反馈移位寄存器称作最长线性移位寄存器。

　　产生 m 序列移位寄存器的电路结构，即反馈线连接不是随意的，m 序列的周期 N 也不能取任意值，而是必须满足

$$N = 2^n - 1 \qquad\qquad (1-19)$$

式中:n 为移位寄存器的级数。

m 序列发生器原理框图如图 1.6 所示。

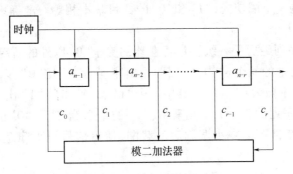

图 1.6 m 序列发生器原理框图

图中:$a_{n-i}(i=1,2,3,\cdots,r)$ 为移位寄存器中每位寄存器的状态;$c_i(i=0,1,2,\cdots,r)$ 为第 i 位寄存器的反馈系数,$c_i=0$ 时表示无反馈,将反馈线断开,$c_i=1$ 时表示有反馈,将反馈线连接起来。在此结构中 $c_0=c_r=1$,c_0 不能为 0,c_0 为 0 就不能构成周期性的序列,因此 $c_0=0$ 意味着无反馈,为静态移位寄存器。c_r 也不能为 0,即第 r 位寄存器一定要参加反馈,否则,r 级的反馈移位寄存器将简化为 $r-1$ 级或更低的反馈移位寄存器。不同的反馈逻辑,即 $c_i(i=0,1,2,\cdots,r-1)$ 取不同的值,将产生不同的移位寄存器序列。

图 1.7 是一个 5 级移位寄存器产生的 m 序列,其中选择的反馈函数 $c_i=100101$,初始状态为"11111",反馈函数不同以及初始状态不同都会使输出的序列不同。图中用 -1 代替 0。

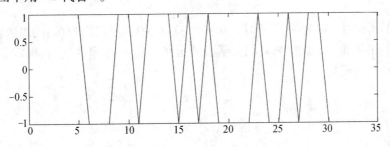

图 1.7 当 $n=5$ 时输出的 m 序列

最长线性移位寄存器序列可以由反馈逻辑的递推关系求得。一个以二元有限域的元素 $a_n(n=0,1,\cdots)$ 为系数的多项式

$$G(x) = a_0 + a_1 x + a_2 x^2 + \cdots + a_n x^n = \sum_{n=0}^{\infty} a_n x^n \qquad (1-20)$$

称为序列的生成多项式,简称序列多项式。产生 m 序列的生成多项式必是不可约

的,但不可约的多项式不一定能产生 m 序列。

m 序列的性质如下:

(1) 均衡性。

在 m 序列的一个周期内,"1"和"0"的数目基本相等。准确地说,"1"的个数比"0"的个数多 1 个。

这是由 m 序列经历了 n 级移位寄存器的除全"0"以外的所有 $2^n - 1$ 个状态,排除了输出序列中的 n 个连"0"。因而输出序列的"1"比"0"多 1 个。如 $n = 3$,反馈系数为 15,序列为 0101110,其中 4 个"1",3 个"0","1"比"0"多 1 个。由此可见,在输出序列的 $2^n - 1$ 个元素中,"1"的个数为 2^{n-1},"0"的个数为 $2^{n-1} - 1$。m 序列的均衡性可以减小调制后的载漏,使得信号更加隐蔽,更能满足系统要求。

(2) 游程分布。把一个序列中取值相同的相继元素合称为一个游程。在一个游程中,元素的个数称为游程长度。如 $N = 15$ 的 m 序列 111101011001000 共有 8 个游程。其中:长度为 4 的游程有 1 个,即"1111";长度为 3 的游程有 1 个,"000";长度为 2 的游程有 2 个,"11"与"00";长度为 1 的游程有 4 个,即两个"1"与两个"0"。

一般来说,在 m 序列中,长度为 1 的游程占游程总数的 1/2;长度为 2 的游程占游程总数的 1/4;长度为 3 的占 1/8;即长度为 k 的游程数占游程总数的 2^{-k},其中 $1 \leqslant k \leqslant n-2$。而且在长度为 k 的游程中($1 \leqslant k \leqslant n-2$)连"1"和连"0"的游程各占 1/2,$n-1$ 个连"0"和 n 个连"1"的游程各 1 个。

(3) 移位相加性。一个序列 $\{a_n\}$ 与其经 m 次延迟移位产生的另一不同序列 $\{a_{n+m}\}$ 模二加,得到的仍然是 $\{a_n\}$ 的某次延迟移位序列 $\{a_{n+k}\}$,即

$$\{a_n\} + \{a_{n+m}\} = \{a_{n+k}\} \tag{1-21}$$

(4) 周期性。m 序列的周期为 $N = 2^n - 1$,n 为反馈移位寄存器的级数。

(5) 相关性。根据序列自相关函数的定义以及 m 序列的性质,很容易求出 m 序列的自相关函数:

$$R(\tau) = \begin{cases} 1, & \tau = 0 \quad (\bmod N) \\ -\dfrac{1}{N}, & \tau \neq 0 \quad (\bmod N) \end{cases} \tag{1-22}$$

假设码序列周期为 N,码片宽度为 T_c,那么自相关系数是以 NT_c 为周期的函数,m 序列具有双值自相关函数特性,其自相关函数曲线如图 1.8 所示。

由图 1.8 可以看出,m 序列的自相关系数在 $\tau = 0$ 处出现尖峰,并以 NT_c 为周期重复出现。

尖峰底宽为 $2T_c$,T_c 越小,相关峰越尖锐;周期 N 越大,$\left| -\dfrac{1}{N} \right|$ 越小,m 序列的自相关特性就越好。

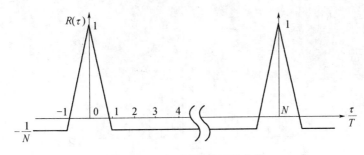

图 1.8　m 序列自相关函数曲线

研究表明,两个周期相同由不同反馈系数产生的 m 序列,其互相关函数与自相关函数相比没有尖锐的二值特性,是多值的。互相关函数表达式见式(1-16)。

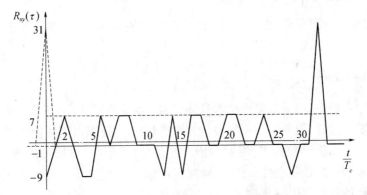

图 1.9　两个 m 序列($N=31$)互相关函数曲线

(6) 功率谱。信号的自相关函数和功率谱之间形成一傅里叶变换对,即

$$\begin{cases} G(w) = \displaystyle\int_{-\infty}^{\infty} R(\tau) e^{-j\omega\tau} d\tau \\ R(\tau) = \dfrac{1}{2\pi} \displaystyle\int_{-\infty}^{\infty} G(w) e^{j\omega\tau} dw \end{cases} \quad (1-23)$$

由于 m 序列的自相关函数是周期性的,因而对应的频谱是离散的。自相关函数的波形是三角波,对应的离散谱的包络是 $\mathrm{Sa}^2(x)$,则 m 序列功率谱(图 1.10)为

$$G_c(\omega) = \frac{1}{N^2}\delta(w) + \frac{N+1}{N^2}\mathrm{Sa}^2\left(\frac{wT_c}{2}\right)\sum_{\substack{k=-\infty \\ k\neq 0}}^{\infty}\delta\left(\omega - \frac{2k\pi}{NT_c}\right) \quad (1-24)$$

由功率谱可以得出如下结论:

① m 序列的功率谱为离散谱,谱线间隔 $\omega_1 = 2\pi/(NT_c)$;

② 功率谱包络为 $\mathrm{Sa}^2(\omega T_c/2)$,每个分量的功率与周期 N 成反比;

③ 直流分量与 N^2 成反比,N 越大,直流分量越小,载漏越小;

④ 带宽由码元宽度 T_c 决定,码元速率越高,带宽越宽;

15

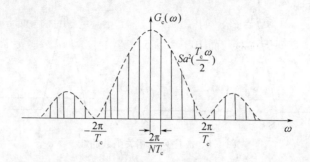

图 1.10 m 序列功率谱

⑤ 第一个零点出现在 $2\pi/T_c$ 处;

⑥ 增加 m 序列的长度 N,减小码元宽度,将使谱线加密,更接近于理想噪声特性。

1.3.3 Gold 码

在扩频系统中,因为扩频通信本身具有码分多址的特点,所以不仅要求伪随机序列具有随机性好、周期长和不易被敌方检测等,而且要求可用的伪随机序列数要尽可能多。可用伪码数越多,组网的能力就越强,抗干扰、抗窃听的能力就越强。m 序列具有很好的伪随机性和相关特性,但 m 序列的条数相对较少,很难满足作为系统地址码的要求。Gold 码继承了 m 序列的许多优点,而可用的码条数又远大于 m 序列,是作为地址码的一种良好的码型。

Gold 码是基于 m 序列优选对产生的,下面介绍 m 序列的优选对。

1. m 序列优选对

m 序列优选对是指在 m 序列集中其互相关函数最大值的绝对值 $|R_{a,b}(\tau)|_{\max}$ 小于某个值的两条 m 序列。

设序列 $\{a\}$ 是对应 n 阶本原多项式 $f(x)$ 产生的 m 序列,序列 $\{b\}$ 是对应 n 阶本原多项式 $g(x)$ 产生的 m 序列。当它们的互相关函数值 $R_{a,b}(\tau)$ 满足不等式

$$|R_{a,b}(\tau)| \leqslant \begin{cases} 2^{\frac{n+1}{2}} + 1, & n\text{ 为奇数} \\ 2^{\frac{n+2}{2}} + 1, & n\text{ 为偶数,但不被 4 整除} \end{cases} \quad (1-25)$$

此时,$f(x)$ 和 $g(x)$ 产生的 m 序列 $\{a\}$ 和 $\{b\}$ 便构成一优选对。

例如,$n=6$ 的本原多项式 103 和 147,对应的多项式为

$$103 \quad f(x) = 1 + x + x^6$$

$$147 \quad g(x) = 1 + x + x^2 + x^5 + x^6$$

分别产生 m 序列 $\{a\}$ 和 $\{b\}$。经计算它们的互相关特性为

$$| R_{a,b}(\tau) |_{\max} = 17$$

由式(1 - 25)计算出: $n = 6$ 时, $2^{\frac{(6+2)}{2}} + 1 = 17$,满足条件,因而产生 m 序列 $\{a\}$ 和 $\{b\}$ 构成一 m 序列优选对。而 103 和 155 产生的序列 $\{a\}$ 和 $\{b\}$,其互相关函数的最大值

$$| R_{a,b}(\tau) |_{\max} = 23 > 17$$

不满足式(1 - 25)的条件,故不能构成 m 序列优选对。

2. Gold 码的产生方法

Gold 码是 m 序列的组合码,是由两个长度相同、速率相同,但码字不同的 m 序列优选对模二加后得到的,具有良好的自相关性和互相关特性,且地址码数远大于 m 序列。一对 m 序列优选对可产生 $2^n + 1$ 条 Gold 码。这种码发生器结构简单、易于实现,工程中应用广泛。

设序列 $\{a\}$ 和 $\{b\}$ 为长 $N = 2^n - 1$ 的 m 序列优选对。以 $\{a\}$ 序列为参考序列,对 $\{b\}$ 序列进行移位 i 次,得到 $\{b\}$ 的移位序列 $\{b_i\}$ ($i = 0, 1, \cdots, N$),然后与 $\{a\}$ 序列模二加后得到一新的长度为 N 的序列 $\{c_i\}$,则此序列就是 Gold 序列,即

$$\{c_i\} = \{a\} + \{b\} \quad (i = 0, 1, \cdots, N) \tag{1 - 26}$$

对不同的 i,得到不同的 Gold 序列,这样可得到 $2^n - 1$ 条 Gold 码,加上 $\{a\}$ 序列和 $\{b\}$ 序列,共得到 $2^n + 1$ 条 Gold 码。把这 $2^n + 1$ 条 Gold 码称为一 Gold 码族。

Gold 码的产生方法有两种形式:一种是串联成 $2n$ 级线性移位寄存器;另一种是两个 n 级移位寄存器并联而成。

例如 $n = 6$, m 序列的本原多项式为

$$f(x) = 1 + x + x^6$$
$$g(x) = 1 + x + x^2 + x^5 + x^6$$

采用第一种形式,串联成 12 级线性移位寄存器,将两序列的本原多项式相乘,可得到阶数为 12 的多项式:

$$f(x)g(x) = x^{12} + x^{11} + x^8 + x^6 + x^5 + x^3 + 1 \tag{1 - 27}$$

由此可得 $n = 12$ 的线性移位寄存器如图 1.11(a)所示,图 1.11(b)给出了 Gold 码发生器的并联结构。

由式(1 - 27)可知,虽然多项式的阶数为 $2n$,但由于是可约的,故不可能产生 $2^{2n} - 1$ 长的序列。又因 $f(x)$ 和 $g(x)$ 产生的序列均为 $2^n - 1$,故产生的序列长度也为 $2^n - 1$。

图 1.12 为产生的码序列,不同的初始状态,产生 Gold 码是不同的,共产生 $2^6 + 1 = 65$ 条 Gold 码序列。在这 65 条 Gold 码中,每一对序列都满足互相关值 $| R_{a,b}(\tau) |_{\max} \leqslant 17$,归一化后为 17/65。

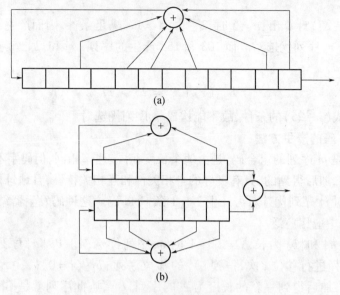

(a)

(b)

图 1.11　Gold 码发生器

(a) 串联结构;(b) 并联结构。

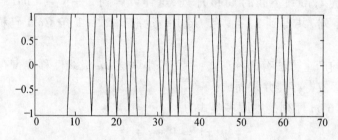

图 1.12　上例对应的 Gold 码序列

3. Gold 码的相关特性

由 m 序列优选对模二加产生的 Gold 码族中的 $2^n + 1$ 条 Gold 码序列已不再是 m 序列,也不具有 m 序列的游程特性和二值相关特性。但 Gold 码族中任意两序列之间互相关函数都满足式(1-25)。

由于 Gold 码的这一特性,使得 Gold 码族中任一码都可作为地址码,这样就大大超过了用 m 序列作地址码的数量,因此 Gold 码序列在多址技术中得到广泛运用。

Gold 码有平衡和非平衡码之分,平衡 Gold 码是指码序列中 1 比 0 的个数仅多一个的码序列,而非平衡 Gold 码序列指 0 和 1 个数差不再是 1 的码序列。在直接序列扩频系统中,码序列的 0、1 平衡性直接影响载波抑制度,码序列的不平衡将使得扩频系统的载波泄漏增大。所以在实际使用时,一般采用奇数级移位寄存器的优选对产生的平衡 Gold 码。

18

1.3.4　其他扩频序列

1. M 序列

M 序列是由移位寄存器产生的最大长度非线性序列,是一个码长为 2^n 的周期序列。达到 n 级移位寄存器能达到的最长周期,所以又称全长序列。它由在 m 序列的基础上加上全"0"状态构成。

由于 m 序列已包含 2^n-1 个非零状态,缺少全"0"状态。因此,构造 M 序列只要在 m 序列的基础上,在适当的位置插入此状态,即可使序列的码长由 2^n-1 增长至 2^n,实现两序列的转换。显然,"0"状态应插入在 $1000\cdots00$ 之后,同时还必须使"0"状态的后续状态为原 m 序列的下一个状态,即 $00\cdots01$。所以必须对原 m 序列的反馈逻辑进行修正。产生的 M 序列的状态为 $\overline{x_1}\,\overline{x_2}\cdots\overline{x_{n-1}}$(即 $00\cdots00$),加入反馈逻辑项后,反馈逻辑为

$$f(x_1,x_2,\cdots,x_n) = f_0(x_1,x_2,\cdots,x_n) + \overline{x_1}\,\overline{x_2}\cdots\overline{x_{n-1}} \qquad (1-28)$$

式中:$f_0(x_1,x_2,\cdots,x_n)$ 为原 m 序列的反馈逻辑。

4 级 M 序列产生器如图 1.13 所示。

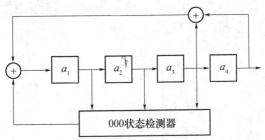

图 1.13　4 级 M 序列产生器

M 序列的性质如下:

(1) 在每一个周期 $N=2^n$ 内,序列中"0"和"1"的元素各占 1/2,即各为 2^{n-1} 个。

(2) 在每一个周期内共有 2^n-1 个游程,其中同样长度的 0 游程和 1 游程的个数相等。当 $1 \leqslant k \leqslant n-2$ 时,游程长度为 k 的游程数占总游程数的 2^{-k}。长度为 $n-1$ 的游程不存在。长度为 n 的游程有 2 个。

(3) M 序列不再具有移位相加性,因而其自相关函数不再具有双值特性,而是一个多值函数。对于周期 $N=2^n$ 的 M 序列归一化自相关函数 $R_M(\tau)$ 具有如下相关值,即

$$\begin{cases} R_M(0) = 1 \\ R_M(\pm\tau) = 0 \\ R_M(\pm n) = 1 - \dfrac{4W(f_0)}{P} \neq 0 \end{cases} \qquad (0 < \tau < n) \qquad (1-29)$$

式中：$W(f_0)$ 为 M 序列发生器的反馈逻辑函数。

2. 组合码

组合码一般由短码组合而成。具体地说，由两个或更多个周期较短的码（称为子码）通过一定的逻辑函数关系构成的周期较长的长码，称为组合码。假定有 n 个子码，周期分别是 $p_1, p_2, \cdots, p_n$，且它们互为素数，即 $(p_i, p_j) = 1 (i \neq j)$，则由它们构成的组合码的周期为

$$p = p_1 p_2 \cdots p_n \qquad (1-30)$$

1）逻辑乘组合码

构造这种组合码可用两种不同的方法（设子码为 a 和 b，周期分别为 N_a 和 N_b，$N_c = N_a N_b$）：

（1）将 a 重复 N_c/N_a 次，将 b 重复 N_c/N_b 次，然后求出对应元素的积，即得到组合码 c。

（2）将其中一个子码，例如 a 各元素重复 N_c/N_a 次，将另一半子码 b 重复 N_c/N_b 次，然后再求出它们之间对应元素的积，这相当于依次用 a 中各元素与 b 相乘。

需要指出的是，这样构造的组合码的自相关函数不再具有二值特性，但在局部时间区间仍有两个值，如图 1.14 所示。

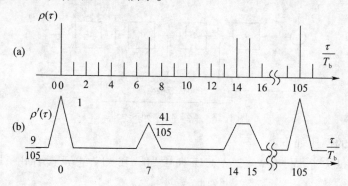

图 1.14　组合码的自相关波形
（a）离散相关函数；（b）连续相关函数。

2）模二和组合码

由若干子码的模二和运算构成的组合码称为模二和组合码。同样由两种方式构造：

（1）将 a 重复 N_c/N_a 次，将 b 重复 N_c/N_b 次，然后逐项求出对应元素的模二和。

（2）将 a 各元素依次重复 N_c/N_a 次，将 b 重复 N_c/N_b 次，然后逐项求出两序列的模二和。

模二和组合码自相关函数可以简单地表示成子码自相关函数的乘积，由于序

列之间的模二和对应于波形之间的乘积,因此模二和组合码也是子码间的调制组合码。

3. R - S 码

R - S 码是在域 $GF(q) = GF(p^m)$ 上得一种特殊的循环码。域 $GF(q) = GF(p^m)$ 是一个伽罗华域,域中元素个数 $q = p^m$,其中 p 是任意素数,m 是任意非负整数。

R - S 码是一种纠错码,码距是按纠错码定义的,码距 d 和纠正错误个数 t 之间关系为

$$d = 2t + 1 \qquad (1 - 31)$$

R - S 码也是一种循环码,如 $\{a\} = \{a_0, a_1, \cdots, a_{N-1}\}$ 是 R - S 码,则 $\{a_{N-1}, a_0, a_1, \cdots, a_{N-2}\}$ 也是 $\{a\}$ 中的码字,若将其中循环移位相同的归为一个等类,相应的码序列的种类会减小。

表征 R - S 码主要是码长 n、信息位 k 和码距 d,所以记为 R - S$[n, k, d]$。设 α 是 $GF(q)$ 的一个本原根,则其生成多项式为

$$g(x) = (x - \alpha)(x - \alpha^2)\cdots(x - \alpha^{d-1}) \qquad (1 - 32)$$

该多项式的计算是在 $GF(q) = GF(p^m)$ 域上的加法和乘法。

其信息码多项式为

$$p(x) = \alpha_0 + \alpha_1 x + \alpha_2 x^2 + \cdots \alpha_{k-1} x^{k-1} \qquad (1 - 33)$$

式中:$\alpha_i (i = 0, 1, \cdots, k-1)$ 为 $GF(q)$ 域中的元素,可以表示成 m 维向量,加法按 m 维向量加法,乘法按 $GF(q)$ 域的本原方幂的规则进行运算。

(n, k) 线性码的最小距离达到最大值 $d = n - k + 1$,即线性码是最大距离可分码,R - S 码就是一种最大距离可分码。

R - S 码的产生方法很多,这里选取基于 m 序列的最简单的一种方法,即由 m 序列与常向量模二加形成 R - S 码,如图 1.15 所示。

图 1.15 中:γ_0、γ_1、γ_2 三级移位寄存器产生 7bit m 序列。β_0、β_1、β_2 为三级固定寄存器,即 $\{\beta_i\}$ 为常向量,可预置,有 $2^3 = 8$ 种取值。

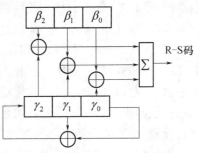

图 1.15　形成 $R - S$ 码原理框图

当 β 与 γ 寄存器分别以二进制数预置时,共可获得 56 个 R - S 码序列。

4. Turbo 码

Turbo 码又称为并行级连卷积码(PCCC),是由 Beroru、Glavieux、Thitimajashima 在 1993 年国际通信会议(ICC'93)上提出来的。Turbo 码应用了并行的递归系统卷积码和软输入/输出迭代译码算法,实现了香农编码理论中采用随机编码和最大似然译码的思想。Turbo 码的提出是纠错码发展的重要里程碑,它所具备的优秀性

能也使其在深空通信、卫星通信、无线移动通信和数据传输中得到了广泛的应用。有关 Turbo 码的基本编码及译码原理参见 2.3.2 节。

5. LDPC 码

低密度奇偶校验码(Low Density Parity Check Code,LDPC),是一种特殊的线性分组码,说它特殊是由于它的奇偶校验矩阵的稀疏性,所以称它为低密度奇偶校验码。

1.4 同 步 原 理

在数字通信系统以及某些采用同步解调的模拟通信系统中,同步是一个非常重要的问题。通信系统能否有效可靠的工作,很大程度上依赖于有无良好的同步系统。同步系统的好坏将直接影响通信质量的好坏,甚至会影响通信能否正常运行。同步是指到达接收机的编码信号与本地参考信号在码的图案位置和码时钟速率都是准确一致的,如果不一致就有了同步不确定性。下面主要讨论实现同步的方法。

1.4.1 同步及其不确定性的来源

一般的同步过程可分以下两步进行:

(1)初始同步,或称粗同步、捕获。它主要解决载波频率和码相位的不确定性,保证解扩后的信号能通过相关器后面的低通滤波器,这是所有问题中最难解决的问题。当同步已经建立时,通常可以根据已得到的定时信息建立后面的同步。通常的工作方式是冷启动,即没有关于定时的预先信息,不知道发射机或接收机达到同步的合适的时间结构。捕获过程中要求码相位的误差小于 1 个码片。

(2)跟踪,或称精同步。在初始同步的基础上,使码相位的误差进一步减小,保证本地码的相位一直跟随接收到的信号码的相位,在一规定的允许范围内变化,这种自动调节相位的过程称为跟踪。

一般同步系统的同步过程可用图 1.16 来描述。接收机对接收到的信号,首先进行搜索,对接收到的信号与本地码相位差的大小进行判断,若不满足捕获要求,即收发相位差大于 1 个码片,则调整时钟再进行搜索。直到使收发相位差小于 1

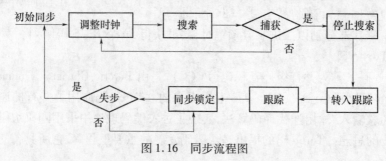

图 1.16 同步流程图

个码片时,停止搜索,转入跟踪状态。然后对捕捉到的信号进行跟踪,并进一步减小收发相位差到要求的误差范围内,以满足系统解调的需要。与此同时,不断地对同步信号进行检测,一旦发现同步信息丢失,马上进入初始捕获阶段,进行新的同步过程。

接收机开始工作时,对所接收到的信号频率和相位只能大致确定一个范围,这个范围主要根据发射机和接收机时延的相对差值、信道传输的频率不稳定性、传播时延以及收发信机本身信号源与时钟的稳定度来确定。

直扩系统中初始同步的方法很多,以相关检测的捕获、跟踪环路为主,再就是利用匹配滤波器方法来实现。下面介绍几种常用的初始同步方法。

1. 滑动相关法

滑动相关检测是一种最简单、最实用的捕获方法,接收端生成与发射信号相同的伪随机码,并不断滑动本地伪码相位,计算本地伪码序列与接收信号的相关值。滑动过程中码不重叠时,相关器输出噪声,当两码接近重合或重合时,有相关峰出现,经包络检波、积分后输出脉冲电压。当输出的脉冲电压超过门限时,表示已检测到码相位同步,于是停止搜索转入跟踪状态。

2. 同步头法

同步头法的实质是在滑动相关器中使用一种特殊的码序列,这种码序列较短,足以使滑动相关器在合理的时间内通过各种可能的码状态完成起始同步的搜索。这种专门用来建立起始同步的码称为同步头。采用这种方法时,发射机在发送数据信息之前,先发同步头,供每一个用户接收,建立同步并且一直保持,然后再发送信息数据。当采用此法时,捕获时间决定于同步头的长度。

3. 发射参考信号法

当接收系统必须尽可能简单时,发射参考信号可以用于起始同步捕获、跟踪或同时用于两者。发射端把含有信息的已调信号与不含信息的参考信号同伪随机码进行调制后,合并、放大,然后发送出去。在接收端,两个频率的信号分别在两个通道中放大,经过相关运算后,取出中频,解调后还原出信息。

4. 发射公共时钟基准法

发射公共时钟基准法是以某个高精度的时间作为基准,向其他用户提供标准时钟,各用户定期地和基准时钟核对,这样就大大减少各用户之间的时间不确定性。但这并不意味着对于同步捕获不需要搜索步骤,即使发射机和接收机的伪随机码发生器是完全定时校准的,从一个系统的发射到一个系统的接收,由于信号传输需要时间,发射信号到达接收机时与接收机有一定的时延差,而这个时延差随收发信机的位置变化,因此,总是需要一定的搜索和跟踪。甚至当伪随机码速率是精确的、距离已完全知道的情况下,仍然需要搜索和跟踪。这种方法只是大大缩短和简化了同步的搜索过程。

5. 匹配滤波器同步法

当信号为实函数时,相关和卷积只差时间的反转。当输入是直接序列扩频信号时,设计一个匹配滤波器,使其单位脉冲响应为 PN 码的时间反转,当扩频信号输入到达一个 PN 码周期时,有一个最大相关输出,令该输出对本地 PN 码发生器置位,使两 PN 码达到粗同步。在载波频率较高的情况下,匹配滤波器一般用声表面波器件(SAW)实现。但 SAW 插入损耗较大,而且滤波器长度也受限于国内工艺水平,只能对长码的一小段进行匹配,在低信噪比下不可靠。

在扩展频谱通信系统中,接收端一般有两类不确定的因素,即码相位和载波频率的不确定性,扩频接收机要能够正常工作(译码),这两个问题都必须解决。码相位的分辨力必须远小于 1 个码片,载波中心频率的分辨能力(即稳定度与准确度)必须使解扩后的信号落在相关滤波器频率范围内,并且本地载波频率始终对准输入信号载波频率,以便使解调器能正常工作,这就是解决相位不确定性和载波频率不确定性要达到的最起码的要求。

若发射机和接收机中均使用精确的频率源,则可以消除大部分码时钟相位和载波频率的不确定性,但不能完全克服由于多普勒频率引起的载波和码速率的偏移。收发信机做相对运动时,也会引起相对码相位的变化。固定位置的收发站也会由于电波传播中的多径效应而引起码相位,载波中心频率相位的延迟造成同步的不确定性。

引起同步不确定性的因素主要有以下几个方面:

(1) 频率源的漂移。一般通信系统中的频率源并不像希望的那样稳定,频率源的不稳定对接收系统正常工作的影响也不可忽略。在扩展频谱系统中频率源不稳定引起时钟速率的偏移要累积在码相位偏移上。对于码速率为 1Mb/s 的码发生器,当时钟的频率稳定度为 10^{-5} 时,将产生 10bit/s 的累积码元偏差,1h 就会引起码元漂移 36000bit。因此,一般的扩频系统都要求有很高的频率稳定度的频率源,至少应达 10^{-6} 数量级以上。影响频率源频率稳定度的因素是温度、晶体切割方式、振幅稳定性、放大器的噪声等。

(2) 电波传播的时延。同步不确定的主要来源是与时间和频率有关的因素。如果接收机能够精确地知道通信距离和发射时间,发射机和接收机都具有足够准确的频率源,它们就能得到所需的定时,就没有同步问题了,但这些本身就只是一种假设。对移动情况,由于位置的变化,必将导致传输时间的变化,因而接收机仍然需要不断地跟踪发射机的频率和相位。

(3) 多普勒频移。在发射机和接收机中使用精确的频率源,可以去掉大部分码速率、相位和载频的不确定性,但不能完全克服由于多普勒引起的载波和码速率的偏移。随着移动式发射机/接收机的每一次相对位置的改变,都会引起码相位的变化。接收信号上的多普勒频移大小是接收机和发射机相对速率及发射频率的函数。多普勒频移的大小为

$$\Delta f = \frac{v}{\lambda} = \frac{vf}{c} \quad (\text{Hz}) \qquad (1-34)$$

式中:v 为发射机与接收机的相对位移速度;f 为发射频率;c 为电磁波的传播速度,为 $3 \times 10^8 \text{m/s}$。

当频率高时,多普勒频移是一个很重要的参数,如 $f = 1\text{GHz}$ 时,相对运动速度 $v = 100\text{km/h} = 27.8\text{m/s}$,则多普勒频移 $\Delta f = 92.7\text{Hz}$。接收机频率为

$$f_{收} = f \pm \frac{vf}{c} \tag{1-35}$$

式中:频率增加的正号表示收发相互接近的运动;负号表示收发反向的运动。

(4)多径效应。多径是在传输过程中由于多路径(反射、折射)传播引起的。多径效应对系统的影响主要是引起码相位、载波频率相位延迟,造成同步的不确定性。

1.4.2 捕获方法及性能分析

GPS 是一种典型的直扩系统,本节以 GPS 为例来分析捕获方法。GPS 卫星信号采用码分多址方式,选用不同的伪随机码对不同的卫星导航数据进行扩频调制。因此,为了捕获卫星的信号,需要捕获卫星的载波频率和伪码相位。

载波信号捕获过程是一个载波频率检测过程,是通过不断调整本地复现的载波频率信号使其与所期望的卫星频率相匹配;否则在距离域内的信号相关过程将会因为 GPS 接收机频率响应的滚降特性而受到严重的衰减,甚至永远也捕获不到卫星信号。

伪随机码捕获的过程是一个相关检测过程,所采用的原理是伪随机码的相关特性:同一颗卫星的伪随机码在没有相位偏移时自相关值最大,当偏移量超过 1 个码片时自相关值最小;不同卫星的伪随机码互不相关。捕获的具体过程是:首先生成本地复现的伪随机码,然后使这个复现码的码相位移动,直到与接收到卫星信号的伪随机码发生最大相关为止。

因此,GPS 卫星信号的捕获过程是一个二维的搜索过程(图 1.17),捕获结果是使本地参考码与接收到的卫星信号扩频码之间的码相位差值小于 1 个码片的宽度,并且使收发的码时钟频率基本相同,同时使本地载波和接收信号的载波相互对准,从而实现本地复现信号与输入信号的粗同步。经典的伪码捕获算法有串行捕获法、基于 FFT 的并行捕获算法等。

1. 串行捕获方法

GPS 接收机捕获过程的目的是确定可见卫星并且得到卫星信号粗略的载波频率和码相位。串行捕获方法是一种最常用、最容易实现的捕获方法,目前大多数商用 GPS 硬件接收机都采用这种方法,通过不断调整本地码相位和本地载波频率来完成对信号的捕获。不同的卫星有不同的伪随机码。当本地产生的伪码与接收信号的伪码相位完全对齐时,即码相位同步之后就可以从接收的信号中去除伪码。另外一个需要处理的参数是载波频率,接收到的射频信号经过混频得到中频信号,

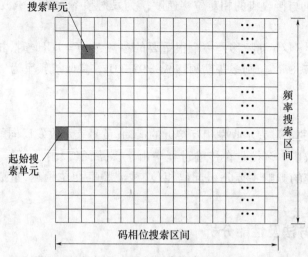

图 1.17　卫星信号的二维搜索

由于实际信号的频率与预期信号的频率存在一定的偏差,如多普勒频移,可导致接收信号的频率变化,这种偏差可以达到10kHz。产生本地载波的目的是去除接收信号中的载波,所以必须知道接收信号的频率。搜索任务完成时可以使最大频偏降到500Hz以下。时域串行捕获的原理框图如图1.18所示。

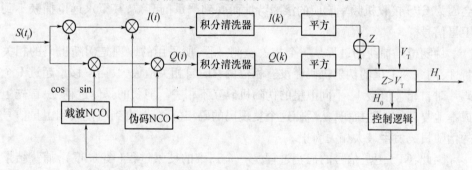

图 1.18　时域串行捕获原理图

时域串行捕获工作原理:先设定本地序列的初始相位和载波的初始频率,本地载波和伪码序列分别与接收到的输入信号做相关处理,经积分清洗器做积分,其结果平方相加后给门限比较器,当输出 Z 小于设定捕获门限值 V_T 时,意味着本地产生的伪码信号与接收到的信号存在相位差,此时比较器就会输出控制信号来控制本地逻辑控制器输出新的相位信号,改变后的本地信号的相位值若仍然与接收到的导航信号存在相位差时,逻辑控制单元就会不断地接收到比较器输出的控制信号,形成反馈回路,最终使本地信号的相位与接收到信号的相位差小于一定范围,此时 Z 具有最大值,会有 $Z>V_T$,使逻辑控制信号输出的信号相位一直保持不变,达到本地序列的相位与接收到的信号相位相一致,这就实现了信号的捕获,下一步将进入信号的跟踪阶段。如果在整个相位区间都捕获不到信号,就可以通过变化接收端的载波频率进行扫频,然后重新进入搜索相位的过程。

由于载体和发射台相对运动产生的多普勒频移会对扩频信号具有双重影响,使载波频率由 f_c 变为 $f_c + f_d$,伪码速率由 R_c 变为 $(1 + f_d/f_c)R_c$,因此第 i 时刻相关器输入端的信号可以表示为

$$S(t_i) = \sqrt{2P}d(t_i)\mathrm{PN}[(1 + f_d/f_c)(t_i - \tau)] \times$$
$$\cos[2\pi(f_c + f_d)t_i + \theta_0] + n(t_i) \qquad (1-36)$$

式中:P 为进入接收机的扩频信号功率;$d(t_i)$ 为数据信息位;f_c 为发射端载波的频率;f_d 为信号传输过程中的多普勒频率;τ 为伪码相位的延迟时间;θ_0 为载波初始相位;$n(t_i)$ 为信号传输过程中的加性高斯白噪声。

假设本地产生的同相和正交信号的表达式分别为

$$I_{\mathrm{local}}(t_i) = \mathrm{PN}(t_i) \cdot \cos(\omega_c t_i) \qquad (1-37)$$
$$Q_{\mathrm{local}}(t_i) = \mathrm{PN}(t_i) \cdot \sin(\omega_c t_i) \qquad (1-38)$$

那么可以得出 I 支路的信号表达式为

$$I(i) = \sqrt{2P} \cdot d(t_i) \cdot \mathrm{PN}[(1 + f_d/f_c)(t_i - \tau)] \cdot$$
$$\mathrm{PN}(t_i) \times \cos[\omega_d t_i + \theta_0] + n_1(i) \qquad (1-39)$$

式中:ω_d 为信号传输过程中的多普勒角频率,$\omega_d = 2\pi f_d$。

I 路经积分清洗器在一个相关运算周期 T 内进行积分,其输出为

$$I(k) = \frac{1}{T}\sum_{i=(k-1)T}^{kT} I(i)$$
$$= \sqrt{2P} \cdot d(k) \cdot R[\varepsilon(k)] \cdot \mathrm{sinc}\left[\omega_d(k)(1-\varepsilon)\frac{T_c}{2}\right] \times$$
$$\mathrm{sinc}[\omega_d(k)T/2] \cdot \cos\theta_k + n_I(k) \qquad (1-40)$$

式中:$\mathrm{sinc}(x) = \sin x/x$;$\theta_k = \omega_d(k) \cdot t + \theta_0$;$R[\varepsilon(k)]$ 为 C/A 码的自相关表达式;$\varepsilon(k) = [\varepsilon] + \rho$ 为伪码相位偏差,$|\rho| < 1$ 为伪码相位误差的小数部分。

同理,求得 Q 路径相干积分的输出为

$$Q(k) = \sqrt{2P} \cdot d(k) \cdot R[\varepsilon(k)] \cdot \mathrm{sinc}\left[\omega_d(k)(1-\varepsilon)\frac{T_c}{2}\right] \times$$
$$\mathrm{sinc}[\omega_d(k)T/2] \cdot \sin\theta_k + n_Q(k) \qquad (1-41)$$

忽略噪声影响,非相干门限判决器的输入为

$$Z(k) = \sqrt{I^2(k) + Q^2(k)} = \sqrt{2P} \cdot R[\varepsilon(k)] \cdot$$
$$\mathrm{sinc}[\omega_d(k)(1-\varepsilon)T_c/2] \times \mathrm{sinc}[\omega_d(k)T/2] \qquad (1-42)$$

通过式(1-42)可以看出,影响 C/A 码的自相关取值范围的原因如下:

(1)伪码相位在跟踪时存在的误差。由伪码的自相关特性可知:当这个差值大于一个码元,即 $\varepsilon > 1$ 时,相关值是伪码的自相关旁瓣;而当 $\varepsilon < 1$ 时,对相关结果

造成的损失为原来的 $1 - \varepsilon$。

（2）动态过程中由于多普勒效应而产生的频差。多普勒频移量引起的损失表现在式中的 $\mathrm{sinc}[\omega_d(k)T/2]$。

（3）C/A 码的时间延迟也会与频差有耦合的效应。此项引起相关峰值的损失为 $\mathrm{sinc}[\omega_d(k)(1-\varepsilon)T_c/2]$。

在系统中，忽略动态性的影响，即产生的频移量很小，这个频差值与码速率相比甚至可以忽略，因而 $\mathrm{sinc}[\omega_d(k)(1-\varepsilon)T_c/2] \approx 1$ 项的因素也不用考虑。综上所述，GPS 信号的捕获也就是 C/A 码相位捕获以及载波信号的频移初始同步。

下面讨论伪码自相关函数的问题。在扩频通信中，伪码的自相关函数为

$$R[\varepsilon] \approx R[\rho] = \begin{cases} 1 - \dfrac{N+1}{N}\rho, & 0 \leqslant |\varepsilon| \leqslant T_c \\ -\dfrac{1}{N}, & T_c \leqslant |\varepsilon| \leqslant (N-1)T_c \end{cases} \tag{1-43}$$

其均值和方差分别为

$$E(R[\varepsilon]) = \begin{cases} 1 - \rho, & 0 \leqslant |\varepsilon| \leqslant T_c \\ 0, & T_c \leqslant |\varepsilon| \leqslant (N-1)T_c \end{cases} \tag{1-44}$$

$$\mathrm{var}(R[\varepsilon]) = \begin{cases} \rho^2/N^2, & 0 \leqslant |\varepsilon| \leqslant T_c \\ (\rho^2 - |\rho|)/N^2, & T_c \leqslant |\varepsilon| \leqslant (N-1)T_c \end{cases} \tag{1-45}$$

噪声信号 $n(t)$ 通过同相和正交支路相关器后的输出 n_I、n_Q 可以视为统计独立的高斯随机变量，表示为

$$
\begin{aligned}
n_I(k) &= \frac{1}{T}\sum_{i=(k-1)T}^{kT} n(i) \cdot PN(t_i)\cos(\omega_c t_i) + \\
&\quad \sqrt{2P}R'[\varepsilon(k)]\mathrm{sinc}[\omega_d(k)T/2]\cos\theta_k \\
&= n_{\mathrm{noise}} + n_{\mathrm{pn}}
\end{aligned} \tag{1-46}
$$

式中：第一项为噪声引入的干扰分量；第二项为伪码互相关引入的干扰分量；$R'[\varepsilon(k)]$ 为伪码互相关函数。

式(1-46)中第一项和第二项互不相关，所以

$$E\{n_I(k)\} = E\{n_{\mathrm{noise}}\} + E\{n_{\mathrm{pn}}\} = 0 \tag{1-47}$$

$$
\begin{aligned}
\mathrm{var}\{n_I(k)\} &= \mathrm{var}\{n_{\mathrm{noise}}\} + \mathrm{var}\{n_{\mathrm{pn}}\} \\
&= \frac{1}{T^2}\sum_{i=(k-1)T}^{kT} R_n \cdot R_{\mathrm{pn}} \cdot R_{\cos} + \frac{P}{N^2}(\rho^2 - |\rho|)\mathrm{sinc}^2[\omega_d(k)T/2] \\
&= \frac{1}{T^2}\sum_{i=(k-1)T}^{kT} \frac{N_0}{2} \times 1 \times \frac{1}{2} + \frac{P}{N^2}(\rho^2 - |\rho|)\mathrm{sinc}^2[\omega_d(k)T/2] \\
&= \frac{N_0}{4T} + \frac{P}{N^2}(\rho^2 - |\rho|)\mathrm{sinc}^2[\omega_d(k)T/2]
\end{aligned} \tag{1-48}
$$

式中:R_n 为噪声自相关,对 $N_0/2$ 的双边功率谱密度的白噪声,有 $R_n = N_0/2$;R_{pn} 为伪码的自相关,$R_{pn} = 1$;R_{cos} 为载波的自相关,$R_{cos} = E[\,|\cos(\omega_c t)|^2\,] = \dfrac{1}{2}$。

$I(k)$、$Q(k)$ 均值和方差的表达式分别为

$$\begin{cases} E(I(k)) = \sqrt{2P}\,(1 - |\,\rho\,|)\,\mathrm{sinc}\,[\,\omega_d(k)T/2\,]\cos\theta_k = M_k\cos\theta_k \\ \mathrm{var}\{I(k)\} = \dfrac{P}{N^2}(2\rho^2 - |\,\rho\,|)\,\mathrm{sinc}^2[\,\omega_d(k)T/2\,] + \dfrac{N_0}{4T} \end{cases} \quad (1-49)$$

$$\begin{cases} E(Q(k)) = \sqrt{2P}\,(1 - |\,\rho\,|)\,\mathrm{sinc}\,[\,\omega_d(k)T/2\,]\sin\theta_k = M_k\sin\theta_k \\ \mathrm{var}\{Q(k)\} = \dfrac{P}{N^2}(2\rho^2 - |\,\rho\,|)\,\mathrm{sinc}^2[\,\omega_d(k)T/2\,] + \dfrac{N_0}{4T} \end{cases} \quad (1-50)$$

由于伪码的相关特点,在 C/A 码任何周期段内,仅当 $\varepsilon(k) < 1$ 时,才会存在最大相关峰值,且只会出现一次,其出现的条件为 $\varepsilon(k) = 0$。将门限值 V_T 和 $Z(k)$ 对比,通过二者的比较就可以得出信号的捕获情况,即在比较器输入信号存在关系式 $Z(k) < V_T$ 时,就可以判定信号没有捕获,反之就可以判断信号捕获成功,为了对信号进行更精确的处理就会转入跟踪状态。

图 1.19 为接收机对某颗卫星通过时域串行捕获算法捕获的仿真结果。图 1.19 中在搜索单元上出现一个明显高于其他搜索单元检测量的幅值,且这一结果高于捕获门限 V_T,意味着该卫星信号被捕获成功,它的多普勒频移与码相位的粗略估计结果为 3.56MHz 和 600 个码片。

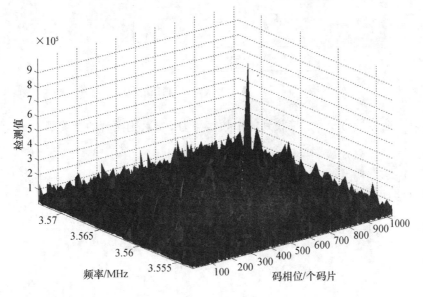

图 1.19　串行捕获结果

串行捕获相关方法的优点是算法实现简单,对系统的资源要求较少,易于硬件实现;缺点是捕获速度慢,在长码和高动态环境下不适合应用。

2. 基于 FFT 的并行捕获方法

由上面可知,串行捕获算法实际上是通过不断调整本地码来完成相关运算的,需要大量的计算,因此这种捕获方法的时间比较长。由于频域的相乘运算完全可以代替时域的卷积运算,而卫星中频信号与本地码的相关运算就是卷积运算,所以,可以采用基于 FFT 的频域捕获算法,即多普勒频域采取串行捕获,时域由 FFT 运算代替滑动相关运算的二维并行捕获策略。它是一种基于循环卷积的并行捕获办法,通过并行相关运算减少所需要消耗的时间。与串行捕获一样,只有当复制的 C/A 码相位与接收的码相位相同时,才能剥离 C/A 码并且傅里叶变换结果才能有明显的峰值。基于 FFT 的并行捕获原理图 1.20 所示,图中只显示了其中一条支路。当数字中频信号分别与 I 支路和 Q 支路上某一频率的复制正弦和余弦混频后,对其混频结果进行 FFT 变换,然后将变换结果与 C/A 码的 FFT 变换进行复共轭相乘,接着将所得的乘积经过傅里叶反变换得到在时域内的相关结果,最后对这些相关信号进行检测来判断信号是否存在。与时域串行捕获算法进行对比可以看出,并行码相位捕获算法实际上利用傅里叶变换这种数字信号处理技术来替代数字相关器的相关运算,实现对码相位的并行搜索,计算速度加快。

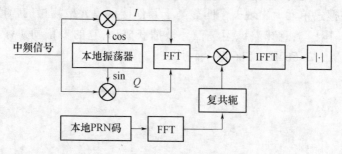

图 1.20　基于 FFT 的并行捕获算法

设本地信号为 $x(n)$,接收到的中频信号为 $r(n)$,则两者的相关函数 $c(m)$ 为

$$c(m) = \sum_{n=0}^{N-1} r(n+m)x(n) \qquad (1-51)$$

则 $c(m)$ 的离散傅里叶变换表示为

$$C(k) = \sum_{m=0}^{N-1} \sum_{n=0}^{N-1} r(n+m)x(n)e^{-j2\pi km/N}$$

$$= \sum_{m=0}^{N-1} r(n+m)e^{-j2\pi k(m+n)/N} \sum_{n=0}^{N-1} x(n)e^{j2\pi kn/N}$$

$$= R(k) \cdot X^*(k) \qquad (1-52)$$

式中:" $*$ "表示取共轭;$R(k)$、$X(k)$ 分别表示接收中频信号 $r(n)$ 和本地信号 $x(n)$

的离散傅里叶变换。

从式(1-52)可以看出,由 $R(k)$ 与 $X(k)$ 的共扼相乘可以得到相关序列的离散傅里叶变换,然后通过逆傅里叶变换便可以得到相关函数。其表达式为

$$c(m) = \mathrm{IDFT}\{\mathrm{DFT}[r(n)] \cdot \mathrm{conj}[\mathrm{DFT}(x(n))]\} \qquad (1-53)$$

FFT 频域捕获通过将时域的滑动相关运算转化为频域的相乘运算,大大降低了计算量。在每个频域的搜索单元内,本地码序列与一个完整码序列的 N 次滑动相关运算被 3 次 N 点的 FFT 运算所代替,相关计算首先由时域变换到频域,然后再由频域变换到时域完成的。由于 FFT 具有较高的运算效率,因此加快了相关运算速度。由于时域下大量的相关运算通过频域下的 FFT 序列相乘代替,缩短了伪码捕获的时间,因此可以适用于高动态环境下对系统捕获时间的要求。

频域并行捕获算法对信号码相位值的估算精度仍为码相位搜索步长 t_{bin},而对载波频率的估算精度 Δf 则与傅里叶变换的数据长度 N 和数据采样频率 f_s 有关,$\Delta f = f_s/N$。当然,由于多次使用 FFT 和 IFFT,该算法所占用的硬件资源比串行捕获算法所占用的硬件资源要多,同时算法复杂度也有所增加。

3. 大步进伪码快速捕获方法

为了兼顾捕获速度和硬件复杂性,目前比较常用的是大步进快速捕获方法。大步进快速捕获的实质是分段并行搜索。对于码长为 $N=2^n-1$ 的接收伪码,在没有先验信息的情况下,以 $T_c/2$ 为搜索步进量,则有 $2N$ 个单元要搜索,故搜索时间很长。为此,把要搜索的 $2N$ 个相位分为 $2N/m$ 段,每段 m 个相位,每移动一段做 m 路并列相关判决,从而使整个搜索时间减少到原来的 $1/m$。取 $m=10$,大步进快速捕获实现原理如图 1.21 所示。

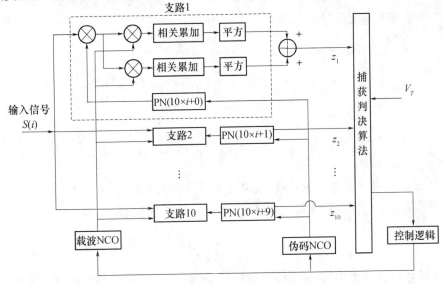

图 1.21　大步进快速捕获实现原理

31

捕获系统有相位搜索和验证两种工作状态。系统处于搜索状态时,对接收序列的 10 个相位进行搜索,根据每次相关的最大值和判决门限相比较,若大于门限则进入相位验证状态。在相位验证状态采用多次驻留的 Tong 判决算法。计数器 K 的初始值为 X,最大计数值为 Y。图 1.22 给出了 Tong 算法的判决过程。

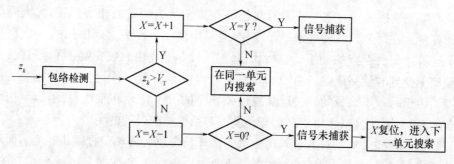

图 1.22　Tong 算法决策过程

4. 捕获性能分析

1) 检测概率和虚警概率

相关器同相和正交支路的输出 $I(k)$、$Q(k)$ 可以近似为两个服从高斯分布的变量。信号的包络 $Z(k)$ 的概率密度取决于搜索单元伪码相位和多普勒频移的对准情况,服从莱斯(Ricean)分布,其概率密度函数为

$$f_s(z) = \frac{z}{\sigma_n^2} e^{-\left[\frac{z^2 + M_k^2}{2\sigma_n^2}\right]} I_0\left[\frac{zM_k}{\sigma_n^2}\right], z \geq 0 \qquad (1-54)$$

式中:σ_n^2 为 I 和 Q 支路的噪声方差;$I_0(\cdot)$ 为零阶修正的贝塞尔函数。

在有信号和无信号的情况下,M_k、σ_n 分别为

$$H_1: \begin{cases} M_1 = \sqrt{2P}(1 - |\rho|)\mathrm{sinc}(\omega_d T/2) \\ \sigma_1^2 = \frac{N_0}{4T} \cdot \left\{1 + \mathrm{SNR} \cdot \frac{2T}{N}(2\rho^2 - |\rho|)\mathrm{sinc}^2\left[\frac{\omega_d(k)T}{2}\right]\right\} \end{cases} \qquad (1-55)$$

$$H_0: \begin{cases} M_0 = 0 \\ \sigma_0^2 = \frac{N_0}{4T} \cdot \left\{1 + \mathrm{SNR} \cdot \frac{2T}{N}(\rho^2 - |\rho|)\mathrm{sinc}^2\left[\frac{\omega_d(k)T}{2}\right]\right\} \end{cases} \qquad (1-56)$$

式中:SNR 为相关器输出的信噪比,$\mathrm{SNR} = P/(N_0 B/2)$,$B = N$。

无信号时,包络服从瑞利(Rayleigh)分布,其概率密度函数为

$$f_n(z) = \frac{z}{\sigma_n^2} e^{-\left[\frac{z^2}{2\sigma_n^2}\right]} \qquad (1-57)$$

若采用单次驻留搜索,给定检测门限 V_T,在某一搜索单元的检测概率和虚警概率为

$$p_\mathrm{d} = \int_{V_\mathrm{T}}^{\infty} f_\mathrm{s}(z)\,\mathrm{d}z \tag{1-58}$$

$$p_\mathrm{fa} = \int_{V_\mathrm{T}}^{\infty} f_\mathrm{n}(z)\,\mathrm{d}z = \exp(-V_\mathrm{T}^2/2\sigma_0^2) \tag{1-59}$$

给定要求的虚警概率，由式(1-59)可以求出捕获门限，即

$$V_\mathrm{T} = \sigma_0 \sqrt{-2\ln p_\mathrm{fa}}$$

$$= \sqrt{\frac{N_0}{4T}\Big(1 + \mathrm{SNR} \cdot \frac{2T}{N}(\rho^2 - |\rho|)\,\mathrm{sinc}^2\Big[\frac{\omega_\mathrm{d}(k)T}{2}\Big]\Big)} \ \sqrt{-2\ln p_\mathrm{fa}} \tag{1-60}$$

根据 V_T，进而可以求出不同信噪比环境下的检测概率为

$$p_\mathrm{d} = \int_{V_\mathrm{T}}^{\infty} \frac{z}{\sigma_1^2}\exp\Big\{-\frac{z^2 + M_1^2}{2\sigma_1^2}\Big\}I_0\Big[\frac{zM_1}{\sigma_1^2}\Big]\mathrm{d}z$$

$$= \int_{V_\mathrm{T}}^{\infty} \frac{z}{\sigma_1^2}\exp\Big\{-\frac{1}{2}\Big(\frac{z^2}{\sigma_1^2} + \frac{M_1^2}{\sigma_1^2}\Big)\Big\}I_0\Big[\frac{z}{\sigma_1} \cdot \frac{M_1}{\sigma_1}\Big]\mathrm{d}\frac{z}{\sigma_1} \tag{1-61}$$

取归一化门限为

$$V_\mathrm{t} = V_\mathrm{T}/(\sqrt{N_0/4T}) \tag{1-62}$$

图 1.23 给出了单次驻留条件下信号检测概率和虚警概率的性能曲线。

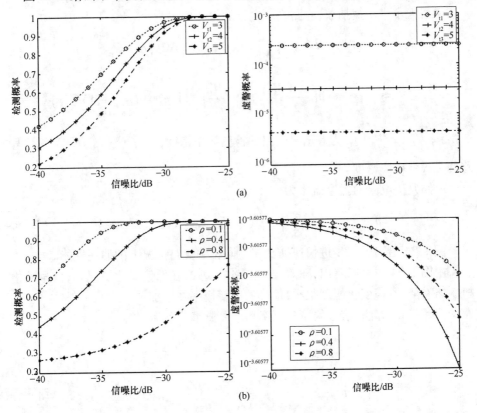

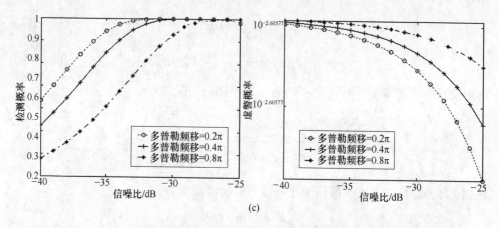

图 1.23　单次驻留条件下信号检测概率和虚警概率的性能曲线

(a) 归一化门限 $V_\mathrm{t}(\rho = 0.5, \omega_\mathrm{d}(k)T/2 = 0.2\pi)$；(b) 伪码相位偏差 $\rho(V_\mathrm{t} = 3, \omega_\mathrm{d}(k)T/2 = 0.2\pi)$；

(c) 多普勒频移 $\omega_\mathrm{d}(k)T/2(\rho = 0.5, V_\mathrm{t} = 3)$。

由图 1.23 可以看出：单次驻留条件下的检测概率随着信噪比的增加而增加，随着检测门限、伪码相位误差和多普勒频移的增加而减小；虚警概率随着检测门限的增加而减小，几乎不随信噪比、伪码相位误差和多普勒频移的变化而变化。

采用大步进快速捕获，m 路判决电路的检测概率为

$$p_{\mathrm{D}\_m} = \int_{V_\mathrm{T}}^{+\infty} f_\mathrm{s}(z_j/H_1) \times \left\{ \prod_{\substack{i=1\\i \neq j}}^{m-1} \int_{-\infty}^{Z_j} f_\mathrm{n}(z_i/H_0)\,\mathrm{d}z_i \right\} \mathrm{d}z_j$$

$$= \int_{V_\mathrm{T}}^{+\infty} \frac{z_j}{\sigma_1^2} \exp\left(\frac{z_j^2 + M_1^2}{2\sigma_1^2} \right) \cdot I_0\left(\frac{z_j M_1}{\sigma_1^2} \right) \cdot \left\{ 1 - \exp\left(-\frac{z_j^2}{2\sigma_0^2} \right) \right\}^{m-1} \mathrm{d}z_j \quad (1-63)$$

式中：$\int_{V_\mathrm{T}}^{+\infty} f_\mathrm{s}(z_j/H_1)\,\mathrm{d}z_j$ 为有信号支路的检测概率密度，$\int_{-\infty}^{z_j} f_\mathrm{n}(z_i/H_0)\,\mathrm{d}z_i$ 为无信号支路的无虚警概率密度。

m 路判决电路的虚警概率为

$$p_{\mathrm{FA}\_m} = 1 - \prod_{i=1}^{m} \int_{-\infty}^{V_\mathrm{T}} f_\mathrm{n}(z_i/H_0)\,\mathrm{d}z_i = 1 - (1 - p_\mathrm{fa})^m \quad (1-64)$$

图 1.24 给出了大步进快速捕获在不同相关支路情况下的捕获性能。

由图 1.24 中可以看出，随着相关支路的增加，在低信噪比情况下，信号的检测概率略有降低，但变化幅度很小，信号的虚警概率在增加。

采用 Tong 算法，信号的检测概率和虚警概率分别为

$$p_{\mathrm{D\_tong}} = \frac{(1 - p_{\mathrm{D}\_m})^X / p_{\mathrm{D}\_m}}{(1 - p_{\mathrm{D}\_m})^{X+Y-1} / p_{\mathrm{D}\_m} - 1} \quad (1-65)$$

$$p_{\mathrm{FA\_tong}} = \frac{\left[(1 - p_{\mathrm{FA}\_m}) / p_{\mathrm{FA}\_m} \right]^X}{\left[(1 - p_{\mathrm{FA}\_m}) / p_{\mathrm{FA}\_m} \right]^{X+Y-1} - 1} \quad (1-66)$$

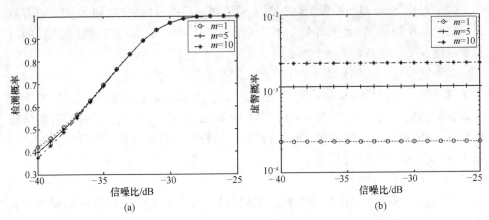

图 1.24　大步快速捕获在不同相关支路情况下的捕获性能

（a）检测概率；（b）虚警概率。

图 1.25 给出了采用 Tong 算法 $X=1, Y=4$ 和单次驻留 $X=1, Y=1$ 情况下，信号的检测概率和虚警概率的比较。由图中可以看出：

（1）比较 Tong 算法 $X=1, Y=4$ 和单次驻留 $X=1, Y=1$，可以发现，增大 Y 能够有效地降低信号的虚警概率，但对检测概率略有降低。

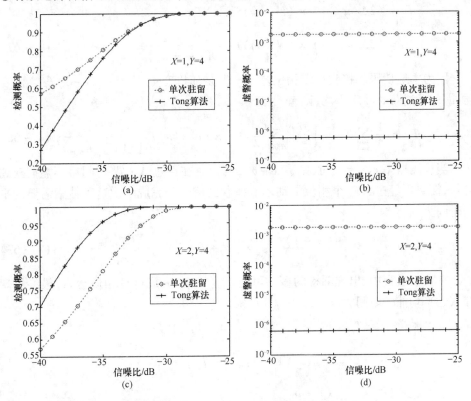

图 1.25　单次驻留和 Tong 算法的捕获性能比较

（2）对比 $X=1,Y=4$ 和 $X=2,Y=4$ 的检测概率图可以发现,增大 X 能够有效提高信号的检测概率,但是增大 X 相当于增加了驻留时间,所以这种检测性能的改善是以延长平均捕获时间为代价的。

在不同信噪比工作环境下,为了获得最佳捕获判决性能,系统采用的捕获判决算法应不同。在信号捕获初始阶段,接收机无法确定信噪比高低,所以采用搜索速率较快的捕获判决算法,选择 $X=1,Y=4$ 的 Tong 算法。一旦信号被捕获,若信噪比较高,则采用 $X=1,Y=4$ 的 Tong 算法以保持较好的检测性能;若信噪比较低,则采用 $X=2,Y=4$ 的 Tong 算法。

2）平均捕获时间

平均捕获时间是表征捕获性能的重要指标,它主要由相位搜索时间和相位验证时间两部分组成。

当检测概率 $p_{D\_m}=1$ 时,设滑动捕获的积分时间 $T=NT_c$,本地伪码和接收伪码相位差为 $\Delta \cdot T_c$,本地伪码每次滑动 $mT_c/2$,若不发生虚警,环路每隔 $(N+m)T_c$ 步进一次,则总共需要滑动 $2 \cdot \Delta/m-1$ 次,捕获时间为 $(2\Delta/m-1) \times (N+m)T_c$。

若在做积分处理时出现一次虚警则驻留 NT_c 后转入下一次积分检测,则所需时间为

$$T_\Delta = (2\Delta/m-1) \times (N+m)T_c + NT_c p_{FA\_m} + 2NT_c p_{FA\_m}^2 + \cdots$$

$$= (2\Delta/m-1) \times (N+m)T_c + \frac{NT_c p_{FA\_m}}{(1-p_{FA\_m})^2} \qquad (1-67)$$

因为本地伪码和接收伪码相位差 $\Delta \cdot T_c$ 是随机变量,在 $0 \sim (N-1)T_c$ 之间变动,因此对捕获时间求平均,则有

$$T_1 = \frac{1}{N}\sum_{\Delta=0}^{N-1} T_\Delta = \left[\frac{2(N-1)}{m}-1\right] \times (N+m)T_c + \frac{NT_c p_{FA\_m}}{(1-p_{FA\_m})^2} \quad (1-68)$$

当检测概率 $p_{D\_m} \neq 1$ 时,则有 $1-p_{D\_m}$ 的概率在经过 $\Delta \cdot T_c$ 时间后不能捕获到信号,需要再经过 NT_c 个相位滑动才能捕获到信号。完成一次这种搜索需要的平均时间为

$$T_{tmp} = \left[\frac{4(N-1)}{m}-1\right] \times (N+m)T_c + \frac{NT_c p_{FA\_m}}{(1-p_{FA\_m})^2} \qquad (1-69)$$

在搜索过程中,出现漏检的概率可能不止一次,完成这种相位搜索,最终实现捕获的平均捕获时间为

$$T_2 = (1-p_{D\_m})T_{tmp} + (1-p_{D\_m})^2 T_{tmp} + \cdots$$

$$= T_{tmp}\sum_{i=0}^{\infty}(1-p_{D\_m})^i - T_{tmp}$$

$$= \frac{(1-p_{D\_m})}{p_{D\_m}}T_{tmp} \qquad (1-70)$$

采用大步进快速捕获系统完成捕获的平均时间为

$$\overline{T}_{acq} = T_1 + T_2$$

$$= \left[\frac{2(N-1)}{m} \cdot \frac{1 - p_{D\_m}}{p_{D\_m}} - \frac{1}{p_{D\_m}}\right](N + m)T_c + \frac{NT_c p_{FA\_m}}{p_{D\_m}(1 - p_{FA\_m})^2} \quad (1-71)$$

由式(1-71)可以看出:平均捕获时间随着检测概率的增加而减小,随着虚警概率的增加而增加。

大步进快速捕获能够大幅度提高捕获时间,且捕获检测量是基于信号能量获取的,所以这种捕获方案不仅捕获速度快,而且捕获灵敏度高,可在低信噪比条件下稳定工作。同时,相位验证采用了 Tong 算法,大大降低捕获判决的虚警概率,提高了捕获判决的检测概率。

3)捕获门限

捕获门限电平选择的是否适当,是影响捕获性能的一个重要因素。在实际情况中,由于信道的衰落、干扰和噪声的影响,固定判决门限不适应接收信号的强弱变化:若判决门限设定的太低,当信号比较强时容易错锁在序列互相关或自相关旁瓣上;若判决门限设置太高,弱信号可能无法进行捕获。为此很多文献研究了自适应门限算法,但这些算法要观测很多样值,实现较为复杂。

这里选用一个与接收扩频信号正交的伪码序列,将其与接收信号的相关值作为噪声门限。每隔一段时间可以更新一次噪声门限,如每隔 10s 更新一次,同时可以将这 10s 内的噪声相关值累加进行平均作为下一次的噪声门限,这样就避免了采用同一伪码序列产生噪声门限过大,同时又体现了噪声和信号能量大小的变化,减小了漏检概率。捕获门限是在噪声门限的基础上增加 7dB。图 1.26 给出了噪声门限产生原理。

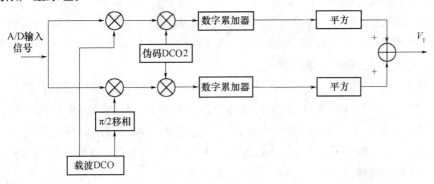

图 1.26 噪声门限产生原理

捕获门限的选择:

$$V_T = D + x \quad (1-72)$$

式中:V_T 为捕获门限;D 为噪声门限;x 一般取 7dB 左右,可以根据需要设定。

1.4.3　跟踪原理及性能分析

当 GPS 接收机捕获到卫星信号后,即进入跟踪环节。信号跟踪通道得到捕获阶段获得的当前某个卫星信号的载波频率和码相位的粗略估值,然后逐步精细对这两个信号参量进行估计,同时输出对信号的各种测量值,再解调出信号中的导航电文数据。接收机的跟踪环路有两个,分别是载波跟踪环路和码跟踪环路。

1. 伪码跟踪环技术及性能分析

码跟踪环路是为了提高接收机接收卫星信号的扩频码与本地复现码之间的相关程度,从而完成对扩频码的解扩,以获得准确的导航定位数据信息。信号捕获是使接收到的卫星信号扩频码与本地复现码之间码相位的差值限制在 ±0.5 个码片的范围之内,而跟踪环路可以使码相位差值缩小到误差允许的范围内。伪码跟踪相对捕获来说是进一步对准伪码相位,使相位误差满足系统测距误差的要求或落在载波跟踪的范围之内,为进一步实现载波跟踪提供基础。

常用的伪码跟踪方式有以下三种:

(1) 相干方式　$D = (I_E - I_L)\text{sign}(I_P)$

(2) 超前减滞后能量(非相干方式)　$D = (I_E^2 + Q_E^2) - (I_L^2 + Q_L^2)$

(3) 点乘(非相干)　$D = (I_E - I_L)I_P + (Q_E - Q_L)Q_P$

以上式中:I_E、Q_E 为超前 I 路和 Q 路的相关值;I_L、Q_L 为滞后 I 路和 Q 路的相关值;I_P、Q_P 为对准 I 路和 Q 路的相关值;sign 代表导航信息数据位的符号。

对于码跟踪环路,较为实用的模型是超前－滞后非相干跟踪环路(DDLL)。主要原因有两个:一是 GPS 通常工作在非常低的信噪比下,选用非相干环在低信噪比的情况下环路的性能较好;二是非相干跟踪环路采用能量鉴相器,对载波相位和数据的调制都不敏感,这样鉴相器就不会产生不确定量。影响伪码跟踪精度的主要因素是环路带宽,增大环路带宽可以提高环路动态跟踪能力但会影响环路的噪声性能,从而使环路的跟踪精度降低。

随着数字信号处理技术和计算机技术的快速发展,码环鉴相器和环路滤波器大多由软件实现。图 1.27 给出了伪码跟踪时的原理,本地码产生器能够输出超前、对准与滞后三条支路的信号,且这三条支路的信号相互之间依次延迟 0.5 个码片。之后将它们分别与解调之后的同相和正交支路的输入信号进行一定的相关运算,运算结果经过积分累加器得到六路相关累积值,分别为 I_E、I_P、I_L、Q_E、Q_P 和 Q_L,把得到的各个相关累积值作为码鉴别器输入,通过码鉴别器处理后得到的鉴相误差送入环路滤波器中进行滤波,环路滤波器的输出结果即为当前本地信号与输入信号伪码之间的相位偏差,利用此时得到的相位偏差不断地控制本地振荡器的输出,当相位偏差为零时,本地产生的伪码与输入信号的伪码达到了完全对准,即完成了伪码跟踪。

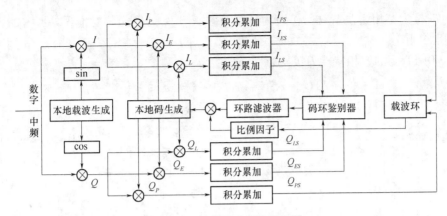

图 1.27　伪码跟踪环路原理图

在图 1.28 中，E、P、L 分别代表本地产生的超前、对准与滞后支路的信号。对准支路的信号与输入的信号进行对比：当二者完全对准时，鉴相结果是 0；当超前时，鉴相结果是负数；当滞后时，鉴相结果是正数。非相干延迟锁定环就是依据这个原理来鉴别输入信号与本地信号伪码相位的对准情况，从而达到伪码跟踪的目的。

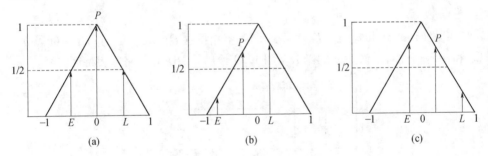

图 1.28　延迟锁定环的工作原理

（a）本地码对准；（b）本地码超前；（c）本地码滞后。

下面详细分析超前 – 滞后非相干跟踪环路的原理。超前和滞后支路的相关峰值为

$$E(k) = I_E^2 + Q_E^2 = 2PR^2(\varepsilon(k) - \delta)\mathrm{sinc}^2(\omega_d T/2) + n_E(k) \qquad (1-73)$$

$$L(k) = I_L^2 + Q_L^2 = 2PR^2(\varepsilon(k) + \delta)\mathrm{sinc}^2(\omega_d T/2) + n_L(k) \qquad (1-74)$$

由式（1 – 73）和式（1 – 74）可得鉴相器输出为

$$
\begin{aligned}
D(k) &= E(k) - L(k) \\
&= 2P\mathrm{sinc}^2(\omega_d T/2)\{R^2(\varepsilon(k) - \delta) - R^2(\varepsilon(k) + \delta)\} + n_D(k) \\
&= K_0 D_\Delta(\varepsilon, \delta) + n_D(k)
\end{aligned}
\qquad (1-75)
$$

式中：$D_\Delta(\varepsilon, \delta) = R^2(\varepsilon(k) - \delta) - R^2(\varepsilon(k) + \delta)$ 为 DDLL 环鉴相特性；$K_0 = 2P\mathrm{sinc}^2$

$(\omega_d T/2)$ 为鉴相增益系数；$n_D(k)$ 为环路等效噪声；ε 为码相位对准误差；$d = 2\delta$ 为码相关间隔。

DDLL 环的鉴相特性 $D_\Delta(\varepsilon,\delta)$ 可以描述为

$$D_\Delta(\varepsilon,\delta) = \begin{cases} 1 + (\varepsilon - \delta)(\varepsilon - \delta - 2), & 1 - \delta \leqslant \varepsilon \leqslant 1 + \delta \\ 4\delta(1 - \varepsilon), & \delta \leqslant \varepsilon < 1 - \delta \\ 4\varepsilon(1 - \delta), & -\delta \leqslant \varepsilon < \delta \\ -4\delta(1 + \varepsilon), & -1 + \delta \leqslant \varepsilon < -\delta \\ -1 - (\varepsilon + \delta)(\varepsilon + \delta + 2), & -1 - \delta \leqslant \varepsilon < -1 + \delta \\ 0, & \text{其他} \end{cases} \quad (0 \leqslant \delta < 1/2)$$

$$(1-76)$$

$$D_\Delta(\varepsilon,\delta) = \begin{cases} 1 + (\varepsilon - \delta)(\varepsilon - \delta - 2), & \delta \leqslant \varepsilon \leqslant 1 + \delta \\ 1 + (\varepsilon - \delta)(\varepsilon - \delta + 2), & 1 - \delta \leqslant \varepsilon < \delta \\ 4\varepsilon(1 - \delta), & -1 + \delta \leqslant \varepsilon < 1 - \delta \\ -1 - (\varepsilon + \delta)(\varepsilon + \delta - 2), & -\delta \leqslant \varepsilon < -1 + \delta \\ -1 - (\varepsilon + \delta)(\varepsilon + \delta + 2), & -1 - \delta \leqslant \varepsilon < -\delta \\ 0, & \text{其他} \end{cases} \quad (1/2 \leqslant \delta < 1)$$

$$(1-77)$$

由式(1-76)和式(1-77)可见 DDLL 鉴相特性 $D_\Delta(\varepsilon,\delta)$ 是伪码相关间隔 $d = 2\delta$ 和伪码相位对准误差 ε 的函数。图 1.29 给出了 DDLL 环路鉴相特性曲线。

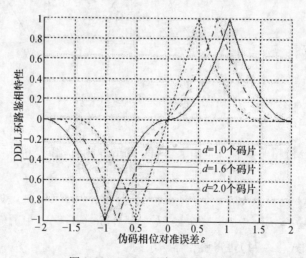

图 1.29　DDLL 环路鉴相特性曲线

由图 1.29 可以看出，当 $\varepsilon \in (-\delta,\delta)$ 时，DDLL 鉴相特性工作在线性范围。若定义 $D_\Delta(\varepsilon,\delta)$ 在 $\varepsilon = 0$ 处的斜率 $D'_\Delta(\varepsilon,\delta)$ 为环路鉴相增益，$D_{\Delta\max}(\varepsilon,\delta)$ 为 DDLL 环路相位跟踪牵引范围。当 $d \geqslant 2$ 时，鉴相特性无线性工作区，鉴相增益为 0，故这种

相关间隔不采用。当 $d<2$ 时,相关间隔越大,鉴相的线性区域也越大,相位跟踪牵引范围也越大,最大值为 1,但鉴相增益降低。

对于相关间隔 $d=2\delta$,在捕获成功后,伪码相位误差一般都能落在 $(-\delta,\delta)$ 范围内。当 DDLL 鉴相器工作在线性工作区域时,鉴相函数和相位误差的关系可简化为

$$D(k) = K_0 \times 4\varepsilon(k)(1-\delta) + n_D(k) = K_P\varepsilon(k) + n_D(k) \qquad (1-78)$$

式中: $K_P = 4K_0(1-\delta)$。

DDLL 环路的线性化数学模型如图 1.30 所示。

图 1.30　DDLL 环路的线性化数学模型

由图 1.30 可以得到环路的闭环传递函数为

$$H(s) = \frac{\theta_o(s)}{\theta_i(s)} = \frac{K_P F(s) D(s)}{1 + K_P F(s) D(s)} \qquad (1-79)$$

在 s 域中,载波 DCO 可以被模型化为一个积分器,其传递函数 $D(s) = K_{DCO}/s$,代入式(1-79),得

$$H(s) = \frac{\theta_o(s)}{\theta_i(s)} = \frac{K_P K_{DCO} F(s)}{s + K_P K_{DCO} F(s)} \qquad (1-80)$$

由式(1-80)可知,跟踪环路的阶数主要由环路滤波器的阶数决定。码跟踪环需要使用环路滤波器滤除噪声,提高环路的跟踪精度。由于有了载波环的辅助,因此码环滤波器可以采用一阶理想滤波器,即码环为二阶环。环路滤波器采用理想积分滤波器,则

$$F(s) = \frac{1 + sT_2}{sT_1} \qquad (1-81)$$

将式(1-81)代入式(1-80)可以得到环路的闭环传递函数为

$$H(s) = \frac{K(T_2 s + 1)}{T_1 s^2 + K(T_2 s + 1)} \qquad (1-82)$$

式中: $K = K_P K_{DCO}$ 为环路增益。

以自然角频率和阻尼系数表示的传递函数表达式为

$$H(s) = \frac{2\xi\omega_n s + \omega_n^2}{s^2 + 2\xi\omega_n s + \omega_n^2} \qquad (1-83)$$

式中: $\omega_n = \sqrt{K/T_1}$ 为二阶环路的自然角频率; $\xi = (\omega_n T_2)/2$ 为二阶环路的阻尼

系数。

通过设计环路参数 T_1、T_2 可以得到期望的输出频率响应,如超调量、峰值时间和调节时间。为了在软件中实现该环路,需要将连续系统转换到离散系统,利用双线性变换可以从 s 域转换到 z 域:

$$s = \frac{2}{T}\frac{1 - z^{-1}}{1 + z^{-1}} \tag{1 - 84}$$

式中: T 为相关积分时间。

将式(1-84)代入式(1-81)可以得到环路滤波器的在 z 域的表达式为

$$F(z) = \frac{C_0 - C_1 z^{-1}}{1 - z^{-1}} \tag{1 - 85}$$

式中

$$C_0 = \frac{8\xi\omega_n T + 4(\omega_n T)^2}{K[4 + 4\xi\omega_n T + (\omega_n T)^2]}, C_1 = \frac{8\xi\omega_n T}{K[4 + 4\xi\omega_n T + (\omega_n T)^2]}$$

设环路滤波器的输入为 X、输出为 Y,则可以得到环路滤波器的差分表达式为

$$Y(n) = Y(n - 1) + C_0 X(n) - C_1 X(n - 1) \tag{1 - 86}$$

式中: $X(n)$ 为当前时刻的输入; $X(n-1)$ 为前一时刻的输入; $Y(n)$ 为当前时刻的输出; $Y(n-1)$ 为前一时刻的输出。

伪码跟踪环一旦硬件确定以后,也就确定了环路增益 K。由式(1-85)可知,要确定环路滤波器参数 C_0、C_1,只需要确定 ξ、ω_n。为了获得较好的动态响应性能,一般取 $\xi = 0.707$,因此唯一需要确定的参数是 ω_n。ω_n 和环路等效噪声带宽 B_n 是相关的,环路的等效噪声带宽可以由环路的闭环传递函数得到,即

$$B_n = \frac{1}{|H(0)|^2}\int_0^\infty |H(j\omega)|^2 df \tag{1 - 87}$$

式中: $\omega = 2\pi f$;幅度频率响应 $|H(j\omega)|^2 = |H(j\omega)H(-j\omega)|$。

直接计算式(1-87)比较困难,利用 R. S. Philip 积分系数表可以简化计算,即

$$I_n = \frac{1}{2\pi j}\int_{-j\infty}^{j\infty} \frac{c(s)c(-s)}{a(s)a(-s)} ds \tag{1 - 88}$$

式中

$$c(s) = c_{n-1}s^{n-1} + c_{n-2}s^{n-2} + \cdots + c_0,$$
$$a(s) = a_n s^n + a_{n-1}s^{n-1} + \cdots + a_0$$

对比式(1-87)和式(1-88)可得

$$\begin{cases} c_0 = a_0 = \omega_n^2 \\ c_1 = a_1 = 2\xi\omega_n \\ a_2 = 1 \end{cases} \tag{1 - 89}$$

对于二阶系统,有

$$B_n = I_2 = \frac{c_1^2 a_0 + c_0^2 a_2}{4 a_0 a_1 a_2} = \frac{\omega_n [\xi + 1/(4\xi)]}{2} \qquad (1-90)$$

由式(1-90)可以看出,环路的自然角频率 ω_n 和环路等效噪声带宽 B_n 成正比,确定了 B_n 也就确定了 ω_n。环路等效噪声带宽主要受热噪声和载体动态性影响,带宽越小,引入的热噪声误差越小,从而使环路可以工作在较低的信噪比下。但当载体运动速度比较高时,高动态使接收的载波信号产生较大的多普勒频移量,若要普通的接收机跟踪环能保持锁定,就必须增加环路滤波器的带宽,这样就会引入宽带噪声,增大跟踪误差。若不增加环路跟踪带宽,多普勒频移量常会超过锁相环的捕获带,环路容易失锁。因此环路的带宽需要折中选取,下面将分析在热噪声和载体动态性影响下的最优带宽表达式。

由热噪声引起 DDLL 环的跟踪误差为

$$\sigma_{tDLL} = \left[\frac{B_n d}{2 c/n_0} \left(1 + \frac{2}{T(2-d)c/n_0} \right) \right]^{\frac{1}{2}} \qquad (1-91)$$

式中:σ_{tDLL} 为伪码跟踪误差(m);B_n 为单边带伪码跟踪环路带宽(Hz);T 为相关积分时间(s);d 为超前滞后相关器间隔,是关于一个码片的归一化值,通常为 1 或 1/2;c/n_0 为载波噪声功率密度比。

由式(1-91)可以看出,码跟踪环热噪声误差 σ_{tDLL} 与环路噪声带宽 B_n 的平方根成正比,B_n 越小,σ_{tDLL} 越小。当码跟踪误差域值确定时,减小 B_n 可降低载噪比 c/n_0 门限。

降低伪码相关间隔也可以减小 σ_{tDLL},但由图 1.29 可知降低伪码相关间隔会使码环的牵引范围减小。

码跟踪环热噪声误差 σ_{tDLL} 与相关积分时间 T 成反比,增大 T 可以减小跟踪误差,但 T 的增大受到数据位边沿跳变的限制。这里设伪码周期为 50ms,数据位宽度为 0.1s,则最大的相关积分时间只能取 0.1s。

图 1.31 给出了伪码环中热噪声引入误差随带宽和相关间隔的变化曲线。

由载体动态特性引入的多普勒频移为

$$f_d(t) = \frac{v(t)}{c} f_c \qquad (1-92)$$

式中:$f_d(t)$ 为多普勒频率;f_c 为载波频率;c 为光速;$v(t)$ 为载体多普勒速率。

为了分析动态特性对接收机跟踪环路的影响,将多普勒频率在 $t_0 = 0$ 时刻进行泰勒级数展开为

$$f_d(t) \mid_{t=0} = f_0 + f_1 t + \frac{1}{2} f_2 t^2 + \eta(t) \qquad (1-93)$$

式中:f_0 为多普勒频率;f_1 为多普勒频率一阶变化率;f_2 为多普勒频率二阶变化率;

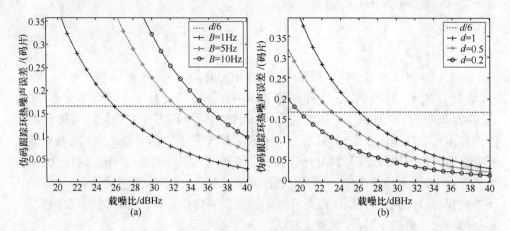

图 1. 31　伪码跟踪环热噪声误差

(a) $d=1,T=0.05\mathrm{s}$; (b) $B=1\mathrm{Hz},T=0.05\mathrm{s}$。

$\eta(t)$ 为泰勒级数展开式的余项。f_0、f_1、f_2 的大小分别与实际接收机速度、加速度、加速度变化率有关。$\eta(t)$ 为接收机加速度变化率以上各阶成分的影响,可以忽略不计。

　　由于多普勒频率的影响,观测区间上伪码相位在 $t_0=0$ 附近展开时可表示为

$$\begin{cases} \theta(t) = \theta_0 + 2\pi\left\{f_0 t + \dfrac{1}{2}(2f_1)t^2 + \dfrac{1}{6}(3f_2)t^3\right\} = \theta_0 + \omega_0 t + \dfrac{1}{2}\omega_1 t^2 + \dfrac{1}{6}\omega_2 t^3 \\[2mm] \phi(t) = \phi_0 + \left\{f_0 t + \dfrac{1}{2}(2f_1)t^2 + \dfrac{1}{6}(3f_2)t^3\right\}/f_c = \phi_0 + \phi_1 t + \dfrac{1}{2}\phi_2 t^2 + \dfrac{1}{6}\phi_3 t^3 \end{cases}$$

$$(1-94)$$

式中:$\theta(t)$、$\phi(t)$ 分别表示多普勒频移分量对扩频信号载波和伪码相位的影响。要在接收机中准确解扩、解调接收到的信号,码跟踪环和载波跟踪环就必须按照载体的动态性能来设计,不同多普勒分量要求不同阶数、不同带宽的跟踪环;否则环路就会失锁。伪码跟踪环采用二阶环,由载体的运动引入的动态应力误差为

$$R_e = (\mathrm{d}R^2/\mathrm{d}t^2)/\omega_n^2 \qquad\qquad (1-95)$$

式中:ω_n 为环路自然角频率;$\mathrm{d}R^2/\mathrm{d}t^2$ 为速度的最大视距动态性(码片/s^2),有

$$\frac{\mathrm{d}R^2}{\mathrm{d}t^2} \leqslant \left\{\frac{d}{2} - 3\sqrt{\frac{B_n d}{2c/n_0}\left[1 + \frac{2}{T(2-d)\cdot c/n_0}\right]}\right\}\cdot \omega_n^2$$

　　非相干 DDLL 跟踪环阈值的经验取值标准:测量误差均方根的 3 倍不超过相关器相关间隔的 1/2,即

$$\sigma_{\mathrm{DDLL}} = \sigma_{\mathrm{tDLL}} + \frac{R_e}{3} \leqslant \frac{d}{6} \qquad\qquad (1-96)$$

式中:σ_{DDLL}为测量的均方根误差;σ_{tDLL}为热噪声引入的均方根误差;R_e为码跟踪环中接收机动态引入的误差。

由式(1 – 96)可得

$$R_e \leqslant \frac{d}{2} - 3\sigma_{tDLL} \qquad (1 - 97)$$

图1.32给出了二阶伪码跟踪环的动态性能曲线,参数选取:1个码片对应的伪距 $\lambda_c = 1831\text{m}$,重力加速度 $g = 9.8\text{m/s}^2$,阻尼系数 $\xi = 0.707$。

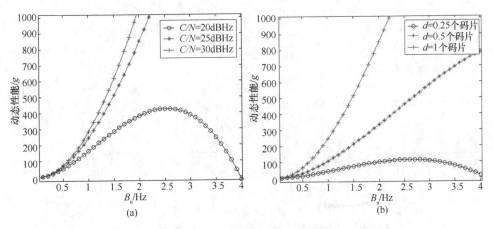

图1.32 伪码跟踪环的动态性能

(a) $T = 0.05\text{s}, d = 1$;(b) $T = 0.05\text{s}, c/n_0 = 25$。

从图1.32可以看出,在载噪比比较高时,载体的动态性随着环路带宽的增大而增大;在载噪比比较低时,带宽增加反而使环路的动态性能下降,这主要是由于在低的载噪比下,增加带宽会引入的热噪声误差变大,超过了环路的跟踪阈值,引起环路失锁。

环路的动态性能与相关间隔成正比,相关间隔越大,环路的动态性越强,当相关间隔较小时,在载噪比比较低时容易引起环路失锁。

由以上分析可知,环路的带宽的选择需要折中考虑环路的热噪声误差和环路的动态性能。将式(1 – 96)代入式(1 – 97)可得

$$\sigma_{DDLL} = \lambda_c \sqrt{\frac{B_n d}{2c/n_0}\left[1 + \frac{2}{T(2 - d) \cdot c/n_0}\right]} + \frac{\alpha^2 \cdot (\mathrm{d}R^2/\mathrm{d}t^2)}{3B_n^2} \quad (1 - 98)$$

式中:$\alpha = B_n/\omega_n = 0.53$;$\xi = 0.707$。

由式(1 – 98)知,σ_{DDLL}是环路带宽的函数,通过对 σ_{DDLL} 求 B_n 的导数,其解即为环路带宽的最优解,即

$$\partial\sigma_{DDLL}/\partial B_n = 0 \qquad (1 - 99)$$

$$(B_n)_{DDLL-op} = 0.6755 \times \sqrt[5]{\dfrac{(dR^2/dt^2)^2}{\dfrac{d\lambda_c^2}{2c/n_0}\left[1 + \dfrac{2}{T(2-d)\cdot c/n_0}\right]}} \qquad (1-100)$$

图 1.33(a)给出了伪码跟踪环路中环路带宽和伪码跟踪误差之间的关系曲线,图(b)给出了不同载噪比下的最优带宽值。仿真条件:$\lambda_c = 1831\,\mathrm{m}$,$T = 0.05\,\mathrm{s}$,$d = 1$,$dR^2/dt^2 = 20\,\mathrm{gm/s^2}$。

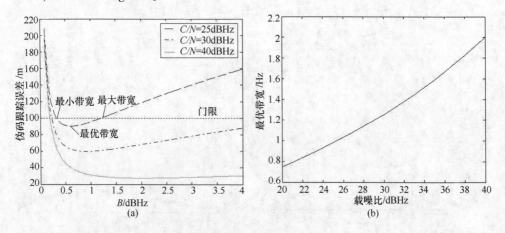

图 1.33　伪码跟踪环路的最优带宽

(a) 伪码跟踪误差和带宽之间的关系曲线; (b) 不同载噪比下的最优带宽。

2. 载波跟踪环技术及性能分析

在捕获过程中已经给出了多普勒频移的粗略估计,而更精确的载波相位和频率则要通过载波跟踪来实现。载波跟踪包括 FLL 和 PLL。二者的区别在于载波鉴别器提取环路误差控制量的方法不同。PLL 直接对载波相位进行跟踪,通过载波鉴相器提取并输出相位估计误差,当环路闭环稳定时具有较高的跟踪精度。但在动态环境下,由于接收机和发射机的晶振频率差和多普勒频移不定性的存在,直接跟踪载波相位有较大的难度。另外,为了提高动态跟踪能力,势必增加环路带宽,因此将引入较大的跟踪误差。而 FLL 则直接跟踪载波频率,通过载波鉴频器输出多普勒频移估计误差,因此具有较好的动态性能,但跟踪精度却比 PLL 环低。载波跟踪通常采用环 FLL 和 PLL 交替工作,即正常的载波跟踪模式是 PLL,当动态增强超过一定的阈值时,转入 FLL 跟踪,实现动态性的变化,环路自动实现 PLL 和 FLL 跟踪方式的切换。

FLL 实质上是载波相位差分跟踪(AFC)。频率跟踪鉴相器测量载波相位在固定时间间隔内的变化量,通过载波 DCO 产生适当的频率以解调载波信号,因此对同相、正交信号相位的 180° 反转不敏感。在载波信号初始捕获时,实现频率锁定比实现相位锁定容易。图 1.34 给出了载波自动频率跟踪结构框图。

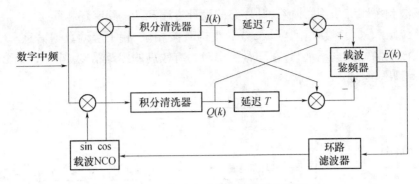

图 1.34　载波自动频率跟踪结构框图

载波鉴频器采用反正切鉴频器,如下:

$$\begin{aligned}
\text{cross} &= I(k-1)Q(k) - I(k)Q(k-1) \\
&= 2Pd(k)d(k-1)\operatorname{sinc}[\omega_{\text{d}}(k)T/2] \\
&\quad \operatorname{sinc}[\omega_{\text{d}}(k-1)T/2]\sin[\theta(k)-\theta(k-1)]
\end{aligned} \qquad (1-101)$$

$$\begin{aligned}
\text{dot} &= I(k)I(k-1) + Q(k)Q(k-1) \\
&= 2Pd(k)d(k-1)\operatorname{sinc}[\omega_{\text{d}}(k)T/2] \\
&\quad \operatorname{sinc}[\omega_{\text{d}}(k-1)T/2]\cos[\theta(k)-\theta(k-1)]
\end{aligned} \qquad (1-102)$$

$$\begin{aligned}
E(k) &= A\tan(\text{cross},\text{dot})/(2\pi T) \\
&= f_{\text{d}}(k)
\end{aligned} \qquad (1-103)$$

式中: T 为相关积分时间; f_{d} 为载波多普勒频率。

采用该方式的鉴相器,鉴相曲线的斜率与信号的幅度无关,在高低信噪比下均有较好的鉴相性能。图 1.35 给出了不考虑噪声的情况下的载波频率鉴别器的鉴相特性。从图中可知,鉴频器的牵引范围与相关积分时间成反比。

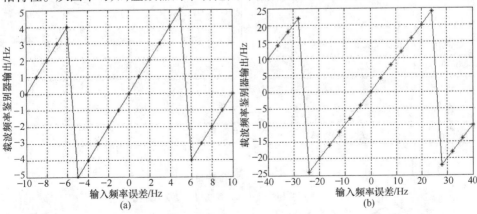

图 1.35　AFC 的鉴相特性

(a) $T = 0.05\text{s}$;(b) $T = 0.01\text{s}$。

载波频率跟踪采用二阶环,其环路的设计方法和伪码跟踪环相同。

相位跟踪采用科斯塔斯(Costas)环重构载波相位,相干解调数据信息。Costas环对载波调制的数据不敏感,在环路稳定时具有较高的跟踪精度。图 1.36 给出了 Costas 环跟踪原理。

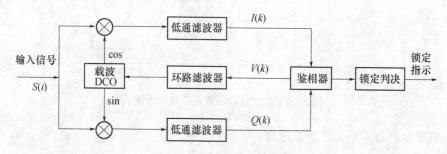

图 1.36　Costas 环跟踪原理

载波鉴相器采用二象限反正切,该鉴相器的斜率与信号幅度无关,在高低信噪比均具有较好的效果。

$$V(k) = a\tan(Q(k)/I(k))$$
$$= \theta(k) \qquad (1-104)$$

图 1.37 给出了 Costas 环鉴相特性和载波相位复现向量图。当载波相位对齐时,$I(k)$ 达到最大,$Q(k)$ 最小,此时 $I(k)$ 和 $Q(k)$ 的向量和 A 趋于与 I 轴对准。当数据位发生翻转时,向量 A 发生 180° 翻转,如图 1.37(b)虚线所示。

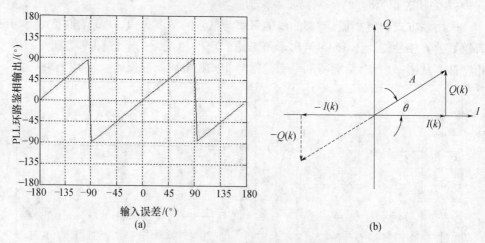

图 1.37　载波相位测量特性
(a) Costas 环鉴相特性;(b) 载波相位复现向量图。

载波相位跟踪采用采用三阶环,在设计环路时需要考虑环路的稳定性问题。图 1.38 为锁相环的拉普拉斯变换方框图。

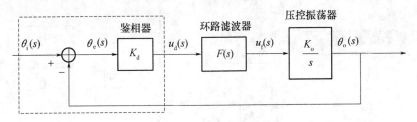

图 1.38　锁相环的拉普拉斯变换框图

环路滤波器为

$$F(s) = \left(\frac{1 + sT_2}{sT_1} \right)^2 \qquad (1 - 105)$$

三阶环路的闭环传递函数为

$$H(s) = \frac{b\omega_0 s^2 + a\omega_0^2 s + \omega_0^3}{s^3 + b\omega_0 s^2 + a\omega_0^2 s + \omega_0^3} \qquad (1 - 106)$$

式中：$\omega_0^3 = K/T_1^2$；$a\omega_0 = 2T_2 K/T_1^2$；$b\omega_0 = K(T_2/T_1)^2$。

环路的闭环传递函数的特征方程为

$$D(s) = T_1^2 s^3 + KT_2^2 s^2 + 2KT_2 s + K = 0 \qquad (1 - 107)$$

应用劳斯稳定判据,得

$$
\begin{array}{ccc}
s^3 & T_1^2 & 2KT_2 \\[2mm]
s^2 & KT_2^2 & K \\[2mm]
s^1 & \dfrac{2KT_2^3 - T_1^2}{T_2^2} & 0 \\[2mm]
s & K &
\end{array}
$$

要使系统稳定,需要保证 $2KT_2^3 - T_1^2 > 0$,即 $K > T_1^2/(2T_2^3)$。

在载波频率跟踪环工作一段时间以后,当载波频率跟踪偏差值落入载波锁相环的捕捉带内,载波环便可转入载波相位跟踪,采用 PLL(Costas 环)进行相位跟踪。图 1.39 给出了 FLL 和 PLL 混合载波跟踪原理框图。

引起 FLL 环频率测量误差的主要因素为热噪声误差和动态性引入的误差。FLL 的跟踪阈值为相关间隔内所有误差的均方根不超过环路的牵引范围($-\pi/2$,$\pi/2$),即

$$3\sigma_{\text{FLL}} = 3\sigma_{\text{tFLL}} + f_e \leqslant 0.25/T \qquad (1 - 108)$$

式中：σ_{FLL} 为 FLL 环的测量误差；σ_{tFLL} 为热噪声引入误差的均方根；f_e 为载体的动态性和本地晶振引入的频率误差；T 为相关积分时间。

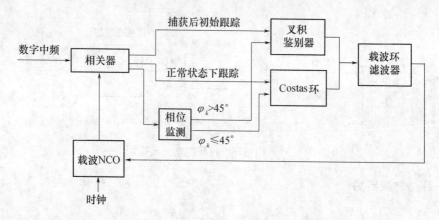

图 1.39 FLL 和 PLL 混合载波跟踪原理框图

鉴频器中热噪声引入的误差为

$$\sigma_{tFLL} = \frac{1}{2\pi T}\sqrt{\frac{2KB_n}{(K-1)\cdot c/n_0}\left(\frac{1}{K-1}+\frac{1}{2T\cdot c/n_0}\right)} \qquad (1-109)$$

式中:K 为数据位内采样平滑数据个数。

由式(1-109)可以看出:

(1) 载波频率的跟踪误差与环路等效噪声带宽 B_n 的均方根成正比,B_n 越小,跟踪误差越小,因此降低环路带宽可以降低环路的跟踪误差。

(2) 载波频率的跟踪误差与相关积分时间成反比,积分时间越长,跟踪误差越小,但会减小载体的动态性,因此该参数需要折中选择。

图 1.40 给出了 AFC 频率跟踪环的热噪声误差性能。

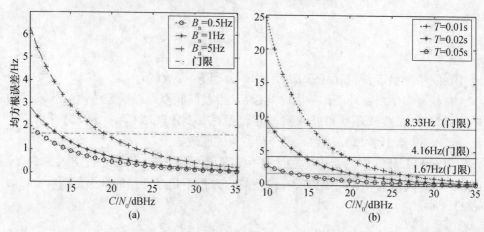

图 1.40 AFC 频率跟踪环热噪声误差性能

(a) $K=2, T=0.05s$;(b) $K=2, B=1Hz$。

鉴频器动态应力误差为

$$f_{e} = \frac{d}{dt}\left(\frac{1}{\lambda_c \omega_n^m}\frac{dR^m}{dt^m}\right) = \frac{1}{\lambda_c \omega_n^m}\frac{dR^{m+1}}{dt^{m+1}} \tag{1-110}$$

环路的动态应力误差与距离的 $m+1$ 阶导成正比。因此对于二阶系统，环路对加速度的稳态误差为 0，对加加速度敏感。于是有

$$f_{e} \leqslant \frac{0.25}{T} - \frac{3}{2\pi T}\sqrt{\frac{2KB_n}{(K-1)\cdot c/n_0}\left(\frac{1}{K-1} + \frac{1}{2T\cdot c/n_0}\right)} \tag{1-111}$$

$$\frac{dR^m}{dt^m} \leqslant \left\{\frac{0.25}{T} - \frac{3}{2\pi T}\sqrt{\frac{2KB_n}{(K-1)\cdot c/n_0}\left(\frac{1}{K-1} + \frac{1}{2T\cdot c/n_0}\right)}\right\}\omega_n^m \lambda_c \tag{1-112}$$

图 1.41 给出了频率跟踪环的动态跟踪性能。从图中可以看出：载体的动态容忍能力随着载噪比的增加而增强，并且带宽越大动态性越好；但在载噪比较低时，带宽增加引入的噪声增加容易使环路失锁。

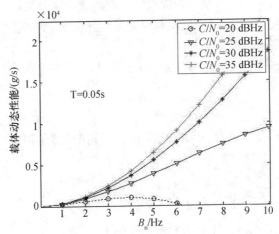

图 1.41　频率跟踪环的动态跟踪性能

载波相位锁定环跟踪阈值的经验取值为测量误差的均方根不超过 45°，即

$$3\sigma_{PLL} = 3\sigma_{tPLL} + \theta_e \leqslant 45° \tag{1-113}$$

式中：σ_{PLL} 为载波相位测量误差的均方根；σ_{tPLL} 由于热噪声引入环路误差；θ_e 为载体动态性引入的相位误差。

PLL 环由于热噪声引入的跟踪误差为

$$\sigma_{tPLL} = \begin{cases} \dfrac{360}{2\pi}\sqrt{\dfrac{B_n}{c/n_0}\left(1 + \dfrac{1}{2T\cdot c/n_0}\right)} & (°) \\[4mm] \dfrac{\lambda_c}{2\pi}\sqrt{\dfrac{B_n}{c/n_0}\left(1 + \dfrac{1}{2T\cdot c/n_0}\right)} & (m) \end{cases} \tag{1-114}$$

图 1.42 给出了 Costas 跟踪环的热噪声误差曲线。

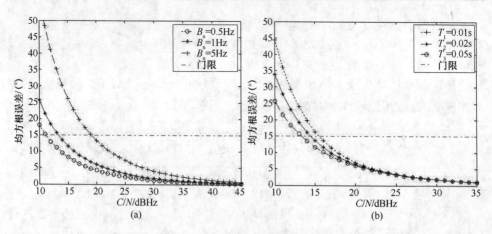

图 1.42　Costas 跟踪环热噪声误差曲线

（a）$T=0.05\text{s}$；（b）$B=1\text{Hz}$。

从图 1.42 中可以看出：载波相位跟踪环的热噪声误差与环路噪声带宽的平方根成正比，降低环路带宽可以降低跟踪误差。当环路带宽一定时，增加相关积分时间也可以降低环路跟踪误差。

由于载体动态性引入的跟踪误差为

$$\theta_e = \frac{\mathrm{d}\theta^m/\mathrm{d}t^m}{\omega_n^m}\frac{360}{\lambda_c}\quad(\,^\circ) \tag{1-115}$$

式中：$\mathrm{d}\theta^m/\mathrm{d}t^m$ 为载波相位的 m 阶变化率；ω_n 为环路自然角频率。

环路的最大动态性能为

$$\mathrm{d}\theta^m/\mathrm{d}t^m \leqslant \left\{45^\circ - \frac{360}{2\pi}\sqrt{\frac{B_n}{c/n_0}\left(1 + \frac{1}{2T\cdot c/n_0}\right)}\right\}\cdot\omega^3\cdot\frac{\lambda_c}{360} \tag{1-116}$$

图 1.43 给出了 Costas 环的动态跟踪性能。

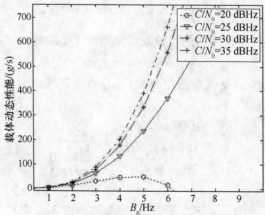

图 1.43　Costas 环的动态跟踪性能

从图 1.43 中可以看出,载体的动态跟踪性能随着信噪比的增高而增强。在信噪比较高时,载体的动态跟踪性能随着带宽的增加而增加;在信噪比较低时,增加带宽会使引入的噪声增大,跟踪误差变大,环路容易失锁。

由前面分析可知,降低伪码跟踪环的跟踪误差有两种方法:一是采用窄的伪码间隔,但这样在高动态环境中会降低环路的动态跟踪能力;二是采用载波辅助伪码技术,即用载波相位来辅助码延时跟踪。在动态环境中,载波的频率比伪码的频率要高得多,而信号上的多普勒效应与信号的波长成反比,因此载波对于动态性更加敏感。在载波跟踪环精确跟踪上载波相位的同时提供一个伪码相位延迟的估计值,将该估计值反馈到伪码 DCO,用以校正多普勒频移引起的伪码相位偏移,这样可以去除码环的视距动态性,伪码跟踪环的带宽可以做得很窄,从而能够有效地抑制噪声。载波辅助伪码跟踪环原理如图 1.44 所示。

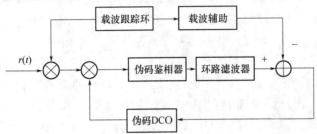

图 1.44　载波辅助伪码跟踪环原理

由于多普勒频移的影响,伪码跟踪环第 k 个相关间隔内伪码延时的变化为

$$\Delta\tau(k) = \frac{f_{\mathrm{d}}(k)}{f_{\mathrm{c}}} \cdot T = \frac{\omega_{\mathrm{d}}(k)}{\omega_{\mathrm{c}}} \cdot T = \begin{cases} \dfrac{\Delta\theta(k)}{\omega_{\mathrm{c}}} & (\mathrm{s}) \\[2mm] \dfrac{\Delta\theta(k)}{\omega_{\mathrm{c}}}R_{\mathrm{c}} & (码片) \end{cases} \quad (1-117)$$

式中:f_{d} 为相关时间间隔内载波多普勒频移;f_{c} 为载波频率;T 为相关积分时间;$\Delta\theta(k) = \theta(k) - \theta(k-1)$;$R_{\mathrm{c}}$ 为伪码速率。

将此值反馈给伪码延时锁定环的 NCO 进行微调,即可有效降低载体动态产生的影响,从而提高码跟踪环的动态跟踪性能和跟踪精度。

第2章 迭代检测的基础知识

扩频通信中,长伪码序列的快速捕获技术对一些实时性要求高的应用场合具有重要意义。例如,在采用扩频体制的高速运载器无线电导航或遥测中需要对长伪码序列进行快速捕获。另外,在采用长伪码序列扩频的地波导航中,也对长伪码序列快速捕获提出了要求,特别是在处理地波导航中出现的时变天波干扰时,长伪码序列的快速捕获显得尤为重要。在长伪码序列快速捕获应用中面临的困难:首先,传统的捕获方法中,都是本地伪码与接收信号之间的滑动相关,需要在很大的相位范围内对当前相位进行搜索,这种搜索往往需要很长的时间,很难实现快速捕获,因而跟踪不上快速变化的信号;其次,对于现有的快速捕获方法,其运算复杂度过高,很难用硬件或软件实现。因此,迫切需要寻找一种快速的低复杂度伪码捕获方法。受 Turbo 码译码原理的启发,美国南加州大学的 Keith. M. Chugg 教授 2003年提出采用迭代消息传递算法(IMPA)来实现伪码的快速捕获,这种捕获方法不需要对本地码片进行滑动,而只需通过对接收信息执行一种算法估计,即可得到当前码片的相位。这是一种典型的迭代检测方法。迭代检测问题实际上是通过观察有信道噪声污染的编码波形,并利用迭代算法来判断当前传输的数据信息的一类问题,而迭代消息传递算法是迭代检测的一个具体应用,主要是基于因子图上概率信息的传递,所以首先要具备一定的概率论、随机过程和信号检测与估计的基础知识。

2.1 概率的基础知识

2.1.1 随机事件与样本空间

在自然界和各种科学研究中,有许多现象的规律是以下形式表达的:"只要条件 E 一经实现,则事件 A 必然发生(或必然不发生)。"例如,"如果平面图形是三角形(条件 E 实现),那么这个图形的内角和是 180°(事件 A 必然发生)"。又如,"在101325Pa 的大气压下,水加热至 100℃时不沸腾"现象是必然不会发生的。以下就称在条件 E 下必然发生的事件 A 为条件 E 下的必然事件(或简称为必然事件)。必然事件的反面是不可能事件,而不可能事件的反面就是必然事件。它们虽然形式相反,但两者的实质是相同的。所有这类现象称为确定性现象(或决定性事件),它广泛地存在于自然和社会现象中。

与确定性现象不同,在自然和社会现象中还大量存在与之有着本质区别的另一类现象——随机现象:在条件 E 下,事件 A 可能发生也可能不发生。例如,从某工厂生产的某种产品中任意抽取的一件产品可能是合格品,也可能是不合格品。在此例中,条件 E 是"从某工厂生产的某种产品中任意抽取一件产品",事件 A 是"抽取的产品是合格品",显然事件 A 是条件 E 下的随机事件。

将在条件 E 实现时,可能发生也可能不发生的事件称为条件 E 下的随机事件(或简称随机事件、随机试验)。随机事件有以下特点:

(1) 事先无法确定试验的哪个结果会出现;

(2) 全部可能的结果是明确的;

(3) 在相同的条件下可以重复进行。

某种试验 E 的所有可能结果组合成的集合称为 E 的样本空间。样本空间的元素,即 E 的每个结果称为样本点,记为 e。样本空间简记为 $S = S(e)$。样本空间的元素可以是有限多个也可以是无限多个,可以是数也可以不是数。样本空间的元素取决于试验的目的,对于同一个试验,目的不同,样本空间的元素可以不同。

2.1.2　频率与概率

如何去研究随机事件? 由于不能像研究必然事件那样,去进一步寻求随机事件发生的条件,这就产生了求这个随机事件出现的"可能性"的另一自然想法。这种寻求随机事件"发生的可能性"的想法,在人们实践中是很自然的。例如,人们对于工厂生产好坏的判别标准之一是它的产品合格率,即产品中合格品个数与产品总数的比值;一种药物对某种疾病的疗效用治愈率,即使用过该药的患者中治愈人数与总人数之比来判断;对于射手的射击技术的判别标准之一是他的命中率,即射击命中次数与射击总数之比。合格率、治愈率以及命中率都是人们所关心的随机事件发生的可能性的一个数量化描述。

从这些例子可以概括出频数与频率的概念:若在条件 E 的 n 次实现下,事件 A 发生的次数是 n_a,称它为 A 在 E 的 n 次实现下的频数;而称 $f_n(A) = n_a/n$ 为事件 A 在 E 的 n 次实现之下的频率,它反映了事件 A 在 E 之下发生的可能性。当进一步考察 A 的频率 $f_n(A)$ 时,发现 $f_n(A)$ 对于条件 E 的不同的 n 次实现一般来说是不同的。但大量的实践表明,对于固定的随机事件 A 来说,当 n(条件 E 实现的次数)较大时,$f_n(A)$ 有经常接近于一个常数的趋势,并且当 n 越大时,接近的程度也就更为显著,接近的次数也越经常,即在大量的试验或观察下呈现出明显的规律性——频率稳定性。

例如,在掷一枚硬币时,既可能出现正面也可能出现反面,预先作出确定的判断是不可能的。但若硬币均匀,直观上出现正面与出现反面的机会应该相等,即"出现正面"的可能性应为 1/2。已有多人做过此试验。历史上,著名统计学家蒲丰(Comte de Buffon)和卡尔·皮尔逊(Karl Pearson)曾进行过大量抛掷硬币的试验,所得结果见表 2.1 所列。

表 2.1 大量抛掷硬币的试验

试验者	掷硬币次数	"出现正面"次数	频率
蒲丰	4040	2048	0.5069
皮尔逊	12000	6019	0.5016
皮尔逊	24000	12012	0.5005

从这些结果看,"正面出现"的频率总是在 1/2 附近波动,且抛掷次数越多,一般来说越接近于 1/2,这个常数 1/2 客观地反映了"正面出现"这一随机事件发生的可能性大小。

对于一个随机事件 A,有理由认为在频率稳定性中 $f_n(A)$ 围绕其波动的那个与 A 有关的固定常数刻画了 A 的一个重要特性——事件 A 发生的可能性大小,记该数为 $P(A)$,称 $P(A)$ 为随机事件 A 的概率。因此,概率度量了随机事件发生的可能性的大小。尽管概率的频率解释是有用的,但是要发展为有用的理论,就要求有一个关于概率的严格和精确定义。

设 E 是随机事件,S 是其样本空间。对于 E 的每一个事件 A 赋予一个实数,记为 $P(A)$,若 $P(A)$ 满足下列条件,则称 $P(A)$ 为事件 A 的概率。

(1) 对于每个事件 A,都有 $P(A) \geqslant 0$(非负性);

(2) $P(S) = 1$(规范性);

(3) 对于 $i \neq j (i, j = 1, 2, \cdots)$,$A_i A_j = \varnothing$,则有 $P(A_1 \cup A_2 \cup \cdots) = P(A_1) + P(A_2) + \cdots$(可列可加性)。

2.1.3 随机变量与随机过程

设 E 是随机事件,$S = \{e\}$ 是其样本空间。如果对应每一个样本点 $e \in S$,有一个实数 $X(e)$ 与之相对应,就可以得到一个定义在 S 上的单值函数 $X = X(e)$,称为随机变量。

继续考察抛硬币试验,它有两个可能的结果:正面向上(记作 H)和反面向上(记作 T)。为了方便研究,将每个结果用一个数字代表,例如,用数字 1 代表"出现 H",用数字 0 代表"出现 T"。这样,在讨论试验结果时,就可以简单说成结果是数字 1 或数字 0,建立这种量化关系,实际上相当于引入一个变量 X,对于试验的两个结果,将 X 的值分别规定为 1 和 0。若与样本空间 $S = \{e\} = \{H, T\}$ 联系起来,则不同样本空间元素,变量 X 取不同的值,这样 X 可以认为是样本空间的函数:

$$X = X(e) = \begin{cases} 0, e = T \\ 1, e = H \end{cases} \tag{2-1}$$

此时,由于试验结果出现是随机的,因而 $X(e)$ 的取值也是随机的,$X(e)$ 为随机变量。

在实际的生活中,常常研究依赖时间 t 的一族无穷多个相互有关的随机变量,

记作 $\{X(t),t\in T\}$，其中 T 是时间 t 的集合。通常有以下几种：

（1）$T_1 = \{t_n, n = 0,1,2,\cdots\}$；

（2）$T_2 = \{t_n, n = \cdots, -1,0,1,\cdots\}$；

（3）$T_3 = \{t, t\in[a,b]\}, a < b$ 为任意实数；

（4）$T_4 = \{t, t\in(-\infty, +\infty)\}$。

式中：T_1 和 T_2 表示的时间集合为离散时间集合，称 $\{X(t),t\in T\}$ 为随机序列；T_3 和 T_4 表示的时间集合为连续时间集合，称 $\{X(t),t\in T\}$ 为随机过程。

例如，考察电话站收到的用户呼叫次数。各用户向电话总机呼叫是随机的，因此，电话站收到的用户呼叫次数也是随机的。用 $X(t)$ 表示在 t 时刻以前电话站接到的电话呼叫次数，当时间 t 固定时，$X(t)$ 就是一个随机变量，随着时间 t 的变化就可以得到随机序列 $\{X(t),t\in T\}$。

再如，考察电网电压波动问题。由于发电机组在发电过程中的随机波动以及各用户在使用过程中的不同，使得电网电压出现随机波动。用 $X(t)$ 表示在 t 时刻的电网电压值，当时间 t 固定时，$X(t)$ 就是一个随机变量，随着时间 t 的不断变化就可以得到随机过程 $\{X(t),t\in T\}$。

正是由于概率论的出现，才使迭代消息传递算法成为可能，迭代消息传递算法是基于因子图的概率信息的传递，其基本原理是已知因子图的各边变量的内在概率和节点所代表的约束关系，求取边变量的后验概率。

2.1.4 全概率公式、贝叶斯法则和马尔可夫链

对一个事件 E，可以赋予它一个概率值 $P(E)$（$P(E)$ 在 $[0,1]$ 上取值）。令 R 是样本空间，则 $P(R) = 1$。如果事件集 $\{F_k, k = 1,2,\cdots,K\}$ 满足条件：

（1）$F_i \cap F_j = \varnothing, i\neq j, i,j = 1,2,\cdots,K$（互斥性）；

（2）$F_1 \cup F_2 \cup \cdots \cup F_k = R$（完备性）；

则称 $F_1, F_2, \cdots, F_k$ 为样本空间 R 的一个划分。对划分 F_k 有下面等式成立：

$$\sum_{k=1}^{K} P(F_k) = 1 \qquad (2-2)$$

$$P(E) = \sum_{k=1}^{K} P(E,F_k) = \sum_{k=1}^{K} P(E/F_k)P(F_k) \qquad (2-3)$$

式（2-3）称为全概率公式。

对两个事件 E 和 F，条件概率 $P(E/F)$ 指的是当事件 F 发生时事件 E 出现的概率。由此条件概率 $P(E/F)$ 可为

$$P(E/F) = \frac{P(E,F)}{P(F)}, P(F) > 0 \qquad (2-4)$$

对两个事件 E 和 F，它们的联合概率密度 $P(E,F)$ 是指事件 E 和事件 F 同时成立的概率。用集合来表示，联合概率密度是指事件 $E\cap F$ 出现的概率。联合概

率密度 $P(E,F)$ 可以用乘法定理计算,即

$$P(E,F) = P(F/E)P(E) \tag{2-5}$$

将乘法定理用于式(2-4)即得著名的贝叶斯法则:

$$P(E/F) = \frac{P(F/E)P(E)}{P(F)} \tag{2-6}$$

考虑一个随机序列 $\{X(t_1),X(t_2),X(t_3),\cdots\}$,在任意时刻 $t_n \geq 0$,序列中下一时刻 t_{n+1} 的状态 $X(t_{n+1})$ 只依赖于时刻 t_n 的状态 $X(t_n)$,而与时刻 t_n 以前的历史状态 $\{X(t_1),X(t_2),\cdots,X(t_{n-1})\}$ 无关,这样的随机变量序列称为马尔科夫链。这意味着,如果 $t_1 < t_2 < \cdots t_n$,则

$$P[X(t_n) \leqslant x_n \mid X(t_{n-1}),\cdots,X(t_1)] = P[X(t_n) \leqslant x_n \mid X(t_{n-1})]$$

$$\tag{2-7}$$

2.1.5 内在概率、外概率和后验概率

对一个随机变量 x,有许多概率与它相联系,如先验概率、后验概率等。现在来研究一个问题:对于事件 $\{x = a_k\}$,考察另一个事件 E 对它的影响,称 $P(x = a_k)$ 为先验概率,然而在迭代译码中,所说的先验概率可能并不是真正意义上的"先验",而是与选择的事件 E 有关。因此,为了区分起见,这里用另外一个词"内在概率"来替代"先验概率"。随机变量 x 相对事件 E 的内在概率记为

$$P_E^{\text{int}}(x = a) = P(x = a) \tag{2-8}$$

另一方面,后验概率是指已知事件 E 发生时的条件概率。随机变量 x 关于事件 E 的后验概率记为

$$P_E^{\text{post}}(x = a) = P(x = a \mid E) \tag{2-9}$$

综上所述,内在概率和后验概率分别代表考察事件 E 之前和考察事件 E 之后另一事件的概率值。应用贝叶斯法则(式(2-6))可将后验概率表示为

$$\overbrace{P(x = a \mid E)}^{\text{后验概率}} = \frac{1}{P(E)} \overbrace{P(E \mid x = a)}^{\text{正比于外概率}} \overbrace{P(x = a)}^{\text{内在概率}} \tag{2-10}$$

式中:$P(x = a)$ 为内在概率;$P(E \mid x = a)$ 正比于外在概率,它表示从事件 E 中得到的关于 $x = a$ 的信息,因此 x 关于事件 E 的外概率可以定义为

$$P_E^{\text{ext}}(x = a) = c'P(E \mid x = a) \tag{2-11}$$

其中:c' 为归一化函数,即

$$c' = \frac{1}{\sum_{a \in A} P(E \mid x = a)} \tag{2-12}$$

由式(2-10),后验概率、外概率和内在概率之间的关系为

$$P(x = a \mid E) = cP_E^{\text{ext}}(x = a)P_E^{\text{int}}(x = a) \qquad (2-13)$$

式中:c 为归一化因子,即

$$c = (c'P(E))^{-1} \qquad (2-14)$$

2.2　信号检测与估计

范特里斯对统计判决理论做出了精辟的阐述,他将统计判决理论分为检测理论、估计理论和调制理论三个领域。对于典型的通信系统而言,一般性统计判决问题包含三个基本要素:

(1) 信源:从数学意义上能够产生假设,并且该假设在一定的空间$\{H_0, H_1, \cdots, H_{N-1}\}$内取值,这样该假设就可以被建模为在定义空间中取值的一个随机变量$H(\varsigma)$,信源的统计模型就是信源中所有假设的先验概率,表示成$p_{H(\varsigma)}(H_m)$。

(2) 信道:经过信道产生一个信道观测量$z(\varsigma)$,它以所有可能的信源假设为条件。

(3) 判决准则:根据信道观测量$z(\varsigma)$来确定哪种信源假设成立,这种推断是基于信源和信道的特征来做出的,把推断的集合称作实现空间。

统计判决的目的是在信源和信道的特定模型基础上,寻找一种最佳的判决准则。由于统计判决理论是一个庞大的体系,这里只关注一些基本的概念,从而便于描述本书涉及的一些数据检测理论。

具体的,本书关注这样一类问题,即假设在接收端信源的先验概率是已知的,进一步假设在接收机端的实现空间是有限的,在许多实际的应用中,假设和实现之间存在着一一对应的关系。这样就可以用概率累计函数$d(A_m \mid z) = p_{A(\varsigma) \mid z(\varsigma)}(A_m \mid z)$来定义统计判决准则,它描述了在信道观测量的基础上实现A_m的概率。

在某些情形下,信道的统计描述以某些参数 Θ 为条件,这种情况下可以建立包含这些未知参数的统计模型$p(H_m, \Theta)$,或者简单地将这个参数视作一个未知的确定量。无论采用哪种参数假设,在设计信号的判决准则之前认真地分析参数的特点都是十分重要的。例如,在理想的系统中,可以将一个未知的随机变量视作一个未知的确定性参数。又如,在衰落信道中,信道的统计模型具有非对称功率谱密度,但是在某些近似情形下,可以将其视作一种对称的功率谱密度,这样便于设计信号的判决准则。书中的信道模型也是建立在某些参数理想化的基础上的。

2.2.1　贝叶斯判决准则

贝叶斯判决准则是一种常见的统计判决准则,也是许多其他判决准则的基础。贝叶斯判决准则是使所有可能的判决函数的平均判决风险最小化的一种判决准则,即

$$R(d) = \int_{\mathbb{Z}} p_{z(\varsigma)}(z) \Big[\sum_m d(A_m \mid z) C(A_m \mid z) \Big] \mathrm{d}z \qquad (2-15)$$

式中：$\mathbb{Z}$ 表示信道观测空间；$C(A_m \mid z)$ 为在观测到 $z(\varsigma) = z$ 时判决 A_m 发生的代价函数关于所有信源统计的平均，即

$$C(A_m \mid z) = \sum_i C(A_m, H_i) p_{H(\varsigma) \mid z(\zeta)}(H_i \mid z) \qquad (2-16)$$

其中：$C(A_m, H_i)$ 表示当 H_i 发生时判决行为 A_m 发生的代价，这些系数的集合将贝叶斯风险与一些实际的最优判决联系起来，构成了最终的最佳判决准则。

根据式（2-15），对于任意给定的一个行为 A_m，所有的 i 都满足 $C(A_m \mid z) \leqslant C(A_i \mid z)$，那么就把这种准则称作贝叶斯准则，使得代价函数最小的判决称为贝叶斯判决，然而由于多种判决可能对应同一个代价函数，因此，贝叶斯判决准则往往不是唯一的。可以用下式判决贝叶斯准则：

$$\arg \min_m C(A_m \mid z) \qquad (2-17)$$

式中：$\arg \min\limits_m C(A_m \mid z)$ 表示使 $C(A_m \mid z)$ 最小的 m 值。

定义后验概率为给定观测量 $z(\varsigma)$ 后 $H(\varsigma) = H_m$ 的概率，可写成

$$p_{H(\varsigma) \mid z(\varsigma)}(H_m \mid z) = \frac{p_{z(\varsigma) \mid H(\varsigma)}(z \mid H_m) p_{H(\varsigma)}(H_m)}{p_{z(\varsigma)}(z)}$$

$$\equiv p_{z(\varsigma) \mid H(\varsigma)}(z \mid H_m) p_{H(\varsigma)}(H_m) \qquad (2-18)$$

式中：采用 "$\equiv$" 表示一种等价性关系，这是因为 $p_{z(\varsigma)}(z)$ 是与信源假设无关的量，因而可以当作一个常系数而忽略。最大化后验概率（Maximum A Posteriori，MAP）判决准则在一定情形下与贝叶斯准则是等价的，具体而言，如果记代价函数 $C(A_m, H_i) = 1 - \delta_{m-i}$，$\delta_{m-i}$ 表示脉冲采样函数，根据式（2-16）可得

$$C(A_m \mid z) = \sum_i C(A_m, H_i) p_{H(\varsigma) \mid z(\varsigma)}(H_i \mid z)$$

$$= 1 - p_{H(\varsigma) \mid z(\varsigma)}(H_m \mid z) \qquad (2-19)$$

由式（2-19）可得，最小化贝叶斯风险等价于最大化后验概率 $p_{H(\varsigma) \mid z(\varsigma)}(H_m \mid z)$。最大化后验概率实际上是一种最小错误概率准则。

根据贝叶斯公式，可得

$$p_{z(\varsigma) \mid H(\varsigma)}(z \mid H_m) = \frac{p_{H(\varsigma) \mid z(\varsigma)}(H_m \mid z) p_{z(\varsigma)}(z)}{p_{H(\varsigma)}(H_m)} \qquad (2-20)$$

当先验概率 $p_{H(\varsigma)}(H_m)$ 均匀分布时，又由于 $p_{z(\varsigma)}(z)$ 可以视为一个常数，因此，此时 $p(z \mid H_m)$ 等价于 $p(H_m \mid z)$。把这种使 $p(z \mid H_m)$ 取得最大值时的判决准则称作最大似然准则（ML）。需要注意的是，使用最大似然估计的前提是假设先验概率是均匀分布的。

2.2.2　复合假设检验

当观测量的条件统计描述还取决于某个参数 Θ 时，把这种判决问题称作复合

假设检验。具体的,当 $p(z\,|\,H_m,\Theta)$ 对于每个参数值都是已知时,可以定义新的判决准则:

$$p_{z(\varsigma)\,|\,H(\varsigma)}(z\,|\,H_m) = \int p_{z(\varsigma)\,|\,H(\varsigma),\Theta(\varsigma)}(z\,|\,H_m,\Theta)\,p_{\Theta(\varsigma)\,|\,H(\varsigma)}(\Theta\,|\,H_m)\,\mathrm{d}\Theta$$

$$= E_{\Theta(\varsigma)\,|\,H(\varsigma)}\{p_{z(\varsigma)\,|\,H(\varsigma),\Theta(\varsigma)}(z\,|\,H_m,\Theta)\} \qquad (2-21)$$

上式定义了一种新的似然函数的计算方法,它是在整个 Θ 的分布范围内做平均的贝叶斯最小风险,常把这种似然比称作平均似然比。在通信系统中,有一种类似情形,存在载波相位 $\phi(\varsigma)$ 这样一个参数,它在 $[0,2\pi)$ 之间均匀分布,这种情形下的统计判决准则称作非相干检测问题。

还存在一种情形,参数 Θ 是一个确定的但是未知的,此时,使用式(2-21)就不再合适,一种更为合理的方式是尽量使用参数 Θ 的准确值。在这种情况下发展出了一般似然函数,其定义为

$$p_{z(\varsigma)\,|\,H(\varsigma)}(z\,|\,H_m) \triangleq p_{z(\varsigma)\,|\,H(\varsigma)}(z\,|\,H_m,\Theta)\,|_{\Theta=\hat{\Theta}(z,H_m)} \qquad (2-22)$$

$$\hat{\Theta}(z,H_m) = \arg\max_{\Theta} p_{z(\varsigma)\,|\,H(\varsigma)}(z\,|\,H_m,\Theta) \qquad (2-23)$$

通过比较可以看到,一般似然函数与平均似然函数的主要区别是如何边缘化参数。在一般似然函数中,采用的边缘化操作是最大操作;而在平均似然函数中,采用的边缘化操作是平均操作。

另外,当参数是随机的情形下,也可以定义一种一般似然函数的表示方法:

$$p_{z(\varsigma)\,|\,H(\varsigma)}(z\,|\,H_m) = \max_{\Theta} p(z\,|\,H_m,\Theta)\,p(\Theta\,|\,H_m) \qquad (2-24)$$

为了区别,把式(2-22),式(2-23)称作确定性一般似然函数(d-generalized),把式(2-24)称作随机性一般似然函数(p-generalized)。

2.2.3　MAP-SqD 与 MAP-SyD

考虑典型的通信系统的例子,发射机端将符号 $\{a_m\}_{m=0}^{M-1}$ 映射成输出序列 $\{x_n\}_{n=0}^{N-1}$,设这种映射关系在接收端是已知的,输出序列经过信道污染在接收端得到观测序列 z_n。这样一个过程可以通过方块图来表示,如图 2.1 所示。

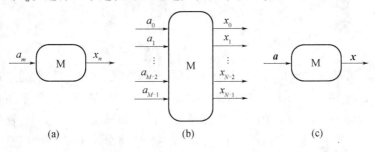

图 2.1　信号收发三种基本表示框图

其中,图 2.1(a)所示的方块图称作隐式序列表示,图(b)所示的方块图称作显示序列表示,图(c)所示的方块图称作向量表示方式。图 2.1(a)中,输入和输出变量是分别用 a_m 和 x_n 隐式表示的,这种表示方法在大多数数字信号处理和通信系统的文献中经常用到。图 2.1(b)中,输入和输出的每一个元素都被显式的表示,这种表示方法经常在迭代检测相关的图模型理论中用到。图 2.1(c)是图(b)的向量表示。在这种通用的系统模型中,既可以考虑使用关于向量 $a(\varsigma)$ 的 MAP 检测,还可以考虑采用关于每个输入序列 $a_m(\varsigma)$ 的 MAP 检测。定义前者为最大化后验概率 – 序列检测(Maximum A Posteriori – Sequence Detection,MAP – SqD);后者称作最大化后验概率 – 符号检测(Maximum A Posteriori – Symbol Detection,MAP – SyD)。这两种序列检测方法在本质上是没有区别的,但在应用的具体形式上有所差别。

MAP – SqD 的数学形式可以表示成

$$a = \arg \max_a p_{z(\varsigma)|a(\varsigma)}(z \mid a) p_{a(\varsigma)}(a) \qquad (2-25)$$

以上判决准则可以写成

$$\hat{a}_m = \arg \max_{a_m} P[a_m] \qquad (2-26)$$

$$P[a_m] = \max_{a:a_m} p_{z(\varsigma)|a(\varsigma)}(z \mid a) p_{a(\varsigma)}(a) \qquad (2-27)$$

式中:$a:a_m$ 表示 a_m 不变时所有的 a。

通过以上两式可以看出,MAP – SqD 可以通过判定软信息 $P[a_m]$ 的门限来确定最佳的判据。软信息往往指概率信息或似然函数信息,实际上,式(2-27)对应的检测就是(2-24)定义的随机性一般似然函数判决。

MAP – SyD 是根据 $a_m(\varsigma)$ 的 MAP 判决准则来建立的,具体的 $a_m(\varsigma)$ 的 MAP – SyD 判决是通过求所有 a_m 的最大化 $p_{a_m(\varsigma)|z(\varsigma)}(a_m \mid z)$ 来实现的。又根据式(2-18),得

$$p_{a_m(\varsigma)|z(\varsigma)}(a_m \mid z) \equiv p_{z(\varsigma),a_m(\varsigma)}(z, a_m)$$

所以可得 MAP – SyD 的数学形式为

$$\hat{a}_m = \arg \max_{a_m} P[a_m] \qquad (2-28)$$

$$P[a_m] = \sum_{a:a_m} p_{z(\varsigma)|a(\varsigma)}(z \mid a) p_{a(\varsigma)}(a) \qquad (2-29)$$

可以看到 MAP – SqD 与 MAP – SyD 的形式基本是一致的,其不同点在于将联合信息 $p(z,a)$ 转化成关于 a_m 的边缘信息的方式不同。MAP – SqD 采用最大化边缘操作,而 MAP – SyD 采用的是求和边缘化操作。如果将 $\{a_i(\varsigma)\}_{i \neq m}$ 视作复合假设检验中的参数 Θ,那么 MAP – SqD 与 MAP – SyD 将分别对应一般似然函数计算和平均似然函数计算。

可以看到,MAP – SqD 与 MAP – SyD 都可以表述成符号判决准则,最终的数学

形式总结如下：

$$\hat{a}_m = \arg\max_{a_m}\left[\max_{a:a_m} p(z \mid x(a))p(a)\right] \qquad (\text{MAP} - \text{SqD}) \qquad (2-30)$$

$$\hat{a}_m = \arg\max_{a_m}\left[\sum_{a:a_m} p(z \mid x(a))p(a)\right] \qquad (\text{MAP} - \text{SyD}) \qquad (2-31)$$

$$p(z \mid x(a))p(a) = \prod_{n=0}^{N-1} p(z_n \mid x_n(a)) \times \prod_{m=0}^{M-1} p(a_m) \qquad (2-32)$$

在具体的应用中，使用对数域表示方法往往更为简便。具体的，设存在概率或似然函数 v，定义其对数域表示为 $-\ln[p(v)]$。由于 $-\ln p(\cdot)$ 与 $\max(\cdot)$ 的运算顺序可以互换，那么容易得到式（2-30）的对数表示形式：

$$\hat{a}_m = \arg\min_{a_m}\left[\min_{a:a_m}(-\ln p(z \mid x(a)) - \ln p(a))\right] \qquad (\text{MAP} - \text{SqD})$$

$$(2-33)$$

$$-\ln p(z \mid x(a)) - \ln p(a) = -\sum_{n=0}^{N-1}\ln p(z_n \mid x_n(a)) - \sum_{m=0}^{M-1}\ln p(a_m)$$

$$(2-34)$$

由于 $-\ln p(\cdot)$ 与 $\sum(\cdot)$ 运算不可以互换，可以定义一种新的操作 $\min^*(\cdot)$：

$$\min^*(x,y) \triangleq -\ln(e^{-x} + e^{-y}) = \min(x,y) - \ln(1 + e^{-|x-y|}) \qquad (2-35)$$

$$\min^*(x,y,z) \triangleq -\ln(e^{-x} + e^{-y} + e^{-z}) = \min^*(\min^*(x,y),z) \qquad (2-36)$$

这样就可以得到式（2-31）的对数表示形式：

$$\hat{a}_m = \arg\min_{a_m}\left[\min_{a:a_m}^*(-\ln p(z \mid x(a)) - \ln p(a))\right] \qquad (\text{MAP} - \text{SyD})$$

$$(2-37)$$

2.2.4 边缘与联合操作

边缘与联合操作是经典检测中的概念，同时也是迭代检测理论的核心概念，因此，在介绍迭代检测之前有必要详细阐述边缘与联合操作的基本概念。

根据经典检测理论介绍的基本概念，MAP 符号与序列判决准则实际上是对特定符号 a_m 条件下软信息的值进行门限运算。式（2-30）、式（2-31）、式（2-33）与（2-37）对应 $\max$、$\sum$、$\min$ 与 $\min^*$ 四种边缘化操作。边缘化操作实际上是一种运算，这种运算将关于输入、输出对 $(a,x(a))$ 的联合软信息转化成关于特定符号 $\{a_m(\varsigma)\}$ 的边缘软信息；式（2-32）和式（2-34）还分别对应了 $\prod$ 和 $\sum$ 两种常见的联合操作。这些联合操作实际上是将关于 a_m 和 $x_n(a)$ 的边缘化软信息转化成关于输入、输出对 $(a,x(a))$ 的联合信息。作为一般形式，存在以下四种关于输入、输出对 $(a,x(a))$ 常见的边缘操作：

$$\text{APP}[u] \triangleq \sum_{a:u} p(z \mid a)p(a) \qquad (2-38)$$

$$\text{MSM}^*[u] \triangleq \min_{a:u}{}^*\left[-\ln p(z\mid a)p(\boldsymbol{a})\right] \qquad (2-39)$$

$$\text{GAP}[u] \triangleq \max_{a:u} p(z\mid a)p(\boldsymbol{a}) \qquad (2-40)$$

$$\text{MSM}[u] \triangleq \min_{a:u}\left[-\ln p(z\mid a)p(\boldsymbol{a})\right] \qquad (2-41)$$

上式中的联合信息是根据式(2-32)和式(2-34)定义的联合操作得到的。上面四个公式中,前两个之间是等价的,后两个之间是等价的,但前两个与后两个之间由于采用了不同的判决准则,因此它们并不等价。它们之间存在着某种对应关系,这种对应关系使得可以根据其中的任何一个算法规则而得到其他的所有算法,把这种特性称作算法的对称特性。对称特性使得人们可以根据问题的特点,任意选择一个最为方便的算法来解决问题。

2.3　迭代检测思想来源——Turbo 码

为了便于理解迭代问题,可以用一个形象的例子加以说明,在日常对话中,假设 A 和 B 两个人就某个话题进行交流,A 听到 B 的看法后,会结合自己已有的知识与观念形成新的知识和观念,并反馈给 B;同样,B 听到 A 的反馈后,也会结合自己已有的知识和观念进行综合判断,并形成新的判断,再反馈给 A;两个人不停地进行反馈和交谈,其实就是一个迭代的过程,最终两个人的意见可能一致,迭代收敛,也可能存在分歧,迭代发散。

可以看到,迭代算法是不断更新计算问题的当前解,直到取得一个最优的或更加合适的解为止的一种算法。迭代算法由来已久,并被广泛应用于现代计算方法中。本书关注的是迭代算法在通信系统中的应用,特别是在数字接收机端信号处理中的应用。具体来讲,就是通过观察有噪信道污染后的编码波形,并利用迭代方法来判断当前传输的数据信息,把这类问题称作迭代检测问题。由于 Turbo 码的译码算法是标准迭代检测算法的一个直接应用,因此,本节将首先介绍 Turbo 码的基本知识。

2.3.1　信道编译码发展

1948 年,香农提出了著名的信道编码定理:对于有扰信道,给定信道容量 C,假设信道中的信息传输率为 R,如果 $R<C$,当输入信息长度 N 足够大,且译码采用最大似然算法,则一定存在某种编码方式使得译码差错概率任意小;若 $R>C$,则不可能实现无误传输。香农的信道编码定理只是个存在性定理,并没有给出能达到信道容限的实际编译码方法,但是香农等人在定理的证明中使用了三个基本条件:

(1) 采用随机编译码;
(2) 编译码长度 N 趋于无穷;
(3) 译码使用最大似然译码方法。

自从该定理被提出后,人们一直致力于构造纠错能力接近编码理论极限且编译码复杂度可接受的信道编码方法。虽然该定理指出了可以通过差错控制码在信息传输速率不大于信道容量的前提下实现可靠通信,但没有给出具体实现差错控制编码的方法。而作为最优译码算法的最大似然译码算法,其复杂度随着码长 N 呈指数形式增加,当 N 较大时,最大似然译码算法在物理上是不可实现的。因此,构造物理可实现编码方案及寻找有效译码算法一直是信道编码理论与技术研究的中心任务。

1950 年汉明(R. W. Hamming)发表的论文"检错码与纠错码"中提出的汉明码是第一种实用的纠错编码,使编码理论这个应用数学分支的发展得到了极大的推动。汉明码通过对 4 个信息比特的线性组合得到 3 个校验比特,可以纠正 7 个比特中所发生的任意 1 个比特错误。其后,M. Golay 针对汉明码编码效率比较低,纠错能力比较弱的缺点,提出了更高效的 Golay 码。这两种码的基本原理相同,都是将 q 元符号按每 k 个分为一组,然后通过编码得到 $n-k$ 个 q 元符号作为冗余校验符号,最后由校验符号和信息符号组成有 n 个 q 元符号的码字符号,编码码率 $R = k/n$,得到的码字纠正 t 个错误,这种类型的编码方法称为分组码,一般记为(q,n,k,t)码,最常用的二元分组码简记为(n,k,t)码或(n,k)码。汉明码和 Golay 码都是线性分组码,即任意两个码字模 q 相加后得到另一个有效码字。1954 年,Muller 和 Reed 共同发展了 Reed – Muller 码,相比于汉明码,它在码字长度和纠错能力方面具有更强的适应性,其快速的译码算法非常适合于光纤通信系统。其后,人们又提出了循环码的概念,循环码是很重要的一类线性分组码,它的码字具有循环移位特性,即任一许用码字经过循环移位后得到的码字仍是一许用码字。循环码的循环移位特性有助于按照所要求的纠错能力系统地构造这类码,并且简化译码方法。循环码还有易于实现的特点,很容易用带反馈的移位寄存器实现其硬件,而且性能较好,不但可用于纠正独立的随机错误,而且可以用于纠正突发错误。

分组码是目前理论分析和数学描述最成熟的一类信道编码,并且在实际的通信系统中得到了广泛的应用,但是它也有本身固有的缺陷:

(1)分组码是块编码,需要整个码字全都接收到以后才能开始译码,引入的系统延时比较大;

(2)分组码要求精确的帧同步,即需要对接收码字的起始符号时间和相位精确同步;

(3)由于分组码大部分基于有限域的代数理论,大多数分组码都是采用硬判决译码,导致在低信噪比情况下纠错能力很差。

为了克服分组码的这些缺点,1955 年,Elias 等人提出了卷积码,卷积码也称为网格码、递归码或树码。分组码编码时,本码组中的 $n-k$ 个校验位仅与本组的 k 个信息位有关,而与其他各码组无关。分组码译码时,也仅从本码组中的码元内提取有关译码信息,而与其他码组无关。卷积码编码中,本码组的 n 个码元不仅与本组的 k 个信息元有关,还与以前($N-1$)时刻输入至编码器的信息组有关。同样,在卷积码译码过程中,不仅从此时刻收到的码组中提取译码信息,而且还要利用以前或以后各时刻收到的码组中提取有关信息。此外,卷积码中每组的信息位和码长通常比分组码的要小,并且卷积码的译码过程也是可以连续进行的,因此其引入的时延比分组码小。另外,卷积码译码可以充分利用解调器输出的软判决信息,因此,在与分组码同样的码率和设备复杂性条件下,无论从理论上还是从实际上均已证明卷积码的性能优于分组码,且实现最佳和准最佳译码也较分组码容易。但由于卷积码各码组之间相互关联,因此在卷积码的分析过程中,至今仍未找到像分组码那样完善严密的数学分析工具,将纠错性能与码的构成十分有规律地联系起来。从分析上得到的成果也不像分组码那样多,目前大都借助计算机来搜索好码。

分组码和卷积码虽然有非常良好的纠错性能,但是其与香农理论极限始终存在 2~3dB 的差距。香农理论表明,随机码是最优码,但它的最大似然译码方法太复杂。因此,多少年来随机编码理论一直作为分析与证明编码定理的主要方法,而如何在构造码上发挥作用却并未引起人们的足够重视。直到 1993 年 Berrou 发明了 Turbo 码,才较好地解决了这一问题。Turbo 码巧妙地将卷积码和随机交织器结合在一起,在实现随机编码思想的同时,通过交织器实现了由短码构造长码的方法,并采用软输出迭代译码来逼近最大似然译码,因此得到了接近香农理论极限的译码性能。Turbo 码的发现,标志着信道编码理论与技术的研究进入了一个崭新的阶段,它结束了长期将信道截止速率作为实际容量限的历史。现在人们更喜欢基于概率的软判决译码方法,而不是早期基于代数的构造与译码方法,而且人们对编码方案的比较方法也发生了变化,从以前的相互比较或与截止速率比较过渡到现在的与香农极限进行比较。

2.3.2 Turbo 码迭代检测的基本原理

Turbo 码突破性的发现源于基于软输入、软输出(Soft Input Soft Output,SISO)的迭代译码方法。Turbo 码的迭代译码结构和对译码软输出信息的利用能力,使得它能够与其他技术相结合,显著改善系统性能。在传统接收机中,各子系统相互独立工作,前一级子系统完成处理后把输出硬判决传递给后一级子系统,这种方式存在信息量的损失,前一级子系统不能共享后一级子系统的信息,Turbo 机制可以解决这些信息的传递。在 Turbo 接收机的处理中,各子系统都必须基于 SISO 算法实现,每一级子系统的软输出信息传递给下一级子系统作为先验信息,后一级子系统的软输出再反馈到前一级子系统进行下一次迭代。这样,Turbo 过程可以根据需要灵活地将包括符号检测(解调解扩)、信道译码和均衡等多个子系统相互级联形成迭代关系。

1. Turbo 码编码原理

Turbo 码的实质是采用并行的级连卷积码,将卷积码和随机交织器结合来实现随机编码,把两个分量码的对应关系随机化,并增加有效分组长度。编码器主要由两个递归系统卷积(RSC)编码器和一个交织器组成。在编码过程中,一帧信息序列通过一个 RSC 编码器进行编码,同时,该帧信息比特通过交织器使得信息序列顺序被打乱后,然后进入另一个 RSC 编码器进行编码,两个编码器并行处理,最后对输出码字进行并串转换后发送出去。通过这样的处理可以看出,编码的码字具有伪随机的特点。Turbo 码编码器原理框图如图 2.2 所示。

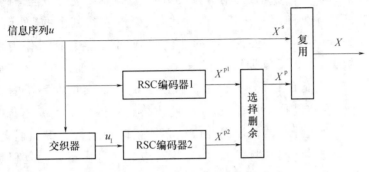

图 2.2　Turbo 码编码器原理框图

　　Turbo 码编码是递归的、系统的,它由两个并联的卷积编码器组成,RSC 编码器 2 前串联了一个随机交织器。图 2.2 中信息序列 $u = \{u_1, u_2, u_3, \cdots, u_n\}$,经过一个 N 位交织器后,形成一个新序列 $u_1 = \{u'_1, u'_2, u'_3, \cdots, u'_N\}$。$u$ 与 u_1 分别传送到 RSC 编码器 1 和 RSC 编码器 2 中,这两个卷积编码器可以相同也可以不同。于是生成序列 X^{p1} 和 X^{p2}。由于 Turbo 码编码器输出的标称码率 $R_c = 1/3$,通过二进制卷积编码器输出冗余校验比特的删余压缩处理,可以获得较高的码率。X^{p1} 与 X^{p2} 经过删余形成校验序列 X^p,X^p 与未编码序列 X^s 经过复用调制后,生成了 Turbo 码序列 X。

2. Turbo 码译码原理

Shannon 定理告诉人们最优的译码方法是最大似然译码,Turbo 码的译码方法采用了迭代译码来逼近最大似然译码,其原理框图如图 2.3 所示。

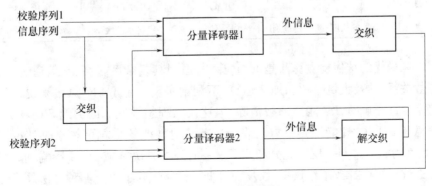

图 2.3　Turbo 迭代译码原理框图

Turbo 译码器是由两个分量译码器并行级联组成,在开始迭代译码时,分量译码器 1 获得信道输出的软信息,对分量码 RSC 编码器 1 进行最佳译码,计算出关于信息序列中每一比特的似然信息,并将其中的一部分软输出信息作为分量译码器 2 的先验信息输入,通过交织送给分量译码器2。同理,分量译码器 2 利用此部分先验信息及信道输出的软信息,对分量码 RSC 编码器 2 进行最佳译码,产生关于交织后的信息序列中每一比特的似然比信息,然后将其中的"外信息"经过解交织送给分量译码器 1,在下一次的迭代时,此部分信息便可作为分量译码器 1 的先验信息,如此反复即可进行迭代。显然,每增加一次迭代,都能提高系统的性能获得更低的误码率,但是迭代次数的增加会增加系统的复杂度和延迟,而且迭代次数越往上增加,所获得的改善越有限。由于编码器中利用了交织,所以每个分量译码器输出的外信息必须正确地进行交织和解交织,以使它和另一个译码器接收到的信道软信息相对应。并且由于译码过程是一个迭代过程,因此每次迭代不只是利用最初的信道软信息而且也利用了迭代更新后的信息。

3. 迭代检测算法

迭代检测是一种将 Turbo 原理和检测技术结合的方法,它通过多次迭代,在检测器和译码器之间充分进行信息交换来提高检测性能。常用迭代检测算法有基于 ML 准则的检测、基于 MAP 准则的检测、使用软干扰抵消(Soft Interference Cancellation,SIC)的检测、基于 MMSE 准则的线性(MMSE – LE)检测和基于 MMSE 准则的判决反馈(MMSE – DFE)检测等。

表 2.2 给出了不同算法复杂度比较。

表 2.2　不同算法复杂度比较

算法	MAP	SIC	MMSE – LE	MMSE – DFE
复杂度	$O(q^M)$	$O(M)$	$O(M+N)$	$O(M^2+N^2)$
注:N 为估计滤波器的长度;M 为信道响应长度;q 为信号星座图中字符集的大小				

性能最优的迭代检测算法是 MAP 算法,但因其复杂度很高,与信道响应长度呈指数关系,涉及大量乘法和加法运算,不利于实现。对于 SIC 算法来说,当其反馈符号全部正确时,ISI 能全部被消除,但这仅是理想情况。因为纯 SIC 算法对先验信息获取不足,性能不是很好。当判决差错对性能的影响可忽略时,DFE 优于 LE,是因为它通过判决反馈充分利用了过去时间的判决来减少 ISI 影响,但这种特性在迭代过程中导致了错误扩散,反而降低了性能。除了以上四种算法外,低复杂度和高性能的检测器还有期望最大化算法、球译码算法、序列蒙特卡洛算法、半定松弛算法等。

2.4 迭代检测相关知识和应用

受到迭代译码效果的鼓励,在 Turbo 码发明后的短短几年中,数据检测和译码领域的研究分成了好几个并行的方向。其中提出的一个课题是迭代算法的通用规则,即"在各种各样的迭代算法中是不是存在一种关于译类 Turbo 码的标准思路?"另一个相关的问题是:"在什么意义与什么条件下这种算法是最优的,当不满足最优条件时,怎样才能把其看作最优算法的一种近似?并选取合适的迭代次数。"第三个问题是,标准迭代算法分析工具的发展。研究的第四个领域就是将迭代译码的范例应用于接收机处理的其他任务中,如信道均衡、干扰抵消和参数跟踪等。目前,迭代检测技术正在经历从学术界到工业界的渐进,基于迭代接收的应用已经成为未来移动通信中的一个研究热点。迭代检测的主要研究方向如图 2.4 所示。

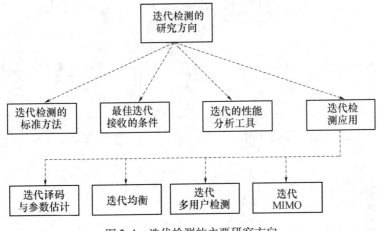

图 2.4　迭代检测的主要研究方向

2.4.1 迭代检测算法的基本流程

迭代检测算法的核心是软信息的交换与更新,软信息是关于某个数据变量的置信度,可以是概率、可信度或消息的度量。可以将迭代检测算法的应用分成以下几个主要步骤。

1. 建立系统结构模型

建立某系统或关心的计算问题的结构模型,并且刻画局部系统的结构。建立系统的模型看上去很简单,但事实上是最为重要的一个步骤,模型建立的好坏在很大程度上决定了问题的计算复杂度以及算法的性能。由于建模问题的重要性,人们发展出一套因子图理论,这样可以建立问题的图模型,帮助简化问题的描述与分析。

图 2.5 为不同的接收机框图,图 2.5 中所示的典型接收机反映了大多数实际

69

接收机的模型,各个模块之间是相互分离的,在设计时只需对每个模块进行单独优化即可,显然,这种设计方式在性能上并不是最优的。图2.5所示的最佳接收机虽然从概念上是简单的,但其实现复杂度是惊人的,事实上,其复杂度与问题的规模呈级数关系,因而很难在工程上实现真正的最佳接收机。图2.5所示的迭代接收机,其实现方式的性能接近于最佳接收机,同时具有很低的实现复杂度。具体来讲,数据检测和参数估计问题被建模成全局系统结构,但不像最佳接收机那样直接使用这样一种全局结构,而是间接的使用全局结构,这种方法的核心是软信息的交换与更新。

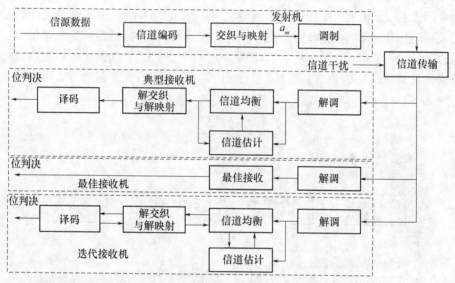

图2.5　不同的通信接收机框图

2. 计算局部结构

对于定义的每个局部结构,相应的处理过程是以局部最佳接收机的形式进行的,这就导致了一个概念,即子系统边缘化。子系统边缘化运算是根据局部系统的结构特征,对输入端和输出端的边缘化软信息进行计算,并且对输入端和输出端的边缘化软信息进行更新。子系统边缘化运算是基于子系统最佳检测理论进行的。

3. 通过软信息的交换计算全局结构

因为子系统边缘化运算是局部最优的,要想取得近似于全局最优的接收性能必须利用某种方式对局部结构进行集成。在全局结构计算中,这种集成是通过各子系统之间的边缘信息反复交换(迭代)来完成的,相互交换的边缘软信息是基于相同变量的。软信息是连接各局部结构之间的纽带,在输入端的软信息可以看作输入端的先验概率,在输出端的软信息可以看作信道的似然函数。

4. 迭代停止的判定

现有的迭代捕获算法大都是采用一个预设的固定的迭代次数,无论在迭代译码过程中的译码性能如何,收敛性怎么样,迭代算法都是到达规定的迭代次数以后才能停止译码过程,这样在信噪比较高的时候将大大的浪费资源,而且复杂度也很高,不利于现实中使用和实现。所以,在迭代译码中,除了采用简化译码算法的方法来改善系统的性能、降低算法复杂度以外,还有必要研究其他的方法来改善。

2.4.2　最佳迭代接收的条件

在数字通信中,接收处理的过程实际上是一个在观测到接收信号的条件下检测信源为何符号或比特的假设检验问题。通用的假设检验问题可以归结为源信号、观测信号及判决准则三个基本要素。其中:源信号一般用随机变量 H 来描述;源信号经过观测信道后得到观测信号,记作 z;判决某一假设成立的依据,常用的判决准则有 MAP 准则和 ML 准则等。假设检验问题模型如图 2.6 所示。

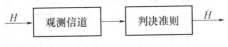

图 2.6　假设检验问题模型

由 2.2 节可知,无论是 MAP 准则还是 ML 准则,似然概率 $p(z|H)$ 都是实现判决的关键。当观测信道是一个简单系统时,则很容易得到 $p(z|H)$。然而,实际应用中的观测信道往往是一个非常复杂的系统。对于类似的复杂系统,用后验概率或似然概率的形式来描述系统的输入、输出关系非常困难,甚至是不可行的。因此将这样的系统作为一个整体来进行 MAP 准则或 ML 准则下的最优检测,其实现复杂度势必会非常高。

在信号处理中,很多系统可以看成是一个整体的系统,也可表示为几个子系统的级联。相应地,对这样的级联系统进行检测,可以把它当作一个整体来处理,也可以将其分解成几个子系统,通常检测子系统与观测子系统的分解相对应。如果把每一个子系统看成一个有限状态机,则将整个系统当作整体所需处理的状态数是所有子系统状态数的乘积。但如果将检测分解为多个子系统级联,所需处理的状态总数就变成各子系统状态数的和。这说明,级联检测可以大大地降低实现复杂度。因此将检测系统分解为若干子系统并逐级进行处理是比较常用的做法。只要各级子系统向下一级传递的信息是充分统计量,则级联检测也可得到全局最优解。反之,如果某一级检测传递的信息是非充分统计量,则在此基础上与观测信号独立的任何处理都将无法获得发送信号的充分统计量。即统计量的充分性一旦受到了损失,只有通过对观测信号的再次处理才能予以恢复。然而,在传统的接收机中,有些子系统向下一级传递的是比特或硬判决。因此为了得到更优的检测,各子系统需要采用 SISO 检测算法。不过,即使避免了硬判决,出于复杂度和可行性的考虑,很多常用 SISO 算法的输出仍然不是充分统计量,因此采用了这种 SISO 算法的级联检测必然是次最优的。

因此,以较低的运算成本来提高级联系统检测性能的关键有两个方面;一是,利用 SISO 算法来保证信息量在各级子系统之间尽可能充分的传递;二是,通过迭代来弥补次最优算法所造成的信息量损失。这两个方面的共同努力,使得具有较低运算复杂度的次最优算法的性能能够接近于最优检测算法的性能极限。在迭代检测中,各级子系统采用的 SISO 算法通常输出发送信号的对数似然比(Log – Likelihood – Ratio,LLR)。SISO 算法输出的 LLR 由三部分组成

$$L = L_c + L_a + L_e \qquad (2-43)$$

式中:L_c、L_a 分别为观测信号携带的信道信息和发送信号的先验信息,这两部分相加构成 SISO 算法输入的全部信息;L_e 与输入系统的信道信息及当前符号的先验信息无关,它是 SISO 算法在处理过程中根据其他符号的先验信息以及系统的结构信息得到的附加信息,这部分附加信息称为外信息,迭代处理通过外信息在各级子系统之间的传递与交换实现检测性能的提高。

研究表明,迭代处理对系统检测性能的提高并不是无止境的。随着迭代次数的增加,系统性能的改善将趋于缓慢。为了在系统性能与实现复杂度及处理时延之间进行合理的折中,有必要采取适当的迭代停止准则。最简单的做法是设定固定的迭代次数,这样使得译码速度低,产生较大的译码延迟。更为合理的做法是根据迭代过程的收敛特性动态地选择是否继续迭代,动态停止迭代译码的方法最早是应用在 Turbo 码中的,Turbo 码的译码器特点是基于迭代的思想,即对接收到的数据进行译码时,总是要执行一定次数的迭代算法,才能达到满意的译码可靠性。比较常见的迭代停止准则有:CE(Cross Entropy)算法、CRC(Cyclic Redundancy Check)算法、SCR(Sign Change Ratio)算法、MOR(Measurement of Reliability)算法等。

2.4.3　迭代接收机的性能分析工具

以 Turbo 码和 LDPC 码为代表的迭代可译信道编码表现出的良好性能,促使人们寻找标准迭代算法分析工具。2000 年左右,出现了一批用于迭代译码性能分析的工具,主要包括密度进化(Density Evolution,DE)、高斯近似(Gaussian Approximation,GA)、信噪比进化(Signal – to – Noise Ratio Evolution)和外信息传递(EXtrinsic Information Transfer,EXIT)图等。密度进化最先由 Richardson 等人用于 LDPC 码和积译码算法的性能分析,它跟踪每次迭代校验节点和变量节点输出外信息的概率密度。密度进化能够实现 LDPC 码性能的追踪,这种跟踪是通过计算每次迭代时消息的概率密度函数实现的。在分析因子图模型上迭代译码算法的性能时,密度进化是一种有效的方法。其思想源自于 Gallager 的博士论文。Gallager 推导了 BP 算法每一次迭代后其输出的表达式,推导出了迭代的次数与性能的关系,进而计算译码器的性能。在大多数信道条件下,密度进化算法在迭代过程中追踪的参数复杂,为一个连续的无限维向量,因此计算十分复杂,难以实现。为了降低算法的复杂度,Chung 提出了一种基于高斯分布的近似方法。在精度损失有限的前提下,以一维高斯分布的均值来代替无限维消息的概率密度向量。密度进化过程中所传递

的消息服从高斯分布,由中心极限定理可知,这些消息的和也服从高斯分布。这样,在密度进化的过程中只需计算它们的均值。采用高斯近似算法时,必须假设:无论节点的输入消息分布如何,其输出消息都近似服从高斯分布。高斯近似可以实现相当精确的计算,并使得分析复杂问题的难度极大地降低了。几乎同时,研究者也对 Turbo 码的收敛性分析方法进行了研究,Gamal 等人将译码器间传递的外信息近似为高斯分布,并将译码器间的迭代过程归结为等效信噪比的进化过程,这类方法称为 SNR 进化方法。针对 Turbo 码的 SNR 进化方法与针对 LDPC 码的高斯近似具有一定相似性,但由于 Turbo 码的分量码为卷积码,外信息很难用解析表达式来表示,通常采用蒙特卡洛仿真的方法得到。后来,Brink 提出将发送的系统比特和分量码译码器输出外信息之间的互信息作为分析迭代译码器收敛性的一种新的度量,并引入一种比较直观的可视化收敛性分析工具——EXIT 图,这种工具不需要将外信息的概率分布近似为高斯分布,并能够在图上跟踪迭代译码的互信息轨迹,很直观地表示出译码器的迭代过程和收敛性。Michael 等人将它用于 Turbo 均衡的分析。将译码器的输入、输出外信息转移特性曲线放置于同一幅图,即可以得到该译码器的 EXIT 图,这里的译码器必须是软输入、软输出译码器。两条曲线之间的区域称为译码通道。该通道打开时,译码器才能进行成功译码,因此可以借助于 EXIT 图预测译码过程是否收敛。EXIT 图是基于迭代接收思想的。该方法适用范围广,可在迭代多用户检测、迭代译码等领域使用。通过各成员分量输入与输出信息之间的传递关系来考察整个迭代结构的渐进性,输入的是先验信息,而输出则是外信息。可借助于 EXIT 图搜寻具体码型的门限值,并对其误码率(BER)进行估计。此外,还可通过 EXIT 曲线的匹配进行码型的优化设计。迭代接收机与迭代译码器之间有着天然的联系和相似性,上述迭代译码器的分析工具同样适用于分析迭代接收机的收敛性,如 Boutros 等运用信噪比进化方法分析了迭代多用户检测的收敛性,EXIT 图则分别被用于分析了迭代 MIMO 接收机、Turbo 均衡、迭代多用户检测和迭代联合同步与检测等迭代接收机的收敛性。

2.4.4　迭代检测的应用

1. 迭代译码与参数估计

由 2.3 节可知,标准迭代检测算法的一个直接应用就是 Turbo 码的译码算法,因此本节不做更多介绍。

2. 迭代均衡

无线信道会产生时延色散,即从发射机到接收机各多径分量会有不同的传输时间。时延色散会导致符号间干扰(ISI),这将严重影响数字信号的传输,若不采取措施,误比特率将高得令人无法接受。另外,时延色散也可起到正面作用。由于不同多径分量的衰落是统计独立的,所以分解后的各多径分量就可作为分集支路。如果接收机可以分离和利用分解后的多径分量,那么时延色散就提供了延迟分集的可能性。而解决这一问题的基本方法是设计能够补偿或者减小接收信号码间干扰的接收机——均衡器,即工作于两种方式的接收机结构,它能够在减小或消除符号间干扰的同时又利用信道固有的延迟分集。均衡器设计的一个重要准则是必须平衡消除符号间干扰与噪声放大之间的关系(因为信号与噪声同时进入均衡器的过程中噪声功率会同时得到放大)。均衡技术可以分为两类:一类是基于训练的均衡技术;另一类是盲均衡技术。基于训练的均衡技术需要周期性地在数据信息中插入训练序列,然后均衡器根据训练序列估计信道状态或最优化滤波器的权值。而盲均衡技术则不需要训练序列,但通常具有极高的复杂度,在实际中应用较少。基于训练的均衡技术大致可以分为线性与非线性两类。通常,线性均衡器实现起来比较简单,也比较易于理解,在实际中应用广泛。但它们不适于信道失真严重的情况,如信道频率响应有零点,或其他非线性失真。另外,线性均衡技术相比非线性均衡也受到更多噪声放大的困扰。因此,在失真严重的多径信道,通常采用非线性均衡技术。

Douillard 首先提出了 Turbo 均衡的概念,它要求均衡器和译码器都必须采用 SISO 算法,优化的 SISO 均衡算法包括 MAP 均衡和最大似然序列估值(Maximum Likelihood Sequence Estimation, MLSE)均衡算法。但其复杂度随多径数量的增加呈指数上升,采用 SISO 的线性均衡器可大大降低实现复杂度,但性能损失又非常大。

基于 MAP/ML 的均衡通常会受限于很大的计算负担,尤其在记忆长度较长的信道和采用高阶星座图时,复杂度更难以承受。而 Turbo 均衡还要求对每个数据块执行多次均衡和译码,因此可实现性问题进一步加剧。这样,Turbo 均衡的一个主要研究问题是如何降低它的实现复杂度。有的研究人员采用低复杂度的线性均衡器来代替复杂的 MAP/ML 均衡算法,从而简化 MAP 均衡器复杂度,但是性能损失非常严重。此外,有些研究人员还把遗传算法(Genetic Algorithm, GA)用于多天线 OFDM 系统的迭代均衡,不仅算法复杂度低于优化的 MAP 算法,而且能获得近似最大似然的性能。另一类降低 MAP 均衡算法复杂度的方法是减少格型状态的数量。例如,有人利用 FIR 滤波器先把 MIMO 信道解耦为几个并行信道,从而降低了均衡的复杂度。这些方法虽然复杂度均比优化的均衡算法得以很大简化,但性能只能近似 MAP/ML 均衡算法的性能。因此,均衡算法要么以复杂度为代价获得优化的性能,要么牺牲性能来获得复杂度的简化,可根据实际需求在二者间权衡。

3. 迭代多用户检测

码分多址(Code Division Multiple Access, CDMA)通信中,干扰大致分为加性白噪声干扰、多径干扰和多用户间的多址干扰(Multiple Access Interference, MAI)三种类型。MAI 是由于在 CDMA 通信系统中,多个用户占用同一时隙、同一频隙但选取的地址码不同,而实际选用的地址码间的互相关函数又不可能全部达到为 0 的理想状态,因而多个用户同时通信时必然产生 MAI。多用户检测是一种从接收机端的设计入手的干扰抑制方法,它要解决的基本问题是:如何从相互干扰的数字信息串中可靠地解调出某个特定用户信号。它引用信息论并通过严格地理论分析后提出一种新型抗多址技术,通过多用户检测既可以实现抗 MAI,又可以抵抗远近效应和多径干扰。

传统通信系统中检测器都是单用户检测器,它将所需用户信号当作有用信号,而将其他用户信号都作为干扰信号对待,按照经典直接序列扩频理论对每个用户信号分别进行扩频码匹配处理,因而抗 MAI 干扰能力较差。多用户检测技术在传统检测技术的基础上,充分利用造成 MAI 干扰的所有用户信号信息对单个用户信号进行检测,从而具有优良的抗干扰性能,解决了远近效应问题,降低了系统对功率控制精度的要求,因此可以更加有效地利用上行链路频谱资源,显著提高系统容量。总之,多用户检测的基本思想是把所有用户信号都当作有用信号,而不是干扰信号来处理,利用多个用户信号的用户码、信号幅度、定时、延迟以及相位等信息联合检测单个用户信号,即综合利用各种信息及信号处理手段,对接收信号进行处理,从而达到对多用户信号的最佳联合检测。

Turbo 译码原理与多用户检测结合进行联合多用户检测与信道译码可以大大改善系统性能而不增加太多计算复杂度,利用软输出和迭代思想,在 SISO 多用户检测器和信道译码器间通过交织/解交织传递反映比特位可信度的"软信息",经过若干次的反复迭代之后做出硬判决,可以达到很好的抗干扰性能。迭代多用户检测技术的关键在于把多用户检测器看作一个 SISO 系统,计算软信息并把其输出作为先验分布提供给后继的信道译码器,随后把译码器输出的外信息反馈到多用户检测器作为其先验信息再次检测。多次迭代之后可以达到很好的抗干扰性能。

实际 CDMA 系统常包括信道编译码和交织/解交织等过程,在关于多用户检测技术的早期研究工作中,多用户检测作为一个独立模块,没有考虑它与接收端其他模块间的互连。对于编码 CDMA 系统多用户检测和信道译码之间的接口直接影响接收系统性能,若采用多用户检测的硬判决结果作为信道译码的输入,必然会影响译码性能。同时,即使多用户检测输出软信息,若它不能利用信道译码产生的信息,系统性能也不会有明显改善。因此有学者开始研究多用户检测和信道译码之间的相互作用。在多用户检测和后端的信道译码器间采用软输入会带来一定的译码增益,从而提高接收系统的比特误码性能。

SISO 多用户检测器为信道译码器提供信道符号软判决。然而,在信道译码之前,待检测符号必须要经过解交织还原成原来的顺序以便译码,这种被引入的解交织器具有近似消除相关性的效果,经解交织后,传输符号之间可认为是相互独立的,从 SISO 多用户检测器获得的后验概率分布可用作一组单用户 SISO 信道译码器的先验概率。基于先验概率,SISO 译码器对符号进行译码输出,被重交织后反馈给 SISO 多用户检测器,作为编码比特的先验信息,计算新的后验概率,再经过解交织后反馈给信道译码器。在 SISO 多用户检测器与 SISO 译码器这两大模块之间迭代交换信道符号的软信息,这个过程将持续到符号先验概率趋于一个定值,于是可以由 SISO 检测算法最近获得的符号概率来进行译码输出。

Turbo 迭代是一种系统设计准则,编码多用户检测技术是多用户检测器和单用户译码器分别独立工作的联合优化检测方案,通过在二者之间反复迭代,快速准确地收敛到译码结果,其性能逼近最优且复杂度不高。特别的,由于 Turbo 码译码过程是一个迭代过程,在每次迭代中,需要用到上一次迭代产生的外信息。结合 Turbo 码译码与多用户检测的系统,每个用户分别使用一个译码器,在每次迭代过程中,多用户检测算法联合每个用户译码器输出的外信息,能够达到很好的性能,因此出现了结合 Turbo 编译码的迭代多用户检测技术。

4. 迭代多输入、多输出系统

在无线通信的发展史中,系统容量需求的不断增长与有限的无线频谱资源之间的矛盾一直是推动无线通信技术不断革新的重要力量之一。下一代无线通信系统对于数据传输速率提出了更高的要求,如何在有限的频谱上实现高速率、高性能的数据传输,是下一代无线通信必须面临的一个巨大挑战。在这样的背景下,MIMO 进入了人们的视野。MIMO 技术的基本思想是:在通信系统的发射端和接收端均配置多个天线,使通信系统具有除传统的时间、频率、码元资源之外的空间资源。MIMO 技术在丰富的散射信道上,充分利用多径,在空间中产生独立、并行的信道以同时传输多路数据,从而提高系统容量或增强系统的可靠性。

MIMO 技术最早由 Marconi 于 1908 年提出,20 世纪 70 年代有学者提出将 MIMO 技术用于通信系统。90 年代,美国贝尔实验室推出了一系列研究成果,极大地推动了 MIMO 技术在无线通信系统中的应用。如今,随着一些基于 MIMO 技术的演示系统(如贝尔实验室基于 BLAST 技术的 MIMO 系统、Intel 公司的 lospan MIMO 无线通信系统)的开发成功,以及 MIMO 技术在各种无线通信国际标准(如 3G、无线局域网、无线局域网标准等)中不断地崭露头角。人们有足够的理由相信,MIMO 技术必将成为下一代移动通信系统中的一项关键技术。

图 2.7 给出了的迭代检测算法 MIMO 传输模型,记发送信号向量 $s = [s_1, \cdots, s_n]$,共包括 nm 个编码信息比特,构成了发送比特向量 $x = [x_{11}, \cdots, x_{1m}, x_{21}, \cdots, x_{n1}, \cdots, x_{nm}]$,即 $s = \mathrm{map}(x)$,对应的接收信号 $r = [s_1, \cdots, s_k]$。

应用迭代检测的思想,将 MMIO 空时映射看作信道均衡检测部分,信道编码看作外码,MMIO 检测利用信道输出的数据和解码器上次迭代输出的比特软信息,经过计算输出更新的软信息,新的软信息经过解交织后送给外信道解码作为其下一次迭代的先验信息,同样解码器解码后输出更新的软信息,交织后作为先验信息重新反馈给 MIMO 检测器,这样在 MIMO 检测和信道解码之间不断迭代直到达到理想的性能。

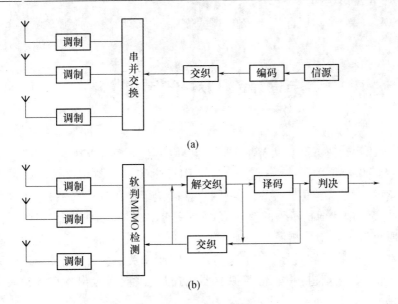

(a)

(b)

图 2.7　MIMO 传输模型

（a）发射部分；（b）接收部分。

第 3 章　因子图理论

Turbo 码的编码方案算法都具有一个共同特点,即都可以理解为基于图定义的码。每一个码都可以视为基于图定义的,图提供了一个将定义这些码的限制条件可视化的方法。更重要的是,这些图直接确定了迭代译码算法,这种迭代算法也正是在实际中 Turbo 译码的算法。图是一个非常有用的分析工具,通过某些图的性质可以很好地分析码的性能(如顶点度数决定了译码复杂程度),同时一些其他性质(如周长和直径)也与迭代译码性能相关。另外,相关的通信系统组成部分(如信源和信道)也经常模拟成图相连接,图同样也出现在其他具有类似结构的领域。

描述这类图的一个最好的工具是因子图,因子图是将一个具有多个变量的全局函数因子分解成几个局部函数的积,而形成的一个双向图。

3.1　因子图的基础知识

因子图是一种用来描述如何将多变量的全局函数分解成多个局部函数乘积形式的双向图。借助于因子图的概念,实现了多种模型在表述上的统一。因子图包含了贝叶斯网络、马尔可夫随机场以及 Tanner 图等多种图形模型。在因子图的基础上,发展出了在相应的图形模型上分布地进行消息传递来计算全局函数边缘分布的通用算法——和积算法。包括 Pearl 的信值传播算法(Belief Propagation Algorithm)和信值修正算法(Belief Revision Algorithm)、快速傅里叶变换(Fast Fourier Transform,FFT)、Viterbi 算法、前向/后向算法(Forward/Backward Algorithm)以及迭代"Turbo"译码算法等,在人工智能、统计信号处理以及数字通信等领域发展起来的算法都可以看作是这一算法的特例,都可以归属于和积算法(Sum - Product Algorithm)与最小和算法(Min - Sum Algorithm)这两类算法之中。

从谱系上来讲,因子图又是 Wiberg 等人对 Tanner 图的直接推广。Tanner 于 1981 年提出一种双向的图形模型——Tanner 图,用来描述 LDPC 码等一大类的码,并应用这一框架对其和积译码算法进行描述。在 Tanner 最初的概念中,所有的变量都对应于码字的符号,因而也是可见的。Wiberg 等人对这一概念进行了推广,使其包含了隐含的状态变量,并提出了一些编码之外的应用。从因子图的观点来看,码的 Tanner 图表示的正是该码的特征(指示)函数的特定因式相乘。

3.1.1　因子图的基本概念

1. 全局函数的因式分解与因子图表示

设全局函数 $g(x_1,\cdots,x_n)$ 被分解为一些局部函数乘积的形式,即

$$g(x_1,x_2,\cdots,x_n) = \prod_{j\in J}f_j(X_j) \tag{3-1}$$

式中:J 为一离散索引集;X_j 为 $\{x_1,\cdots,x_n\}$ 的一个子集。

定义 3.1　因子图是能表达如式(3-1)所示因式分解的双向图,对每一个变量 x_i 因子图都有一个变量节点与其对应,对每一个局部函数 f_j 因子图都有一个因子节点与其对应,如果 x_i 是 f_j 的一个变量,则存在一条由变量节点 x_i 连接到因子节点 f_j 的边。

例 3.1　设 $g(x_1,x_2,x_3,x_4,x_5)$ 是一个 5 变量函数,且 g 可以表示成

$$g(x_1,x_2,x_3,x_4,x_5)$$
$$= f_A(x_1)f_B(x_2)f_C(x_1,x_2,x_3)f_D(x_3,x_4)f_E(x_3,x_5) \tag{3-2}$$

所以 $J=\{A,B,C,D,E\}$,$X_A=\{x_1\}$,$X_B=\{x_2\}$,$X_C=\{x_1,x_2,x_3\}$,$X_D=\{x_3,x_4\}$,$X_E=\{x_3,x_5\}$。则式(3-2)可以表示成如图 3.1 所示的因子图。

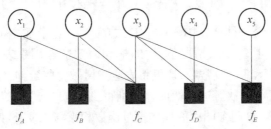

图 3.1　局部函数积 $f_A(x_1)f_B(x_2)f_C(x_1,x_2,x_3)f_D(x_3,x_4)f_E(x_3,x_5)$ 的因子图

2. 边缘函数与表达式树

在许多实际的问题中,往往更关心边缘函数 $g_i(x_i)$ 的求取,函数 $g(x_1,\cdots,x_n)$ 存在 n 个边缘函数 $g_i(x_i)$。

定义 3.2　设 A_i 是变量 x_i 的有限字母表,对于任意 $a\in A_i$,$g_i(a)$ 是所有满足 $x_i=a$ 的函数 $g(x_1,\cdots,x_n)$ 的全部配置的和,函数 $g_i(x_i)$ 为函数 $g(x_1,\cdots,x_n)$ 的边缘函数。这里的求和是对除了变量 x_i 以外的其他变量求和,称为"补和"。例如,如果 h 是变量 x_1、x_2、x_3 的函数,对 x_2 求"补和"的定义式为

$$\sum_{\sim\{x_2\}}h(x_1,x_2,x_3) \triangleq \sum_{x_1\in A_1}\sum_{x_3\in A_3}h(x_1,x_2,x_3) \tag{3-3}$$

在这种定义下,可以将边缘函数 $g_i(x_i)$ 写成

$$g_i(x_i) \triangleq \sum_{\sim\{x_i\}}g(x_1,x_2,\cdots x_n) \tag{3-4}$$

即 $g(x_1,\cdots,x_n)$ 的第 i 个边缘函数，$g_i(x_i)$ 是函数 $g(x_1,\cdots,x_n)$ 关于 x_i 的补和。

例 3.2 例 3.1 中可以求相应的边缘函数 $g_i(x_i)$，对于式(3-4)，根据通用分配定律有

$$g_1(x_1) = f_A(x_1)\Big(\sum_{x_2} f_B(x_2)\Big(\sum_{x_3} f_C(x_1,x_2,x_3)$$

$$\Big(\sum_{x_4} f_D(x_3,x_4)\Big)\Big(\sum_{x_5} f_E(x_3,x_5)\Big)\Big)\Big) \qquad (3-5)$$

写成补和的形式有

$$g_1(x_1) = f_A(x_1)\cdot\sum_{\sim\{x_1\}}\Big(f_B(x_2)f_C(x_1,x_2,x_3)\cdot$$

$$\Big(\sum_{\sim\{x_3\}} f_D(x_3,x_4)\Big)\cdot\Big(\sum_{\sim\{x_3\}} f_E(x_3,x_5)\Big)\Big) \qquad (3-6)$$

类似地，可以将 $g_3(x_3)$ 写成

$$g_3(x_3) = \Big(\sum_{\sim\{x_3\}} f_A(x_1)f_B(x_2)f_C(x_1,x_2,x_3)\Big)\cdot$$

$$\Big(\sum_{\sim\{x_3\}} f_D(x_3,x_4)\Big)\cdot\Big(\sum_{\sim\{x_3\}} f_E(x_3,x_5)\Big) \qquad (3-7)$$

根据图论的概念，可以将式(3-6)和式(3-7)表示成"树"的形式，把这种"树"称为"表达式树"。一般情况下，树的根和内部节点用来表示某个操作，而叶子节点一般用来表示变量或常数，这里将表达式树做一些延伸，使其叶子节点不仅能表示变量还能表示函数。这样就可以分别得到式(3-6)和式(3-7)的表达式树图 3.2 和图 3.3。这两个图中的操作符是函数相乘与求取补和。

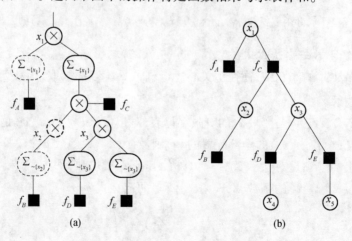

(a) (b)

图 3.2 式(3-6)的树表示形式

(a) 表达式树；(b) 树图(因子图)。

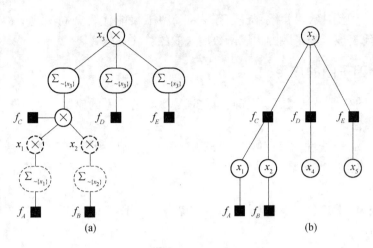

图 3.3　式(3－7)的树表示形式

（a）表达式树；（b）树图(因子图)。

3. 因子图与表达式树的关系

通过观察图 3.2(b)和图 3.3(b),可以发现其形式与图 3.1 相同,只不过是分别表示成了以 x_1 和 x_3 为根节点的树图的形式。比较因子图与基于表达式的树型结构可以看到,它们之间存在着相互对应关系。例如,如果要将一个代表函数 $g(x_1,\cdots,x_n)$ 的因子图转换成一个边缘函数 $g_i(x_i)$ 的表达式树的形式,需要先将因子图化成以 x_i 为根节点的树形结构的形式,此时因子图中的每一个节点 v 都有一个明确的父节点(根节点 x_i 除外),也就是由 v 到 x_i 必须经过的节点。然后把因子图中的每个变量节点用乘积操作符来代替,如图 3.4(a)所示,因子节点用对应的局部函数 f_j 取补和操作来代替,如图 3.4(b)所示。此时如果原变量节点是叶子节点,那么形成的乘积运算符将是冗余的,可将其去掉;如果补和 $\sum_{\sim\{x\}}$ 是对只含有变量 x 的函数进行运算,那么该运算符也是冗余的,也可以将其去掉。图 3.2(a)和 3.3(a)中的虚框表示可以去掉的环节。

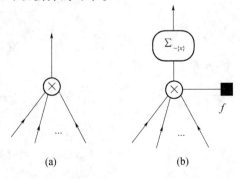

图 3.4　将带有根节点的无环因子图转换成表达边缘函数的树形结构的方法

（a)变量节点的转换;（b）因子节点的转换。

根据以上转换,可得到结论:无环因子图不仅能代表全局函数的因式分解结构,还能代表该全局函数的边缘函数所对应的算法表达式。

3.1.2 因子图的应用

因子图在编码领域、概率和随机过程领域具有广泛的应用。

1. 线性码

一个$[n,k]$线性码可以被2^k个长为n的二进制序列定义,称这2^k个码字的集合为C。当且仅当$x_1 \oplus x_2 \in C, \forall x_1, x_2 \in C$成立时,称分组码为线性的。其中,$\oplus$为模二加运算。

有限域$GF(2)$上线性码为$[n,k]$,$\boldsymbol{H}$表示其一致校验矩阵,C表示2^k个许用码组。则有

$$\forall \boldsymbol{X} \in C, \quad \boldsymbol{H}\boldsymbol{X}^{\mathrm{T}} = 0 \tag{3-8}$$

假设

$$\boldsymbol{H} = \begin{pmatrix} 1 & 1 & 0 & 0 & 1 & 0 \\ 0 & 1 & 1 & 0 & 0 & 1 \\ 1 & 0 & 1 & 1 & 0 & 0 \end{pmatrix}$$

对于$\boldsymbol{X} = (x_1, x_2, x_3, x_4, x_5, x_6) \in C$,将上式表示成因子积为

$$\mu(x_1, x_2, x_3, x_4, x_5, x_6) = \left[(x_1, x_2, x_3, x_4, x_5, x_6) \in C \right]$$
$$= [x_1 \oplus x_2 \oplus x_5 = 0][x_2 \oplus x_3 \oplus x_6 = 0][x_1 \oplus x_3 \oplus x_4 = 0] \tag{3-9}$$

据式(3-9)得到线性码C的因子图如图3.5所示。由图3.5可以看出,比特位x_4、x_5、x_6作为子图的端节点完全由比特位x_1、x_2、x_3决定。据此可以很快地得出线性码C在$GH(2)$上的篱笆图,如图3.6所示。图中共有$2^k = 8(k=3)$条路径表示2^k个有用码字。自左至右的每一条路径构成C中的一个码字,且C中的每一个码字也均由这样的一条路径表示。

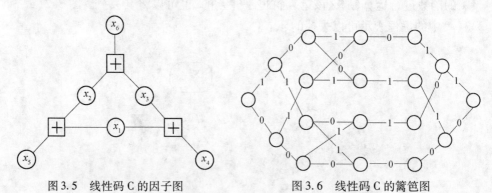

图3.5　线性码C的因子图　　　　图3.6　线性码C的篱笆图

在纠错码领域,基于篱笆图的译码算法已相当成熟,如维特比译码和费诺译码等。尤其是维特比译码,由于能获得最大似然函数意义上的最佳译码路径,而且能

获得软判决译码时所带来的量化增益,其应用日益广泛。在卫星通信中,几乎成为一种技术标准。

2. 马尔可夫链和隐马尔可夫模型

$f(x_1, \cdots, x_n)$ 为 n 个随机变量的联合概率密度函数,则

$$f(x_1, \cdots, x_n) = \prod_{i=1}^{n} f(x_i / x_1, \cdots, x_{i-1})$$

取 $n = 4$,有

$$f(x_1, \cdots, x_4) = f(x_1)f(x_2/x_1)f(x_3/x_1, x_2)f(x_4/x_1, x_2, x_3)$$

对应的因子图如图 3.7 所示。

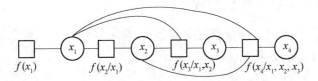

图 3.7　概率运算链式规则因子图

若 $x_1, x_2, \cdots, x_n$ 形成一马尔可夫链,那么

$$f(x_1, x_2, \cdots, x_n) = \prod_{i=1}^{n} f(x_i / x_{i-1})$$

其因子图如图 3.8 所示。

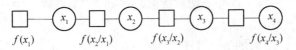

图 3.8　马尔可夫链因子图

若在此马尔可夫链中 x_i 不能直接得到,只能得到 x_i 的输出 y_i,则此时称为隐马尔可夫模型。其联合概率密度函数可表示为

$$f(x_1, \cdots, x_n, y_1, \cdots, y_n) = \prod_{i=1}^{n} f(x_i / x_{i-1})f(y_i / x_i)$$

其因子图如图 3.9 所示。将 $x_i \in GF(2)$,$i \in \{1, 2, 3, 4\}$,在 GF(2) 上展开则可表示成篱笆图形状,将复杂的理论推导转化成直观的流程图并能方便地应用计算机实现。

因子图是现代编码的基础,它将接近香农限的 LPDC 码、Turbo 码和类 Turbo 码等统一起来,建立了基于图的编码理论和迭代译码算法,在一定程度上解释了迭代译码的基本原理。

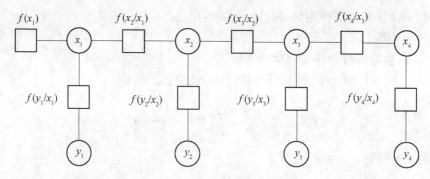

图 3.9　隐马尔可夫模型因子图

3.1.3　因子图中消息传递策略

因子图上消息传递的规则有很多种,但最常见也是最"极端"的是双向消息传递策略和洪水消息传递策略。

1. 双向消息传递策略

双向消息传递策略一般用于无环因子图上的串行译码。在实际译码过程中,时钟并不是必备的,但是为了叙述方便,仍假设消息传递与时钟同步,单位时间内一条边上、一个方向最多传递一个消息。新消息代替同一条边上、同一个方向上的原始消息,在第 i 个时刻,从节点 V 传递出的消息是 V 的局部函数与在第 $i-1$ 个时刻 V 接收到所有消息的函数。无环图上,译码时间内,每条边上、一个方向上只传递一次消息。这是最小可能传递消息的次数。双向消息传递策略中,设 T 是无环因子图,图上的节点可以处于两种状态,一种是"入站"状态,另一种是"出站"状态。双向消息传递策略流程如下:

(1) 初始化。所有的节点处于"入站"状态。

(2) 节点处于"入站"状态等待,直到除一条边以外所有边均有消息到达,无消息到达的边称为主边,根据和积算法的消息更新规则计算主边上的输出消息,将所得新的消息输出到主边上。把该节点的状态变成"出站"状态。

(3) 节点处于"出站"状态,直到主边上有消息到达。根据和积算法消息更新规则,计算局部函数和主边上到达的消息与除了要传递消息的节点相连的边之外的所有边上的消息的积再做相应的求和运算。

无环因子图上,叶子节点只与一条边相连,故叶子节点无需处在等待的"入站"状态,消息传递从叶子节点开始。消息从叶子节点一直传递到图中最内部的节点后,再返回到叶子节点。当所有的叶子节点都接收到消息时,消息传递结束。与节点相连的边上所有的到达消息的积为该节点的消息。由于每条边只用来传递一次"入站"消息和一次"出站"消息,也就是每条边上只传递两次消息,故得名双向消息传递策略。

2. 洪水消息传递策略

在前面介绍的双向消息传递策略中,节点除了进行两次消息处理之外均处于等待状态。这里介绍的洪水消息传递策略中,在消息传递之前节点无需等待,因此在因子图 T 中,一条边的每个方向上不只有一次消息传递。每个节点对消息的处理是同时进行的,故得名洪水消息传递策略。洪水消息传递策略的流程如下:

(1) 初始化。假设 T 中每个节点有一条假想边,且边上有单位消息到达,节点按照以下描述的步骤进行消息传递。

(2) 与节点相连的任意一条边上有消息到达,此消息称作"当前"消息,此消息所在的边称作"进边",其他边称作"出边"。对每一条"出边",根据和积算法中消息更新规则计算相应的输出消息,将所得消息传递到该"出边"。如果节点为叶子节点,则只有"出边",只接收从其他节点传递出来的消息。

(3) 消息传递终止。当没有新消息到达,消息传递终止;计算每个节点的消息。

实际上,在洪水消息传递策略中,与节点相连的每条边上只要有新消息到达就会触发该节点按照和积算法的消息更新规则更新其他边上的消息。叶子节点只有一条边,因此只接收消息,又因为 T 为无环因子图,故最终消息将全部被叶子节点"吸收"。显而易见,双向消息传递策略和洪水消息传递策略消息更新规则相同,它们的差异仅存在于消息传递的顺序不同。双向消息传递策略是串行过程,而洪水消息传递策略是并行过程,实际上也可以设计混和型的消息传递策略。因此,在前面曾谈及过,双向消息传递策略和洪水消息传递策略是两个"极端"策略。在混合消息传递策略中,可以使某条边上到达的消息对其他的边产生"悬挂"消息,这些消息不必立刻就传递出去。这些悬挂的消息也可以随着与节点相连的边上的新消息而改变,借以反映新到达消息的影响。

3.2　基于图模型理论的和积算法

和积算法的本质是在一个相应的因子图上计算全局函数的各个边缘函数。其基本思想十分简单,却可以应用于十分广泛的领域。例如,在人工智能、信号处理和数字通信等许多领域内的多种问题都可以通过在适当选取的因子图上应用和积算法的方式来解决。实际上许多常用的算法在本质上都是解决边缘函数之积(MPF)问题,这个概念是由 S. M. Aji 和 R. J. McEliece 首次明确提出来的,在他们的一篇具有里程碑意义的文章里,Aji 和 McEliece 提出了通用分配定律(GDL),并用代表全局函数的节点树来解决 MPF。

表达式树可以用来计算相应的表达式,然而由于表达式树和因子图之间有一定的对映关系,因而用因子图来表达运算过程将更加简单和直接。为了更好地理解运算过程,可以把因子图中的每个节点想象成一个处理器,因子图的边代表处理器间通信的通道,而处理器间传递的信息是一些边缘函数的描述。

3.2.1 计算一个边缘函数

简单起见,先描述只计算一个单独的边缘函数 $g_i(x_i)$ 的算法。

算法 3.1 计算过程从叶子节点开始,每个叶子变量节点向其父节点传递一个恒值函数,每个叶子因子节点向其父节点传递其相应局部函数的描述;每个节点在收到所有来自其子节点的信息后,进行相应的运算,并把计算结果传递给父节点,计算的方法如图 3.4 所示,变量节点只是简单地求取来自所有子节点的信息的乘积,并将结果发送出去,而因子节点是将其子节点传递过来的所有子节点信息与该因子节点的局部函数相乘后做补和 $\Sigma_{\sim\{x\}}$ 操作,注意相乘和补和操作的操作数可以是数字或函数;整个运算终止于根节点 x_i,所有传送到 x_i 的信息的乘积即是边缘函数 $g_i(x_i)$。

3.2.2 计算多个边缘函数

在许多情况下,需要计算多于一个的边缘函数 $g_i(x_i)$,如果有一种方法能够同时计算所有的边缘函数,将大大简化计算过程,下面将讨论这种方法。

如图 3.1 所示的因子图,此时整个因子图将没有根节点,相邻的节点也不再有固定的父子关系,相反任何与一个节点 v 相连的节点 w 都可以在某种程度上看作是它的父节点,如果在某次计算中,信息是从 v 传递到 w 的,此时该信息的计算方法和计算单独的边缘函数时一样,即将 w 看作是 v 的父节点。

算法 3.2 首先进行叶子节点的初始化;任意节点 v 在传递信息之前不会进行任何操作,而只有除了与其相连的一个边以外的其他边均有信息传递过来时,该节点才会启动相应的计算过程,产生计算结果并向其他节点传递,该节点暂时被认为是父节点,并假设该节点是 w;将信息传递到 w 以后,v 节点重新返回到等待状态,等待信息再从 w 点传递过来,一旦该信息准备好,v 节点便开始计算并向其他节点传递信息,每个节点可以依次看为其父节点;当每个边都在两个方向上传递过信息后,整个算法即结束,其中在变量节点 x_i,所有传递过来的信息的乘积即是边缘函数 $g_i(x_i)$。

由于以上叙述的两种算法的计算都是一系列的"和"与"积"的运算,因而称作和积算法。

3.2.3 因子图上和积算法的信息传递

根据因子图以及和积算法的定义可以得到和积算法的信息更新规则。令 $\mu_{x\to f}(x)$ 代表和积算法中从 x 节点到 f 节点的信息,令 $\mu_{f\to x}(x)$ 代表从 f 传递至 x 的信息。如图 3.10 所示,和积算法的信息计算规则如下:

变量到局部函数的信息更新规则为

$$\mu_{x \to f}(x) = \prod_{h \in n(x) \setminus \{f\}} \mu_{h \to x}(x) \qquad (3-10)$$

局部函数到变量的信息更新规则为

$$\mu_{f \to x}(x) = \sum_{\sim \{x\}} \left(f(X) \prod_{y \in n(f) \setminus \{x\}} \mu_{y \to f}(y) \right) \qquad (3-11)$$

式中:$X = n(f)$为函数f的变量;h为与相应的变量节点相连的所有节点;y为与相应的因子节点相连的所有节点。

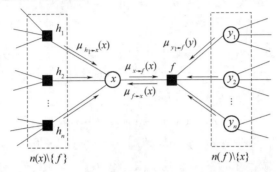

图 3.10　展示和积算法更新规则的因子图

变量节点的更新仅仅是简单的信息相乘,而局部函数节点的更新涉及非冗余函数的乘积与求取补和的运算。显然,度为 2 的变量节点上,不存在任何信息的计算,信息只是从一个边传递到另一个边。

3.3　和积运算与最小和算法

3.3.1　和积运算

由 2.2.4 节可知,概率域的和积算法与对数域的最小和算法之间存在着某种等价对应关系。事实上,之所以存在这种对应关系,是因为软信息的边缘与联合操作之间符合一种半环特性(semi - ring),这种特性的算法之间具有同构特性,使得由因子图理论发展而来的和积算法能够推广到更加宽广的应用范围。在和积算法中,和操作" + "与积操作" × "之间在实数域形成了一个 semi - ring。可将实数域推广到抽象集合 F,并且设在该集合中也存在类似和运算与积运算的两种运算,分别记为"$\oplus$"和"$\otimes$",这样$(F, \oplus, \otimes)$就构成了一个 semi - ring。它必须服从以下特性:

(1) 在 F 域,$\oplus$和$\otimes$运算都服从结合律与交换律;

(2) 在 F 域,$\otimes$服从关于$\oplus$的分配律;

(3) 存在元素 $I_{\oplus}, I_{\otimes} \in F$,使得对于 F 域中的所有元素 f 满足 $f \oplus I_{\oplus} = f$ 和$f \oplus I_{\otimes} = f$。

引理3.1 为了证明和积算法与最小和算法之间的等价性,需要证明(- log**R**, min, +)构成 semi - ring,这里用 - log**R** 表示负对数域,**R** 表示与之对应的实数域,在分析迭代检测问题时,感兴趣的实数域是概率域,其取值范围为[0,1],对应的负对数域的取值范围为[0,∞)。

证明:(1) min 服从结合律与交换律:

$$\min(- \log a, \min(- \log b, - \log c)) = \min(\min(- \log a, - \log b), - \log c)$$

$$\min(- \log a, - \log b) = \min(- \log b, - \log a)$$

(2) " + "服从结合律与交换律:

$$- \log a + ((- \log b) + (- \log c)) = ((- \log a) + (- \log b)) + (- \log c)$$

$$(- \log a) + (- \log b) = (- \log b) + (- \log a)$$

(3) " + "服从服从关于 min 的分配律:

$$- \log a + \min\{(- \log b), (- \log c)\}$$

$$= \min\{[(- \log a) + (- \log b)], [(- \log a) + (- \log c)]\}$$

(4) 在负对数域存在 $I_{\oplus} = \infty \in - \log\mathbf{R}$, $I_{\otimes} = 0 \in - \log\mathbf{R}$,使得对于 $\forall f \in - \log\mathbf{R}$ 满足 $\min(f, I_{\oplus}) = f$ 和 $f + I_{\otimes} = f$。

综上所述,可以证明(- log**R**, min, +)构成 semi - ring,其中, - log**R** ∈ [0,∞)。

3.3.2 最小和算法

上一节证明了最小和运算在特定的范围内构成 semi - ring,它与和积算法之间形成同构,因此,可以得到一种最小和算法。具体的,根据式(3 - 10)与式(3 - 11)可以得到,semi - ring 环域中的一般算法:

局部函数到变量的信息更新规则为

$$u_{f \to x}(x) = \bigoplus_{\sim(x)} \left(S(f(X)) \otimes \bigotimes_{y \in n(f) \setminus \{x\}} S(\mu_{y \to f}(y)) \right)$$

$$= \min_{\sim\{x\}} \left(- \log(f(X)) + \sum_{y \in n(f) \setminus \{x\}} - \log(\mu_{y \to f}(y)) \right) \quad (3 - 12)$$

变量到局部函数的信息更新规则为

$$\mu_{x \to f}(x) = \bigotimes_{h \in n(x) \setminus \{f\}} S(\mu_{h \to x}(x))$$

$$= \sum_{h \in n(x) \setminus \{f\}} - \log(\mu_{h \to x}(y)) \quad (3 - 13)$$

式中:$S(\cdot)$ 表示从实数域向对数域的映射。

和积算法中提供的边缘函数的计算方法,在 semi - ring 环域中的一般表示方法如下:

$$g_{X_n}(x_n) = \mu_{f_k \to x_n}(x_n) \otimes \mu_{x_n \to f_k}(x_n) \quad (3 - 14)$$

$$= \mu_{f_k \to x_n}(x_n) + \mu_{x_n \to f_k}(x_n) \quad (3 - 15)$$

根据式(3 - 4),边缘函数还可以写成如下形式:

$$g_{X_n}(x_n) = \underset{\sim\{x_n\}}{\bigoplus} \{f(x_1,x_2,\cdots,x_n)\} \qquad (3-16)$$

$$= \min_{\sim\{x_n\}} \{f(x_1,x_2,\cdots,x_n)\} \qquad (3-17)$$

所以,可得

$$\min_{x_1,x_2,\cdots,x_N} f(x_1,x_2\cdots,x_N) = \min g_{X_n}(x_n) \qquad (3-18)$$

显然,式(3 - 18)提供了一种求取函数最小值的方法,这种方法并不直接求取函数的最小值,而是元素 x_n 取什么值时函数具有最小值。这一特性对于数据的最优检测具有十分重要的意义,因为在最优数据检测中,往往需要对向量 $\boldsymbol{x} = [x_1,x_2,\cdots,x_n]$ 做出最优判决,而对函数的最值并不感兴趣。设 $\hat{x}_n$ 使函数 $g_{X_n}(x_n)$ 取得最小值:

$$\hat{x}_n = \arg \min_{x_n} g_{X_n}(x_n) \qquad (3-19)$$

那么,有

$$g_{X_n}(\hat{x}_n) = \min_{x_1,x_2,\cdots,x_N} f(x_1,x_2,\cdots,x_N) \qquad (3-20)$$

按照上述规则,可以得到向量 $\hat{\boldsymbol{x}} = [\hat{x}_1,\hat{x}_2,\cdots,\hat{x}_n]$,使得

$$\hat{\boldsymbol{x}} = \arg \min_{x_1,x_2,\cdots,x_N} f(x_1,x_2,\cdots,x_N) \qquad (3-21)$$

得到的向量估值,使得函数取得最小值,从而实现了最优检测。

3.4　基于因子图的迭代检测伪码捕获方法

首先,介绍一般译码模型的建立,根据图模型的基本理论,建立 LDPC 码的因子图模型;其次,在建立的 LDPC 码的因子图模型上详细介绍迭代译码算法的应用;最后,分析伪码捕获问题的特征,给出伪码捕获问题的迭代检测理论解释,并利用 LDPC 码迭代译码问题的建模与分析手段,分析伪码捕获问题的建模与译码方法,并结合实例给出基于迭代检测的伪码捕获方法。

3.4.1　一般译码模型的建立

1. LDPC 码的定义

LDPC 码是一种具有稀疏校验矩阵的线性分组码,稀疏校验矩阵是校验矩阵中非零元素的个数非常少。当矩阵中行、列中"1"的数目分别为 ρ、λ 时,称为规则 LDPC 码;行、列中"1"的数目不确定时,称为非规则 LDPC 码。

Gallager 最早定义的二元 (N,λ,ρ) LDPC 码是一种码字长度为 N,码率 $R_c = 1 - \lambda/\rho$ 的线性分组码,它是一种规则码,由于这种定义下的码不唯一,参数 (N,λ,ρ) 实际上定义了一个码集合。设规则 (N,λ,ρ) LDPC 码,具有校验矩阵 $\boldsymbol{H}_{M\times N} =$

$(h_{ij})_{M \times N}$,可以用因子图来表示,因子下边的 N 个节点代表 N 个码字称为信息节点,上边 M 个节点代表 M 个校验关系称为校验节点。当信息节点和校验节点存在于同一个校验式时,两者之间便存在一条边,将和每个节点相连的边的个数称作节点的度。

对于不规则 LDPC 码而言,行和列中"1"的数目不确定,这时校验矩阵中"1"的分布可以表示成一对度数分布序列

$$\lambda = (\lambda_1, \lambda_2, \cdots, \lambda_{d_v}), \rho = (\rho_1, \rho_2, \cdots, \rho_{d_c})$$

式中:λ_i 表示度数为 i 的变量节点占所有与变量节点相连的边的比例;ρ_j 表示度数为 j 的校验节点占所有与校验节点相连的边的比例;d_v 表示最大变量节点度数;d_c 表示最大校验节点度数。

引入度分布函数

$$\lambda(x) = \sum_{i=2}^{d_v} \lambda_i x^{i-1}, \rho(x) = \sum_{j=2}^{d_c} \rho_j x^{j-1}$$

此时的码率为

$$R_c = 1 - \frac{\int_0^1 \rho(x) \, \mathrm{d}x}{\int_0^1 \lambda(x) \, \mathrm{d}x} = 1 - \frac{\left(\sum_{j=2}^{d_c} \rho_j / j \right)}{\left(\sum_{i=2}^{d_v} \lambda_i / i \right)} \tag{3-22}$$

当 $\lambda(x) = x^{\lambda-1}, \rho(x) = x^{\rho-1}$ 时,非规则 LDPC 退化成规则 LDPC 码。

2. LDPC 码的因子图模型

例 3.3 设不规则 LDPC 码 C 的校验矩阵和校验方程为

$$\boldsymbol{H} = \begin{bmatrix} 1 & 1 & 1 & 0 & 1 & 0 & 0 \\ 1 & 1 & 0 & 1 & 0 & 1 & 0 \\ 1 & 0 & 1 & 1 & 0 & 0 & 1 \end{bmatrix}$$

$$\begin{cases} f_0 : x_0 + x_1 + x_2 + x_4 = 0 \\ f_1 : x_0 + x_1 + x_3 + x_5 = 0 \\ f_2 : x_0 + x_2 + x_3 + x_6 = 0 \end{cases}$$

以该码为例讨论如何建立 LDPC 码的因子图模型。

1) LDPC 码行为模型的建立

定义 3.3 设 $\boldsymbol{x} = [x_0, x_1, \cdots, x_{n-1}]$ 是配置空间 $S = A_0 \times A_1 \times \cdots \times A_{n-1}$ 的变量集合。S 空间的一个行为是指 S 空间的一个子集 B,其中 B 中的元素称为 S 空间的一个有效配置,B 称作行为。

Iverson 规则:设 P 是关于一组变量集合的测度,$[P]$ 是反映 P 的真值且取值为 $\{0,1\}$ 的函数,有

$$[P] \triangleq \begin{cases} 1 & P \text{ 是真} \\ 0 & \text{ 其他} \end{cases} \qquad (3-23)$$

如果设符号"$\wedge$"代表逻辑关联词"and"操作,可以得到上述规则的一个重要特性:

$$[P_1 \wedge P_2 \wedge \cdots \wedge P_n] = [P_1][P_2]\cdots[P_n] \qquad (3-24)$$

即如果 P 能写成测度的联合逻辑函数,那么 $[P]$ 就可以通过上式因子化,因而可以用因子图进行表示。由此可定义行为 B 的示性函数:

$$\chi_B(\boldsymbol{x}) \triangleq [(x_0, x_1, \cdots, x_{n-1}) \in B] \qquad (3-25)$$

显然,表述 χ_B 等价于表述行为 B。

对于码 C 来说,设每个码变量的定义域是一个固定的字母表,那么配置空间就是一个 n 维的笛卡儿积 $S = A^n$,行为 $C \subset S$ 称为 A 空间上的长度为 n 的分组码,C 的有效配置称作一个码字。因此,根据式(3-25)可以写出 LDPC 码的示性函数:

$$\begin{aligned} \chi_C(\boldsymbol{x}) &= [(x_0, x_1, \cdots, x_6) \in C] \\ &= [x_0 \oplus x_1 \oplus x_2 \oplus x_4 = 0][x_0 \oplus x_1 \oplus x_3 \oplus x_5 = 0][x_0 \oplus x_2 \oplus x_3 \oplus x_6 = 0] \end{aligned}$$
$$(3-26)$$

该式反映了码的行为规则,这种模型称为码 C 的行为模型。

2) LDPC 码概率模型的建立

还有一种常用的建模方式称作概率建模。设 $\boldsymbol{x} = (x_0, x_2, \cdots, x_{n-1})$ 是长度为 n 的码 C 中的一个码字,经过信道传输后对应的输出为 $\boldsymbol{z} = (z_0, z_1, \cdots, z_{n-1})$。对于固定的观测数据 $\boldsymbol{z}$,$\boldsymbol{x}$ 的联合后验概率(APP)分布函数 $p(\boldsymbol{x}|\boldsymbol{z})$ 与函数 $g(\boldsymbol{x}) = p(\boldsymbol{z}|\boldsymbol{x}) p(\boldsymbol{x})$ 成比例,$p(\boldsymbol{x})$ 是先验概率分布,$p(\boldsymbol{z}|\boldsymbol{x})$ 是 $\boldsymbol{z}$ 的条件概率分布函数。

因为观测序列 $\boldsymbol{z}$ 是固定的,因此可以把 $g(\boldsymbol{x})$ 只看成是 $\boldsymbol{x}$ 的函数,把 $\boldsymbol{z}$ 看成参数。假设传输向量的先验分布函数对于所有码字都是相同的,可以得到 $p(\boldsymbol{x}) = \chi_C(\boldsymbol{x})/|C|$,其中 $\chi_C(\boldsymbol{x})$ 是 C 的示性函数,$|C|$ 是 C 中的码字的个数。对于无记忆信道,$p(\boldsymbol{z}|\boldsymbol{x})$ 可以因子化成

$$p(\boldsymbol{z} \mid \boldsymbol{x}) = \prod_{i=0}^{n-1} p(z_i \mid x_i) \qquad (3-27)$$

在这种假设下,有

$$g(\boldsymbol{x}) = \frac{1}{|C|} \chi_C(\boldsymbol{x}) \prod_{i=0}^{n-1} p(z_i \mid x_i) \qquad (3-28)$$

根据行为模型的描述,示性函数 $\chi_C(\boldsymbol{x})$ 本身也可以因子化成一系列局部示性函数的积,从而完成了 APP 函数 $g(\boldsymbol{x})$ 的完全因子化。根据因子图理论,可以得到 $g(\boldsymbol{x})$ 的因子图。具体的,码 C 的 APP 函数数学模型为

$$g(x_0, x_2, \cdots, x_6)$$

$$= [x_0 \oplus x_1 \oplus x_2 \oplus x_4 = 0][x_0 \oplus x_1 \oplus x_3 \oplus x_5 = 0]$$

$$[x_0 \oplus x_2 \oplus x_3 \oplus x_6 = 0]\prod_{i=0}^{6} p(z_i \mid x_i) \tag{3-29}$$

对应的因子图如图 3.11 所示,在这个因子图中每个变量对应变量节点 B_i,每个校验对应校验节点 C_j,变量节点对应不同的条件概率 $p(z_i|x_i)$,记作节点 N_i,校验节点和变量节点之间存在边 e_{ji}。

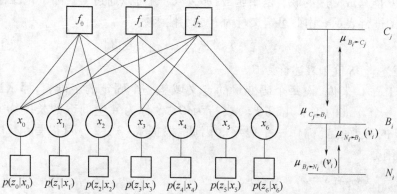

图 3.11　LDPC 码的 APP 函数 $g(\boldsymbol{x})$ 的因子图表示

3.4.2　迭代译码算法

1. 信息更新的计算方法

1）和积算法

设输入概率为 $\mu_{N_i \to B_i}(v_i)$,根据式(3-10)可得,变量节点 B_i 到校验节点 C_j 的信息更新为

$$\begin{cases} \mu_{B_i \to C_j}(e_{ji} = 0) = \mu_{N_i \to B_i}(v_i = 0)\prod\limits_{j' \in M(i)\setminus\{j\}} \mu_{C_{j'} \to B_i}(e_{ji} = 0) \\ \mu_{B_i \to C_j}(e_{ji} = 1) = \mu_{N_i \to B_i}(v_i = 1)\prod\limits_{j' \in M(i)\setminus\{j\}} \mu_{C_{j'} \to B_i}(e_{ji} = 1) \end{cases} \tag{3-30}$$

式中:$M(i)$ 为校验节点的集合;$M(i)\setminus\{j\}$ 为除第 j 个校验节点之外所有的校验节点的集合。

根据式(3-11)校验节点 C_j 到变量节点 B_i 的信息更新为

$$\begin{cases} \mu_{C_j \to B_i}(x_i = 0) = \sum\limits_{\sim\{x_i\}} f_j(\boldsymbol{x})\prod\limits_{i' \in L(j)\setminus\{i\}} \mu_{B_i \to C_j}(x_{i'}) \\ \mu_{C_j \to B_i}(x_i = 1) = \sum\limits_{\sim\{x_i\}} f_j(\boldsymbol{x})\prod\limits_{i' \in L(j)\setminus\{i\}} \mu_{B_i \to C_j}(x_{i'}) \end{cases} \tag{3-31}$$

式中:$f_j(\boldsymbol{x})$ 为与校验节点 C_j 有关的校验方程。它表示了示性函数的一部分,反映了编码问题的行为特征:当 $\boldsymbol{x}$ 满足校验方程时,$f_j(\boldsymbol{x}) = 1$;否则,$f_j(\boldsymbol{x}) = 0$。

Mackay 给出了式(3-31)的简化方法。记

$$\mu_{B_i \to C_j}(e_{ji} = 0) = q_{ij}^0, \mu_{B_i \to C_j}(e_{ji} = 1) = q_{ij}^1,$$
$$r_{ij}^0 = \mu_{C_j \to B_i}(x_i = 0), r_{ij}^1 = \mu_{C_j \to B_i}(x_i = 1)$$

令

$$\delta q_{ij} = q_{ij}^0 - q_{ij}^1$$

则有

$$\delta r_{ij} = r_{ij}^0 - r_{ij}^1 = \prod_{i' \in L(j) \setminus \{i\}} \delta q_{i'j}^a \qquad (3-32)$$

证明：设随机变量 $\varsigma = (u + v) \bmod 2$，$u$、$v$ 都是二元随机变量，概率分布分别为 p_u^0、p_u^1 和 p_v^0、p_v^1，则有

$$p_\varsigma^0 = p_u^0 p_v^0 + p_u^1 p_v^1, \quad p_\varsigma^1 = p_u^0 p_v^1 + p_u^1 p_v^0$$
$$\delta p_\varsigma = p_\varsigma^0 - p_\varsigma^1$$
$$= (p_u^0 - p_u^1)(p_v^0 - p_v^1)$$
$$= \delta p_u \delta p_v$$

对于校验节点 C_j 的状态是由参与校验的变量节点的模二和相加得到的，上面的推导同样有效。又因为有

$$\begin{cases} r_{ij}^0 + r_{ij}^1 = 1 \\ r_{ij}^0 - r_{ij}^1 = \prod_{i' \in L(j) \setminus \{i\}} \delta q_{i'j}^a \end{cases}$$

所以有

$$\begin{cases} r_{ij}^0 = \dfrac{1}{2}\left[1 + \prod_{i' \in L(j) \setminus \{i\}} \delta q_{i'j}^a \right] \\ r_{ij}^1 = \dfrac{1}{2}\left[1 - \prod_{i' \in L(j) \setminus \{i\}} \delta q_{i'j}^a \right] \end{cases} \qquad (3-33)$$

对于校验节点 C_j，来自各变量节点的输入信息对应内部概率 $p_i = P^{\mathrm{int}}(x_i = 1)$，即有

$$\mu_{B_i \to C_j}(e_{ji} = 0) = 1 - p_i, \quad \mu_{B_i \to C_j}(e_{ji} = 1) = p_i$$

所以式(3-31)可以写成

$$\begin{cases} \mu_{C_j \to B_i}(x_i = 0) = \dfrac{1}{2}\left[1 + \prod_{i' \in L(j) \setminus \{i\}} (1 - 2\mu_{B' \to C_j}(x'_i = 1)) \right] \\ \mu_{C_j \to B_i}(x_i = 1) = \dfrac{1}{2}\left[1 - \prod_{i' \in L(j) \setminus \{i\}} (1 - 2\mu_{B' \to C_j}(x'_i = 1)) \right] \end{cases} \qquad (3-34)$$

2）对数似然比和积算法

和积算法在概率运算上存在一定的缺点：①算法中包含很多乘法运算，运算规模大；②概率乘法在码长很长的情况下会存在多个概率的相乘，数字计算上会不稳定，影响收敛性，为此引入了对数域上的消息传递算法。

式(3 - 34)的对数似然比(LLR)可以写成

$$LLR(\mu_{C_j \to B_i}(x_i)) = -\log \frac{\mu_{C_j \to B_i}(x_i = 0)}{\mu_{C_j \to B_i}(x_i = 1)}$$

$$= \log \frac{1 - \prod\limits_{i' \in L(j) \setminus \{i\}}(1 - 2\mu_{B' \to C_j}(x'_i = 1))}{1 + \prod\limits_{i' \in L(j) \setminus \{i\}}(1 - 2\mu_{B' \to C_j}(x'_i = 1))} \qquad (3 - 35)$$

因为存在

$$\tanh\left(\frac{x}{2}\right) = \frac{e^x + 1}{e^x - 1}$$

$$2\mathrm{arctanh}(y) = \log \frac{1 - y}{1 + y}$$

对于任意 $x > 0$,引入函数

$$f(x) = -\log\tanh\left(\frac{x}{2}\right) = \log \frac{e^x + 1}{e^x - 1}$$

对于该函数有,$f^{-1} = f$。又

$$LLR(\mu_{B' \to C_j}(x'_i)) = -\log \frac{\mu_{B' \to C_j}(x'_i = 0)}{\mu_{B' \to C_j}(x'_i = 1)} = \log \frac{\mu_{B' \to C_j}(x'_i = 1)}{1 - \mu_{B' \to C_j}(x'_i = 1)}$$

$$1 - 2\mu_{B' \to C_j}(x'_i = 1) = -\tanh\left(\frac{1}{2}LLR(\mu_{B' \to C_j}(x'_i))\right)$$

所以容易将式(3 - 35)写成

$$LLR(\mu_{C_j \to B_i}(x_i)) = \prod\limits_{i' \in L(j) \setminus \{i\}} \alpha_{i'j} \cdot 2\mathrm{arctanh}\left(\prod\limits_{i' \in L(j) \setminus \{i\}} \tanh\left(\frac{1}{2}LLR(\mu_{B' \to C_j}(x'_i))\right)\right)$$

$$= \prod\limits_{i' \in L(j) \setminus \{i\}} \alpha_{i'j} \cdot 2\mathrm{arctanh}\log^{-1}\left(\sum\limits_{i' \in L(j) \setminus \{i\}} \log\tanh\left(\frac{1}{2}LLR(\mu_{B' \to C_j}(x'_i))\right)\right)$$

$$= \left(\prod\limits_{i' \in L(j) \setminus \{i\}} \alpha_{i'j}\right) \cdot f\left(\sum\limits_{i' \in L(j) \setminus \{i\}} f(LLR(\mu_{B' \to C_j}(x'_i)))\right) \qquad (3 - 36)$$

式中

$$\alpha_{i'j} = \mathrm{sign}(LLR(\mu_{B' \to C_j}(x_i')))$$

式(3 - 36)具有良好的性质,在实现时可以考虑采用查表法来实现。

另外,容易写出式(3 - 30)变量节点至校验节点的消息更新的对数似然比形式:

$$LLR(\mu_{B_i \to C_j}(x_i)) = LLR(\mu_{N_i \to B_i}) + \sum\limits_{j' \in M(i) \setminus \{j\}} LLR(\mu_{C_j \to B_i}) \qquad (3 - 37)$$

式中:$LLR(\mu_{N_i \to B_i})$ 为变量节点的后验概率的对数似然比,其值取决于传送的符号信息以及信道特性,具有重要的作用。

3）最小和算法

3.3.2 节中,给出了最小和算法的一般形式,计算变量节点至校验节点的消息更新时,最小和算法与式(3-37)形式相同;但是,在计算在式(3-12)中校验节点到变量节点的消息更新时,不容易直接计算含有校验函数 $f_j(\boldsymbol{x})$ 的对数似然比,在实际计算中常通过简化对数似然比来计算和积算法。

式(3-36)中 $f(x)$ 的函数曲线如图 3.12 所示,进一步考察函数 $f(x)$ 的性质,根据 $f(x)$ 的函数曲线,可以发现上面的和式中最小的 $\mathrm{LLR}(\mu_{B'_i \to C_j}(x'_i))$ 对 $f(\mathrm{LLR}(\mu_{B'_i \to C_j}(x'_i)))$ 起主导作用,从而可以得到以下简化:

$$
\begin{aligned}
f\Big(\sum_{i' \in L(j) \setminus \{i\}} f(\mathrm{LLR}(\mu_{B'_i \to C_j}(x'_i))) \Big) \\
\approx f\Big(f\Big(\min_{i' \in L(j) \setminus \{i\}} \mathrm{LLR}(\mu_{B'_i \to C_j}(x_i')) \Big) \Big) \\
= \min_{i' \in L(j) \setminus \{i\}} \mathrm{LLR}(\mu_{B'_i \to C_j}(x'_i))
\end{aligned}
\tag{3-38}
$$

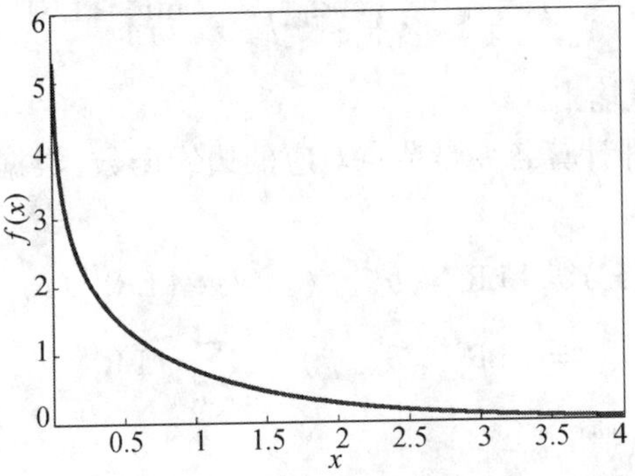

图 3.12　$f(x)$ 的函数曲线

所以可得校验节点到变量节点的消息更新的最小和算法形式:

$$
\mathrm{LLR}(\mu_{C_j \to B_i}(x_i)) = \Big(\prod_{i' \in L(j) \setminus \{i\}} \alpha_{i'j} \Big) \cdot \min_{i' \in L(j) \setminus \{i\}} \mathrm{LLR}(\mu_{B'_i \to C_j}(x'_i)) \tag{3-39}
$$

与和积算法相比,显然,最小和算法有较低的算法复杂度,而这是以性能的损失为代价的。

2. 迭代算法的基本步骤

上一节给出了迭代消息传递算法的消息更新规则,在执行迭代运算时需要遵循一定的步骤,总结如下:

步骤 1:初始化。

根据信道特征,计算变量节点的输入信息:

$$
\mathrm{LLR}(\mu_{N_i \to B_i}) = -\log \frac{p(z_i \mid x_i = 0)}{p(z_i \mid x_i = 1)}
$$

设校验节点至变量节点的消息更新为

$$\text{LLR}^{(0)}(\mu_{C_j \to B_i}) = 0$$

设迭代次数 $k=1$。

步骤2:变量节点至校验节点的信息更新。

$$\text{LLR}^{(k)}(\mu_{B_i \to C_j}(x_i)) = \text{LLR}^{(k)}(\mu_{N_i \to B_i}) + \sum_{j' \in M(i) \setminus \{j\}} \text{LLR}^{(k)}(\mu_{C_{j'} \to B_i})$$

步骤3:校验节点至变量节点的信息更新(和积算法)。

一种计算校验更新的方法是采用和积算法:

$$\text{LLR}^{(k)}(\mu_{C_j \to B_i}(x_i)) = \Big(\prod_{i' \in L(j) \setminus \{i\}} \alpha_{i'j} \Big) \cdot f\Big(\sum_{i' \in L(j) \setminus \{i\}} f(\text{LLR}^{(k)}(\mu_{B'_i \to C_j}(x_{i'}))) \Big)$$

步骤3:校验节点至变量节点的信息更新(最小和算法)。

另一种计算校验更新的方法是采用最小和算法:

$$\text{LLR}^{(k)}(\mu_{C_j \to B_i}(x_i)) = \Big(\prod_{i' \in L(j) \setminus \{i\}} \alpha_{i'j} \Big) \cdot \min_{i' \in L(j) \setminus \{i\}} \text{LLR}^{(k)}(\mu_{B'_i \to C_j}(x_{i'}))$$

步骤4:计算信息输出。

计算信息输出,即计算各变量节点对应的边缘函数,根据式(3-15)容易得到输出信息为

$$\begin{aligned}
\text{LLR}^{(k)}(x_i) &= \text{LLR}^{(k)}(\mu_{B_i \to C_j}(x_i)) + \text{LLR}^{(k)}(\mu_{C_j \to B_i}(x_i)) \\
&= \text{LLR}^{(k)}(\mu_{N_i \to B_i}) + \sum_{j' \in M(i)} \text{LLR}^{(k)}(\mu_{C_{j'} \to B_i})
\end{aligned} \tag{3-40}$$

步骤5:迭代终止判决。

根据上式(3-40)执行判决:

$$\hat{x}_i = \begin{cases} 1 & \text{LLR}^{(k)}(x_i) > 0 \\ 0 & \text{LLR}^{(k)}(x_i) < 0 \end{cases} \tag{3-41}$$

并判断是否满足迭代终止条件,当达到迭代终止条件时,迭代终止;否则,$k \leftarrow k+1$,重复执行步骤2。一般迭代终止条件为达到设定的迭代次数,或者判决结果满足校验方程。

3.4.3 基于因子图的迭代检测伪码捕获方法

1. 伪码捕获问题的检测估值理论

扩频通信是在发射端用高速率的扩频伪码序列去扩展信息数据的频谱,包括伪码扩频和载波调制两个过程;在接收端则用相同的扩频伪码序列进行解扩,把扩频信号还原成信息数据。这一同步过程一般通过两个步骤来实现,即粗同步和精同步,分别被称为捕获与跟踪,其中,捕获是实现快速和准确同步的前提,对接收机的性能影响很大。

1) 伪码捕获问题的经典检测理论解释

经典的捕获结构包括全并行捕获、串行捕获、混合捕获以及由此发展而来的频域捕获技术。从数学模型上来看,捕获的目的是要估计从发射端到接收端伪码的准确时延,而这些捕获方法正是通过经典检测估值理论而得到的最优估值结构,其中被估计的参数对象是伪码的传输时延。

设在采用 BPSK 调制的直接序列扩频系统中,经过加性高斯白噪声信道的接收信号为

$$r(t) = s(t,\tau) + w(t) \qquad (3-42)$$

式中:$w(t)$ 为功率谱密度为 σ^2 的加性高斯白噪声,$s(t,\tau)$ 为发射信号;发射信号可以表示成

$$s(t,\tau) = \sum_{k=-\infty}^{\infty} \sqrt{E_c}(-1)^{x_k} p(t - kT_c - \tau) \cos(\omega t + \varphi) \qquad (3-43)$$

其中:E_c 为传输信号的码片能量;x_k 为传输的 m 序列;ω 为载波频率;φ 为载波相位;$p(\cdot)$ 表示传输的 m 序列的基带波形;T_c 为码片间隔;τ 为传输延迟。

这是经典检测估值理论中的典型问题,可以通过求取传输信号的最大似然估计对 τ 做出估计,在观察时间间隔 $[0, T_0]$ 内,对于加性高斯白噪声信道,可以得到 τ 的最大似然函数为

$$\Lambda(\tau) = \exp\left(-\frac{1}{2\sigma^2} \int_0^{T_0} [r(t) - s(t,\tau)]^2 \mathrm{d}t\right)$$
$$= C\exp\left(\frac{1}{\sigma^2} \int_0^{T_0} r(t) s(t,\tau) \mathrm{d}t\right) \qquad (3-44)$$

式中:C 为与 τ 无关的项。

式(3-44)是经典捕获算法的数学基础,显然,在经典的捕获算法中,都离不开本地信号与接收信号之间的相关运算,而要实现相关运算在观测区间上的遍历,就要实现本地信号与接收信号之间的滑动相关,因而具有很高的算法复杂度,具体的表现为算法的时间复杂度和空间复杂度以及两者之间的折中。

2) 伪码捕获问题的迭代检测理论解释

最大似然估计是一种最优算法,但其算法复杂度往往也是极高的,迭代检测技术提供了一种次优的算法,而且实践和理论都已经证明迭代检测算法具有较低的复杂度。对于伪码捕获问题而言,传输时延的估值实际上是一种最优估值问题,问题的数学基础决定了算法有较高的复杂度。第 2 章给出了迭代检测的基本概念,主张将经典的最优估值问题转化成迭代检测问题,以简化问题的计算复杂度。因此,考虑使用迭代检测技术解决伪码的捕获问题,能够突破原有的算法瓶颈,提高伪码捕获的性能。

考察式(3-44),可以看到在捕获问题中待估计参数是伪码时延 τ,当确定了伪码时延后,也就知道了本地伪码的相位,从而实现了对当前伪码的估计,从另外一个角度看也就是实现对当前发射码片的一个估计。因而可以从码片估计的角度

来描述伪码捕获的数学模型。

设在式(3-42)定义的直接序列扩频系统中,假设载波频率 ω 和载波相位 φ 是已知的,那么经过 A/D 采样,数字下变频和低通滤波,可以得到基带信号的模型:

$$z(kT) = r(kT) \cdot \cos\omega kT \,|_{lowpass} = \frac{1}{2}\sqrt{E_c}\,(-1)^{x_k} + w_k \qquad (3-45)$$

式中:T 为采样间隔;w_k 为噪声采样,由于经过了数字下变频处理,所以,其噪声方差为 $\sigma^2/2$。

假设采样速率等于码速率(如 $T=T_c$),那么经过 $M(r \ll M \ll 2^r-1)$ 次采样,可以得到一个观测向量 $z=[z_0, z_1, \cdots, z_{M-1}]$。这样可以把捕获问题描述成对当前伪码的数据检测,这又是一个经典的检测数学模型,从当前数学模型出发很容易根据迭代检测理论建立捕获问题的迭代检测模型。根据 MAP-SqD 与 MAP-SyD 原理,可以将上述检测问题的模型用式(2-38)~式(2-41)描述,从而可以进一步用迭代检测理论求解问题的解:

$$\hat{x} = \arg\max_{x_i}[p(z \mid x_i)] \qquad (3-46)$$

2. 扩频伪码及其因子图表示

1) 扩频伪码序列的数学模型

上一节从数据检测的角度解释了伪码捕获问题,这为应用迭代检测技术解决伪码捕获问题奠定了数学基础。由迭代检测理论可知,迭代检测问题的一个核心思想是把全局最优问题分解成局部最优问题的组合,并且在局部模块之间建立消息的传递,要建立有效局部最优模型还需知道问题的局部特征,表现在伪码的数据检测问题上是要知道伪随机码的局部结构特征。因而实质上这是在伪码结构的基础上实现对伪码的当前值的一种估计,实际上是译码问题,要实现有效的译码首先需要对扩频伪码的特性进行分析。

扩频通信中,一种常用的扩频伪码是 m 序列,即最长线性移位寄存器序列,是由移位寄存器加反馈后形成的。m 序列实现结构如图 3.13 所示,图中 $x_{k+i}(i=1,2,3,\cdots,r)$ 为每位寄存器的状态,取值为 1 或 0;$g_i(i=1,2,3,\cdots,r)$ 为对应第 i 位寄存器的反馈系数。当 $g_i=0$ 时,表示无反馈,反馈线断开;当 $g_i=1$ 时,表示有反馈,反馈线相连,m 序列的周期 $N=2^r-1$。

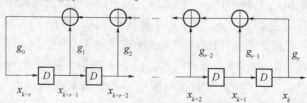

图 3.13　线性反馈移位寄存器

图 3.13 所示的线性移位寄存器,在任何给定的时刻 k 用 $S_k^{(i)}(0 \leqslant i \leqslant r-1)$ 表示第 i 个寄存器的值,同时 x_k 是输出。则有反馈方程如下:

$$0 = g_0 S_k^{(r)} \oplus g_1 S_k^{(r-1)} \oplus \cdots \oplus g_{r-1} S_k^{(1)} \oplus g_r S_k^{(0)} \qquad (3-47)$$

$$x_k = S_k^{(0)} (0 \leqslant k \leqslant L-1) \qquad (3-48)$$

式中:$\oplus$ 表示模二加。

因为 $S_k^{(i)} = S_{k+1}^{(i-1)}(0 \leqslant i \leqslant r)$,同时 $g_0 = g_r = 1$,所以产生的序列 x_k 满足如下关系:

$$0 = g_0 x_k \oplus g_1 x_{k+1} \oplus g_2 x_{k+2} \oplus \cdots \oplus g_r x_{k+r} \qquad (3-49)$$

2) 扩频伪码序列的因子图模型

可以从求取接收序列最大后验估计的角度考虑 PN 码的同步问题,即根据接收到的序列和 PN 码自身存在的约束关系通过求取对发送序列的最大后验估计的方式来实现 PN 码的同步。

考虑 n 个码元的连续接收信息 $Y^{(n)} = \{y_0, y_1, \cdots, y_{n-1}\}$,其发送序列为 $X^{(n)} = \{x_0, x_1, \cdots, x_{n-1}\}$,则根据贝叶斯公式,有

$$p(X^{(n)} \mid Y^{(n)}) = \frac{1}{p(Y^{(n)})} \cdot p(Y^{(n)} \mid X^{(n)}) \cdot p(X^{(n)}) \qquad (3-50)$$

由于 $Y^{(n)}$ 已知,因此 $\dfrac{1}{p(Y^{(n)})}$ 为常数,这里令 $\dfrac{1}{p(Y^{(n)})} = c$。$p(Y^{(n)} \mid X^{(n)})$ 实际上代表接收序列的先验概率,对于无记忆信道,有

$$p(Y^{(n)} \mid X^{(n)}) = \prod_{i=0}^{n-1} p(y_i \mid x_i)$$

式中:$p(y_i \mid x_i)$ 为每个码元的接收值的先验概率。

$p(X^{(n)})$ 代表伪码之间的约束关系,实际上代表发送序列的内在概率,随不同的 PN 码结构而不同。对于本原多项式为 $g(D) = 1 + D + D^{15}$ 的 m 序列,发送序列必须满足的约束关系为 $x_k \oplus x_{k-1} \oplus x_{k-15} = 0$,则 $p(X^{(n)})$ 可以表示为一系列的指示函数的乘积的形式,即

$$p(X^{(n)}) = \frac{1}{L} \chi_C(X^{(n)}) = \frac{1}{L} \prod_{k=15}^{n-1} [x_k \oplus x_{k-1} \oplus x_{k-15} = 0]$$

式中:$\chi_C(X^{(n)}) = [X^{(n)} \in C] = \begin{cases} 1, X^{(n)} \in C \\ 0, X^{(n)} \notin C \end{cases}$,$C$ 为 PN 码的所有有效码字序列的集合;L 为 PN 码的码长,$L = 2^{15} - 1$,这里假设收到的各种长度为 $n(n \geqslant 15)$ 码字序列是等概的。因此有

$$p(X^{(n)} \mid Y^{(n)}) = \frac{c}{L} \prod_{i=0}^{n-1} p(y_i \mid x_i) \cdot \prod_{k=15}^{n-1} [x_k \oplus x_{k-1} \oplus x_{k-15} = 0] \qquad (3-51)$$

由式(3-51)可以看到接收序列的后验概率与收到的信道信息(先验概率)和

PN 码自身存在的约束关系有关,由于目的是求取式(3-51)中各边缘函数的最大值(即接收序列的最大后验估计),因此根据对因子图的讨论可将 x_i 设为变量节点,$p(y_i|x_i)$ 和 $[x_k \oplus x_{k-1} \oplus x_{k-15} = 0]$ 设为因子节点,从而将式(3-51)表达为一个因子图的形式,如图 3.14 所示。

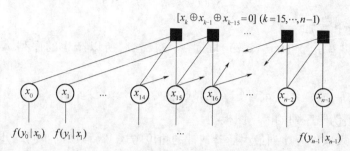

图 3.14 PN 码(本原多项式为 $g(D) = 1 + D + D^{15}$)极大后验概率模型的因子图表示

利用该因子图就可以采用和积算法来进行迭代译码,从而实现伪码捕获的目的。

3. 伪码的迭代捕获算法

图 3.15 给出伪码迭代捕获原理框图。从图中可以看到:该方法不用对本地码进行滑动,而是利用类似 LDPC 译码的消息传递算法直接估计当前时刻的伪码状态,并把可信度较高的伪码状态向量送入伪码发生器,以立即产生可靠的本地码序列。

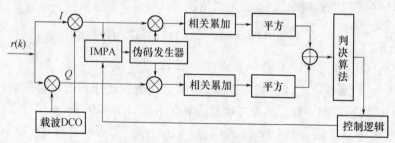

图 3.15 伪码迭代捕获原理框图

对式(3-45)给出的信号模型,如果每个码片取一个采样点,采样 M 次后,可以得到观测向量 $z = [z_0, z_1, \cdots, z_{M-1}]$,根据观测向量可以形成初始信息的度量:

$$\Delta si_k = -\ln\left(\frac{p(z_k \mid x_k = 0)}{p(z_k \mid x_k = 1)}\right) (0 \leqslant k \leqslant M - 1) \tag{3-52}$$

这 M 个初始信息的度量是所有校验节点的初始输入。当 $\Delta si_k > 0$ 时,说明 $x_k = 1$ 的概率大;当 $\Delta si_k < 0$ 时,$x_k = 0$ 的概率大。

以 15 级伪码序列为例,考察任意一对变量节点和校验节点对 (x_i, h_j),设校验节点到变量节点的消息更新为 $\Delta\eta_{j,i}$,变量节点到校验节点的消息更新为 $\Delta u_{i,j}$,这样可以根据最小和算法定义迭代消息传递算法的基本步骤：

（1）初始化。给 $\Delta u_{i,j}$、$\Delta \eta_{j,i}$ 赋初值：

$$\Delta u_{i,j} \leftarrow \Delta \mathrm{si}_i, \Delta \eta_{j,i} \leftarrow 0 \quad (0 \leqslant i,j \leqslant M-1) \tag{3-53}$$

（2）变量节点至校验节点的信息更新：

$$\Delta u_{i,j} = \Delta \mathrm{si}_i + \sum_{\substack{\forall n:h_n \to x_i \\ n \neq j}} \Delta \eta_{n,i} \quad (0 \leqslant i,j \leqslant M-1) \tag{3-54}$$

式中：和运算的下标 $\substack{\forall n:h_n \to x_i \\ n \neq j}$ 表示所有除 h_j 外与变量节点 x_i 相连的校验节点的集合。

（3）校验节点至变量节点的信息更新：

$$\Delta \eta_{j,i} = \prod_{\substack{\forall n:x_n \to h_j \\ n \neq i}} \mathrm{sign}(\Delta \mu_{n,j}) \cdot \min_{\substack{\forall n:x_n \to h_j \\ n \neq i}} |\Delta \mu_{n,j}| \quad (0 \leqslant i,j \leqslant M-1)$$

$$\tag{3-55}$$

式中：积运算的下标 $\substack{\forall n:x_n \to h_j \\ n \neq i}$ 表示所有除 x_i 外与校验节点 h_j 相连的变量节点的集合。

对所有节点对每执行一次（2）、（3）定义的消息更新过程，就是一次迭代，一般需进行多次迭代，才有条件对码元作出可靠的判决。

（4）计算信息输出：

$$\Delta \mathrm{so}_i = \Delta \mathrm{si}_i + \sum_{\forall n:h_n \to x_i} \Delta \eta_{n,i} \quad (0 \leqslant i \leqslant M-1) \tag{3-56}$$

（5）码元判决：

$$x_i = \begin{cases} 1 & (\Delta \mathrm{so}_i > 0) \\ 0 & (\Delta \mathrm{so}_i < 0) \end{cases} \tag{3-57}$$

根据判决结果可恢复出对当前 m 序列的译码，从而实现了捕获。

事实上，在 m 序列伪码捕获时，由于信噪比很低，很难实现无差错译码，但是注意到若保证连续 r 位译码正确，并知道其在 m 序列中的相对位置即可完全恢复出 r 级 m 序列，这就弱化了对误码率的要求，从而保证了迭代捕获可以工作在比一般信道译码要低的多的信噪比条件下。可以通过如下的方式来实现：

与一般信道译码不同的是，一般方法是迭代终止后才执行一次（4）、（5）定义的码元判决；而此时每执行一次（2）、（3）定义的消息迭代便执行一次（4）、（5）定义的码元判决；当达到迭代终止条件后，统计历次判决结果中出现次数最多的 m 序列伪码向量，并记录其在 m 序列中的相对位置。伪码向量是指，若将长度为 M

的伪码序列中每 r 个相邻码元视为一组,则每一组数据称作一个伪码向量。当知道伪码向量及其在伪码序列中的位置后,可以按照伪码的生成多项式恢复当前伪码序列;将恢复出的伪码向量与接收序列进行相关,通过相关峰值与判决门限的比较就可以判断出是否进行了正确的捕获;如果捕获成功则结束捕获过程,否则要重新返回到(1),对新的数据模块捕获,一般来说,在较低的信噪比下,需重复多个数据模块的计算才能捕获到新的正确的伪码相位。

第4章 迭代检测伪码捕获方法

本章分别以 m 序列和 Gold 码为例详细描述基于迭代检测伪码捕获方法的流程,并对迭代伪码捕获算法的性能进行仿真和分析。

4.1 m 序列迭代检测捕获算法

基于消息传递的 m 序列捕获就是将 m 序列的约束关系用一定结构的因子图表示,在因子图上进行软信道信息的迭代计算,并通过判决计算结果来产生移位寄存器的初始状态估计,进而产生本地的伪码序列,从而完成捕获过程。

本节以某一特定的 15 级 m 序列为例建立因子图,详细推导和积算法的运算步骤,并对和积算法进行一定简化得到最小和算法。进一步分析带隐藏节点与不带隐藏节点因子图结构的 m 序列迭代捕获运算步骤以及算法流程。最后对迭代捕获算法的性能进行仿真分析,得到关于诸多算法相互比较和其参数选取的相关结论。

4.1.1 基于和积算法的 m 序列捕获

迭代捕获算法与 LDPC 码、Turbo 码的迭代译码过程相似,单次信息传递并不能实现接收序列的最佳估计,而是需要循环迭代计算,这种迭代计算是在 m 序列因子图表示中的变量节点和校验节点之间反复进行的。本节将和积算法应用于 m 序列的迭代捕获,利用因子图上信息更新规则和 Gallager 引理、定理推导出了和积算法 m 序列迭代捕获的运算步骤。以本原多项式为 $g(x) = 1 + x^{14} + x^{15}$ 的 15 级 m 序列为例来研究建立 m 序列的迭代捕获因子图方法,其因子图模型如图 4.1 所示。

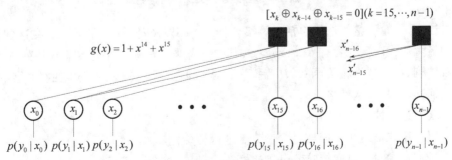

图 4.1 m 序列(本原多项式为 $g(x) = 1 + x^{14} + x^{15}$)的因子图表示

由第 3 章分析可知,在消息传递迭代捕获算法的一次迭代计算中,变量节点 x_i 向其连接的每一个校验节点传递所有已有的信息,包括从其他校验节点和软信道初始信息 y_i 获得的信息。图 4.2 展示了图 4.1 中任意单独变量节点的连接关系及信息更新情况,如 $x_i \to f_{i+15}$ 传递的信息包括通过 y_i 获得的信道信息以及来自 f_i 和 f_{i+1} 的前一次半迭代得到的外部信息,如图 4.2(b)所示。$x_i \to f_j (j \in \{i, i+1, i+15\})$ 是对所有变量节点 – 校验节点对进行的。

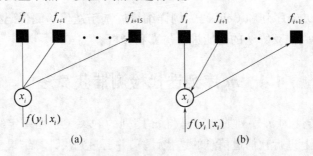

图 4.2 单独变量节点的连接关系及信息更新示例

在一轮迭代算法的另一半迭代中,消息是反向传递的,由校验节点传向变量节点,即 $f_j \to x_i (i \in \{j, j-1, j-15\})$。如图 4.3 所示,校验节点 f_i 向每个与之相连的变量节点传递除接收节点拥有信息之外的全部外部信息,图 4.3(b)给出了 $f_i \to x_i$ 的消息传递示例。

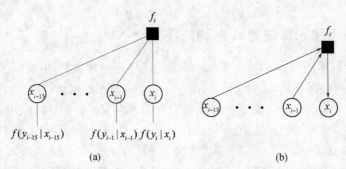

图 4.3 单独校验节点的连接关系及信息更新示例

这样,一轮完整的迭代包括运算集合 $\{x_i \to f_j\}$,以及随后的 $\{f_j \to x_i\}$。在达到预设的最大迭代次数或者有 $R(\hat{c}, x) > D$,其中 $\hat{c}$ 为迭代算法估计的本地码序列,x 为接收序列,$R(\cdot)$ 为相关函数,D 为捕获门限,即迭代结果与接收序列的相关结果超过捕获门限时,迭代终止。

现将迭代捕获算法归纳如下:

(1)用软信道初始信息对变量节点进行初始化。

(2)从变量节点向校验节点传递概率信息。

(3)从校验节点向变量节点传递概率信息。

（4）根据$\{x_i\}$中包含的概率信息得到$\hat{c}$，如果$R(\hat{c},x)>D$或达到预设的最大迭代次数，算法停止；否则，转（2）。

因子图中校验节点与变量节点的信息更新规则，实际上是属于一种 APP（A Posteriori Probability）译码算法，下面具体讨论迭代捕获算法概率信息的计算问题，进而给出具体的迭代捕获步骤。我们关心的是给定接收向量$\hat{y}$以及判定序列$\hat{c}$满足一定约束条件的情况下，$\hat{c}$中某一指定码元等于 1 的后验概率的计算，即计算$P_r(c_i=1\mid y,S_i)$，其中事件S_i表示伪码c中所有比特满足包含码元c_i的所有校验方程。

引理 4.1（Gallager）　设有m个独立二元比特的序列$a=(a_1,a_2,\cdots,a_m)$，其中$P_r(a_k=1)=P_k$，则a含有偶数个 1 的概率为

$$P_r\left(\sum_{k=1}^m a_k=0\right)=\frac{1}{2}+\frac{1}{2}\prod_{k=1}^m(1-2P_k) \tag{4-1}$$

对应的a含有奇数个 1 的概率为

$$P_r\left(\sum_{k=1}^m a_k=1\right)=\frac{1}{2}-\frac{1}{2}\prod_{k=1}^m(1-2P_k) \tag{4-2}$$

证明：（采用归纳法）

当$m=2$时，有

$$P_r(\text{even})=P_r(a_1\oplus a_2=0)=P_1P_2+(1-P_1)(1-P_2)$$
$$=\frac{1}{2}+\frac{1}{2}(1-2P_1)(1-2P_2)$$

假设式（4-1）对$m=L-1(L\geqslant3)$成立。对$Z_L=a_1+\cdots+a_L$，则有

$$P_r(Z_L=0)=P_r(Z_{L-1}\oplus a_L=0)$$
$$=\frac{1}{2}+\frac{1}{2}[1-2P_r(Z_{L-1}=1)](1-2P_L)$$
$$=\frac{1}{2}+\frac{1}{2}[1-1+\prod_{k=1}^{L-1}(1-2P_k)](1-2P_L)$$
$$=\frac{1}{2}+\frac{1}{2}\prod_{k=1}^L(1-2P_k)$$

因此式（4-1）对$m=L$也成立，证毕。

采用下列定义来讨论基于 APP 译码的迭代捕获算法：

$N_x(i)$：与第i个变量节点相连的所有校验节点的集合；

$N_x(i)\backslash\{j\}$：与第i个变量节点相连并除去第j个位置的所有校验节点的集合；

$N_f(j)$：与第j个校验节点相连的所有变量节点的集合；

$N_f(j)\backslash\{i\}$：与第j个校验节点相连并除去第i个位置的所有变量节点的集合；

$c_{kj}\in\text{GF}(2)$：第j个含有c_i的校验方程的第k位；

$x_{kj}=(-1)^{c_{kj}}$；

$y_{kj} = x_{kj} + n_k$，其中 n_k 是 AWGN 的样点；

$P_i = P_r(c_i = 1 | y_i)$；

$P_{kj} = P_r(c_{kj} = 1 | y_{kj})$。

定理 4.1（Gallager） 设信道是无记忆的，给定信道观测向量 $\boldsymbol{y}$ 和事件 S_i 后，接收序列的 APP 比可用下式表示：

$$\frac{P_r(c_i = 0 | \boldsymbol{y}, S_i)}{P_r(c_i = 1 | \boldsymbol{y}, S_i)} = \frac{1 - P_i}{P_i} \prod_{j \in N_x(i)} \left[\frac{1 + \prod_{i' \in N_f(j) \setminus \{i\}} (1 - 2P_{i'j})}{1 - \prod_{i' \in N_f(j) \setminus \{i\}} (1 - 2P_{i'j})} \right] \quad (4-3)$$

证明： 由贝叶斯准则，得

$$\frac{P_r(c_i = 0 | \boldsymbol{y}, S_i)}{P_r(c_i = 1 | \boldsymbol{y}, S_i)} = \frac{1 - P_i}{P_i} \cdot \frac{P_r(S_i | c_i = 0, \boldsymbol{y})}{P_r(S_i | c_i = 1, \boldsymbol{y})} \quad (4-4)$$

给定 $c_i = 1$，如果包括 c_i 的校验方程的其他位中包含奇数个 1，则对 c_i 的校验满足。由引理 4.1，在第 j 个校验方程中其余位有奇数个 1 的概率为

$$\frac{1}{2} - \frac{1}{2} \prod_{i' \in N_f(j) \setminus \{i\}}^{m} (1 - 2P_{i'j})$$

在独立性假设下，所有校验全部满足的概率是每个校验满足的概率之积，因此有

$$P_r(S_i | c_i = 1, \boldsymbol{y}) = \prod_{j \in N_x(i)} \left[\frac{1}{2} - \frac{1}{2} \prod_{i' \in N_f(j) \setminus \{i\}} (1 - 2P_{i'j}) \right] \quad (4-5)$$

类似地，有

$$P_r(S_i | c_i = 0, \boldsymbol{y}) = \prod_{j \in N_x(i)} \left[\frac{1}{2} + \frac{1}{2} \prod_{i' \in N_f(j) \setminus \{i\}} (1 - 2P_{i'j}) \right] \quad (4-6)$$

将式（4-5）和式（4-6）代入式（4-4），即得到定理 4.1 的式（4-3）。

由定理 4.1 可以看到，APP 比的计算是十分复杂的。Gallager 因此引入了一个迭代算法，每一次的迭代运算实际上是一个和积算法。

令 $g_{ij}(b) = \mu_{x_i \to f_j}(c_i = b)$ 表示从变量节点 x_i 到校验节点 f_j 传递的外部信息，等于给定除 f_j 外，其他与 x_i 相邻校验节点的外部信息和 y_i 后，$c_i = b$ 的概率。$h_{ji}(b) = \mu_{f_j \to x_i}(c_i = b)$ 表示从校验节点 f_j 到变量节点 x_i 传递的信息，等于给定 $c_i = b$ 而且其余比特有由 $\{g_{ij'}\}_{j' \neq j}$ 给定的独立分布时，第 j 个校验方程满足的概率。

根据引理 4.1，可以得到校验节点的信息更新规则：

$$\begin{cases} h_{ji}(0) = \frac{1}{2} + \frac{1}{2} \prod_{i' \in N_f(j) \setminus \{i\}} [1 - 2g_{i'j}(1)] \\ h_{ji}(1) = \frac{1}{2} - \frac{1}{2} \prod_{i' \in N_f(j) \setminus \{i\}} [1 - 2g_{i'j}(1)] \end{cases} \quad (4-7)$$

因此，定理 4.1 可以写为

$$\frac{P_{\mathrm{r}}(c_i = 0 \mid \boldsymbol{y}, S_i)}{P_{\mathrm{r}}(c_i = 1 \mid \boldsymbol{y}, S_i)} = \frac{1 - P_i}{P_i} \prod_{j \in N_x(i)} \frac{h_{ji}(0)}{h_{ji}(1)} \tag{4-8}$$

于是根据式(4-8)及因子图的信息传递规则,可以得到变量节点的信息更新规则:

$$\begin{cases} g_{ij}(0) = (1 - P_i) \displaystyle\prod_{j' \in N_x(i) \setminus \{j\}} h_{j'i}(0) \\[2mm] g_{ij}(1) = P_i \displaystyle\prod_{j' \in N_x(i) \setminus \{j\}} h_{j'i}(1) \end{cases} \tag{4-9}$$

考虑信道模型 $y_i = x_i + n_i$,其中 $n_i \sim N(0, \sigma^2)$,而且 $x_i = (-1)^{c_i}$ 等概率的取 $+1$ 或 -1,容易验证

$$P_{\mathrm{r}}(x_i = b \mid y_i) \propto \frac{1}{1 + \mathrm{e}^{-2y_i x_i / \sigma^2}}$$

根据以上论述,可以描述如下的和积迭代信息传递算法。

(1) 初始化:

$$\begin{cases} g_{ij}(0) = 1 - P_i = P_{\mathrm{r}}(x_i = +1 \mid y_i) = \dfrac{1}{1 + \mathrm{e}^{-2y_i / \sigma^2}} \\[3mm] g_{ij}(1) = P_i = P_{\mathrm{r}}(x_i = -1 \mid y_i) = \dfrac{1}{1 + \mathrm{e}^{2y_i / \sigma^2}} \end{cases}$$

(2) 进行校验节点的更新:

$$\begin{cases} h_{ji}(0) = \dfrac{1}{2} + \dfrac{1}{2} \displaystyle\prod_{i' \in N_f(j) \setminus \{i\}} \left[1 - 2g_{i'j}(1) \right] \\[3mm] h_{ji}(1) = 1 - h_{ji}(0) \end{cases}$$

(3) 进行变量节点的更新:

$$\begin{cases} g_{ij}(0) = (1 - P_i) \displaystyle\prod_{j' \in N_x(i) \setminus \{j\}} h_{j'i}(0) \\[2mm] g_{ij}(1) = P_i \displaystyle\prod_{j' \in N_x(i) \setminus \{j\}} h_{j'i}(1) \end{cases}$$

(4) 对所有 i 计算软判决信息:

$$\begin{cases} Q_i(0) = (1 - P_i) \displaystyle\prod_{j \in N_x(i)} h_{ji}(0) \\[2mm] Q_i(1) = P_i \displaystyle\prod_{j \in N_x(i)} h_{ji}(1) \end{cases}$$

归一化,有

$$\begin{cases} Q'_i(0) = \dfrac{Q_i(0)}{Q_i(0) + Q_i(1)} \\[3mm] Q'_i(1) = 1 - Q'_i(0) \end{cases}$$

（5）逐比特判决：对于 $\forall_i$，有

$$\left\{\hat{c}_I = \begin{cases} 1, & Q'_i(1) > 0.5 \\ 0, & Q'_i(1) \leqslant 0.5 \end{cases}\right\}$$

如果 $R(\hat{c},x) > D$ 或达到最大迭代次数，停止；否则转步骤（2）。

4.1.2　基于最小和算法的 m 序列捕获

上一节推导了基于和积算法的迭代伪码捕获方法运算步骤，但是和积算法在概率运算上存在一些缺点，首先算法中包含很多乘法运算，实际使用中会耗费大量的硬件资源；其次概率乘法在码长很长的情况下数字计算不稳定，影响收敛性。本节主要分析和积算法的简化算法——最小和算法。

1. 对数域和积算法

对数域和积算法可以将乘积运算转化为和的运算，因此可以在不影响性能的情况下使和积算法的运算步骤得到简化。类似 Viterbi 算法和 BCJR 算法，为了使用消息传递算法的对数域版本，首先定义对数似然比：

$$L(c_i) = \ln\frac{P_r(x_i = 0 \mid y_i)}{P_r(x_i = 1 \mid y_i)}, L(g_{ij}) = \ln\frac{g_{ij}(0)}{g_{ij}(1)},$$

$$L(h_{ji}) = \ln\frac{h_{ji}(0)}{h_{ji}(1)}, L(Q_i) = \ln\frac{Q_i(0)}{Q_i(1)}$$

根据双曲正切函数的定义可得

$$\tanh\left[\frac{1}{2}\ln\frac{P_0}{P_1}\right] = P_0 - P_1 = 1 - 2P_1 \tag{4-10}$$

令 $\lambda = \ln(P_0/P_1)$，则

$$P_0 = \frac{e^\lambda}{1 + e^\lambda} = \frac{e^{\lambda/2}}{e^{-\lambda/2} + e^{\lambda/2}} = \frac{1}{2}\left[1 + \tanh\frac{\lambda}{2}\right]$$

（1）根据上述定义，初始化变为

$$L(g_{ij}) = L(c_i) = 2y_i/\sigma^2$$

（2）由式（4-10）有

$$\tanh\left(\frac{1}{2}L(h_{ji})\right) = 1 - 2h_{ji}(1) = \prod_{i' \in N_f(j)\setminus\{i\}}(1 - 2g_{i'j}(1))$$

$$= \prod_{i' \in N_f(j)\setminus\{i\}} \tanh\left(\frac{1}{2}L(g_{i'j})\right)$$

这样，可以得到校验节点的更新规则为

$$L(h_{ji}) = 2\arctanh\left[\prod_{i' \in N_f(j)\setminus\{i\}} \tanh\left(\frac{1}{2}L(g_{i'j})\right)\right]$$

上式中仍然存在乘积运算。为解决这一问题，依照 Gallager 的定义，将 $L(g_{ij})$

写为 $L(g_{ij}) = \alpha_{ij}\beta_{ij}$，其中 $\alpha_{ij} = \text{sign}(L(g_{ij}))$，$\beta_{ij} = |L(g_{ij})|$。则有

$$L(h_{ji}) = \prod_{i' \in N_f(j) \setminus \{i\}} \alpha_{i'j} \cdot 2\text{arctanh}\Big[\prod_{i' \in N_f(j) \setminus \{i\}} \tanh\Big(\frac{1}{2}\beta_{i'j}\Big)\Big]$$

$$= \prod_{i' \in N_f(j) \setminus \{i\}} \alpha_{i'j} \cdot 2\tanh \ln^{-1}\Big[\sum_{i' \in N_f(j) \setminus \{i\}} \ln \tanh\Big(\frac{1}{2}\beta_{i'j}\Big)\Big]$$

$$= \prod_{i' \in N_f(j) \setminus \{i\}} \alpha_{i'j} \cdot f\Big[\sum_{i' \in N_f(j) \setminus \{i\}} f(\beta_{i'j})\Big] \qquad (4-11)$$

式中

$$f(x) = -\ln \tanh \frac{x}{2} = \ln \frac{e^x + 1}{e^x - 1}$$

易知 $f^{-1} = f$，且 $f[f(x)] = \ln \dfrac{e^{f(x)} + 1}{e^{f(x)} - 1} = x$，可以用查表法实现。

(3) 变量节点的更新规则：

$$L(g_{ij}) = \ln\Big(\frac{1 - P_i}{P_i}\Big) + \sum_{j' \in N_x(i) \setminus \{j\}} L(h_{j'i})$$

$$= L(c_i) + \sum_{j' \in N_x(i) \setminus \{j\}} L(h_{j'i})$$

(4) 形成判决信息：

$$L(Q_i) = L(c_i) + \sum_{j \in N_x(i)} L(h_{ji})$$

(5) 判决，最后对于 $\forall i$，有

$$\hat{c}_i = \begin{cases} 1, & L(Q_i) < 0 \\ 0, & L(Q_i) \geqslant 0 \end{cases}$$

2. 基于最小和算法的迭代伪码捕获算法

对数域和积算法虽省去了复杂的乘法运算，但是在校验节点更新时又引入了查表运算，为了进一步简化和积算法，考虑式(4-11)校验节点的更新规则

$$L(h_{ji}) = \prod_{i' \in N_f(j) \setminus \{i\}} \alpha_{i'j} \cdot f\Big[\sum_{i' \in N_f(j) \setminus \{i\}} f(\beta_{i'j})\Big]$$

注意到 $f(x)$ 的性质，有

$$f\Big[\sum_{i' \in N_f(j) \setminus \{i\}} f(\beta_{i'j})\Big] \approx f[f(\min_i \beta_{i'j})] = \min_i \beta_{i'j}$$

这样将对数域和积算法中的步骤 (2) 由 $L(h_{ji}) = \Big(\prod\limits_{i' \in N_f(j) \setminus \{i\}} \alpha_{i'j}\Big)\min\limits_{i'}\beta_{i'j}$ 代替，

就得到最小和算法。由于最小和算法是对数域和积算法的简化，因此其收敛速度会比和积算法慢一些。

上面所述的最小和算法需要首先计算对数似然比 $L(g_{ij}) = \ln(g_{ij}(0)/g_{ij}(1))$，

而当算法进行初始化时,对于每一个码片只能得到唯一的信道初始信息,然后利用这一信息对 $g_{ij}(0)$ 和 $g_{ij}(1)$ 进行估计,在这种情况下计算对数似然比 $L(g_{ij})$ 并利用此初始信息进行迭代计算必然会使估计误差扩大化,这样如果应用上述最小和算法,必然对 $g_{ij}(0)$ 和 $g_{ij}(1)$ 估计准确度的要求较高,并且对数似然比仍然需要查找表运算。

如果不计算对数似然比 $L(g_{ij})$,而是直接利用最小和算法的思想,用码片级信道信息的估计值 $g_{ij}(0)$ 和 $g_{ij}(1)$ 参与迭代运算,也就是将原来每个变量节点和校验节点的单个信息用代表不同信道符号 $\{0,1\}$ 的两个信息来代替,并且在迭代结束后用两个信息值的大小来决定本地码的估计值,利用这种改进可以避免初始信息对数似然比的计算,同时仿真结果表明这种改进并不影响最小和算法的性能。

这样,变量节点 x_k 上的初始码片级软判决信道信息可以写为

$$M_{\text{ch}}[x_k] = 2\sqrt{E_c}z_k(-1)^{x_k}/N_0$$

式中: E_c 为码片能量; z_k 为接收信息; $N_0/2$ 为白噪声的方差。

考察一个校验节点约束 (x_k,x_{k-1},x_{k-15}),令 x_i 的输入信息为 $\overrightarrow{MI}[x_i]$。注意对于每个变量,信息是该变量所有条件值的一系列数值。这样对于 $\overrightarrow{MI}[x_i]$ 有如下两个值: $\overrightarrow{MI}[x_i=0]$ 和 $\overrightarrow{MI}[x_i=1]$。设有效配置索引项为 $c,x_i(c)$ 被定义为每一个这样的配置。对校验节点的配置可看作以下两个步骤:

(1) 组合 $$M[c] = \sum_i \overrightarrow{MI}[x_i(c)] \tag{4-12}$$

(2) 排斥 $$\overrightarrow{MO}[x_i] = \min_{c:x_i}M[c] - \overrightarrow{MI}[x_i] \tag{4-13}$$

式中: $c:x_i$ 代表条件值 x_i 的所有可能配置。

例如,被校验节点约束 (x_k,x_{k-1},x_{k-15}) 所产生的 x_k 的输出信息为

$$\overrightarrow{MO}_{\text{cc}}[x_i=0] = \min\{\overrightarrow{MI}_{\text{cc}}[x_{k-14}=0]+\overrightarrow{MI}_{\text{cc}}[x_{k-15}=0],$$
$$\overrightarrow{MI}_{\text{cc}}[x_{k-14}=1]+\overrightarrow{MI}_{\text{cc}}[x_{k-15}=1]\}$$
$$\overrightarrow{MO}_{\text{cc}}[x_i=1] = \min\{\overrightarrow{MI}_{\text{cc}}[x_{k-14}=0]+\overrightarrow{MI}_{\text{cc}}[x_{k-15}=1],$$
$$\overrightarrow{MI}_{\text{cc}}[x_{k-14}=1]+\overrightarrow{MI}_{\text{cc}}[x_{k-15}=0]\}$$

所以 $c=0,c=1$ 对应 $x_k=0,c=2,c=3$ 对应 $x_k=1$,其中 $\overrightarrow{MI}_{\text{cc}}[\cdot](\overrightarrow{MO}_{\text{cc}}[\cdot])$ 为校验节点的输入(输出)信息。

信息更新也同时发生在变量节点。考虑一个变量 x,假设该变量与 L 个校验节点相连,且 $\overrightarrow{MI}[x^{(l)}]$ 是从第 l 个校验节点到变量节点的输入信息,则返回到第 l 个校验节点的输出信息为

$$\overrightarrow{MO}_{\text{v}}[x^{(l)}] = M_{\text{ch}}[x=x^{(l)}] + \sum_{m=0,m\neq l}^{L-1}\overrightarrow{MI}_{\text{v}}[x^{(m)}=x^{(l)}] \tag{4-14}$$

其中对于二进制数 x，有 $x^{(l)}=0$ 和 $x^{(l)}=1$ 两种情况。例如，考虑图 4.1 中的校验节点 x_k，它与 (x_k,x_{k-14},x_{k-15})、(x_{k+14},x_k,x_{k-1})、(x_{k+15},x_{k+1},x_k) 3 个校验节点相连。这个节点有一个信道信息 $M_{\text{ch}}[x_k]$ 和 3 个来自前次校验节点的输出信息。变量节点把信道信息和从另外两个校验节点输入的信息反馈给校验节点。同样，这种最小和算法将并行地激活所有变量节点，然后并行地激活校验节点，每激活一次变量节点和校验节点称为一次迭代。

最后，变量 x_k 用如下软判决实现的：

$$M[x_k] = M_{\text{ch}}[x_k] + \sum_{m=0}^{L-1} \overrightarrow{\text{MI}}[x^{(m)} = x_k], 0 \leqslant k \leqslant n-1 \qquad (4-15)$$

式中：$M[x_k]$ 为信道信息与输入到变量节点 x_k 的信息之和。

如果 $M[x_k=1] < M[x_k=0]$，则 $\hat{x}_k=1$；否则 $\hat{x}_k=0$。可以在观测长度 n 中的任何 r（m 序列的级数）连续的时间片上对 x_k 的判决即是对初始状态的判决，并且这种判决在每次迭代结束后都可以给出。所以，为了得到更好的效果，对初始状态的估计可以反复多次。当最大的迭代次数已达到，并且选出对初始状态的估计后，迭代过程结束。

根据上面的论述，可以总结出 m 序列迭代捕获算法的消息处理流程，下面为了清晰地解释信息在因子图上传递的过程，将图 4.1 所示的因子图中的一个校验节点与变量节点进行放大，如图 4.4 所示。

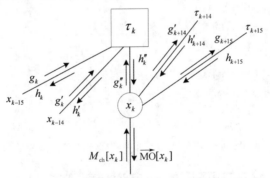

图 4.4　局部校验节点与变量节点放大图

由式（4-12）可得校验节点的度量为

$$M[\tau_k] = g_k[x_{k-15}] + g'_k[x_{k-14}] + g''_k[x_k] \qquad (4-16)$$

由上面的分析可以得到该节点的消息更新公式，即

$$h_k[x_{k-15}] = \min_{\tau_k:x_{k-15}} M[\tau_k] - g_k[x_{k-15}], x_{k-15} = 0,1 \qquad (4-17)$$

$$h'_k[x_{k-14}] = \min_{\tau_k:x_{k-14}} M[\tau_k] - g'_k[x_{k-14}], x_{k-1} = 0,1 \qquad (4-18)$$

$$h''_k[x_k] = \min_{\tau_k:x_k} M[\tau_k] - g''_k[x_k], x_k = 0,1 \qquad (4-19)$$

$$\overrightarrow{\text{MO}}[x_k] = h'_{k+14}[x_k] + h_{k+15}[x_k] + h''_k[x_k], x_k = 0,1 \qquad (4-20)$$

$$g'_k[x_{k-14}] = h''_{k-14}[x_{k-14}] + h_{k+1}[x_{k-14}] + M_{\text{ch}}[x_{k-14}], x_{k-1} = 0,1$$

$$\qquad (4-21)$$

$$g_k[x_{k-15}] = h''_{k-15}[x_{k-15}] + M_{ch}[x_{k-15}] + h'_{k-1}[x_{k-15}], x_{k-15} = 0,1$$

$$(4-22)$$

$$g''_k[x_k] = h'_{k+14}[x_k] + h_{k+15}[x_k] + M_{ch}[x_k], x_k = 0,1 \qquad (4-23)$$

至此可以得到改进最小和算法的处理流程如下：

（1）初始化

$$\begin{cases} M_{ch}[x_k] = \dfrac{2\sqrt{E_c}z_k(-1)^{x_k}}{N_0} \\ i = 0, I = 迭代次数 \\ g'_k[x_{k-14}] = M_{ch}[x_{k-14}] \\ g_k[x_{k-15}] = M_{ch}[x_{k-15}] \\ g''_k[x_k] = M_{ch}[x_k] \end{cases}$$

（2）更新校验节点到变量节点的信息。利用式（4-17）~式（4-19）对 $h_k[x_{k-15}]$、$h'_k[x_{k-14}]$ 和 $h''_k[x_k]$ 进行更新，当 $0 \leq k \leq 14$ 和 $M-15 \leq k \leq M-1$ 时，由于因子图的特殊结构，校验节点和变量节点都存在缺少相应的边的情况，解决的方法是将对应缺少的边上的信息量看作是 0 即可。

（3）更新变量节点到校验节点的信息。利用式（4-21）~式（4-23）更新 $g'_k[x_{k-14}]$、$g_k[x_{k-15}]$ 和 $g''_k[x_k]$。

（4）序列估计。最后的变量节点输出信息为

$$M_k[x_k] = M_{ch}[x_k] + \overrightarrow{MO}[x_k]$$

码片估计值的判决准则为

$$\begin{cases} \hat{x}_k = 0, M_k[x_k = 0] < M_k[x_k = 1] \\ \hat{x}_k = 1, M_k[x_k = 0] > M_k[x_k = 1] \end{cases}$$

（5）如果 $i < I$，则返回步骤（2）；否则进行移位寄存器的最终状态向量估计。

4.1.3　基于隐藏节点因子图的 m 序列捕获算法

在迭代检测捕获算法中，因子图中存在大量的环会造成软信息在变量节点与校验节点之间重复传递，使节点之间传递的外部信息的独立性减小，降低了抗干扰能力，从而使最小和算法无法收敛到一个最优的译码结果，影响了算法的捕获性能。针对这一问题，可以通过在因子图中加入隐藏节点的方法来改变因子图的结构，减少因子图中存在的大量的环，从而减少重复信息的传递来提高算法的捕获性能。

前两节分析了不带隐藏节点因子图的 m 序列捕获算法，这种算法简单直观，但是 m 序列的因子图表示并不唯一，图4.1还可以表示成如图4.5所示的带有隐藏节点的无环因子图形式。图中的双环代表隐藏的变量节点，隐藏节点 s_k 标引变量 $(x_{k-1}, x_{k-2}, \cdots, x_{k-15})$ 的所有值。隐藏节点实际上代表线性反馈移位寄存器

（LFSR）的状态，事实上，这种 LFSR 是一种无限状态机（FSM），其状态的变化完全取决于移位寄存器的初始内容。定义在这种无环因子图上的最优消息传递算法是前后向算法（Forward – Backward Algorithm，FBA）。在 FBA 中，信息首先向前传递（因子图上是从左至右），即起始于 s_0 终止于 s_n，然后是向后传递，从 s_n 到 s_0。由于不存在环结构，因此定义在无环因子图上的 FBA 不存在迭代运算，一次前后向运算就使运算终止，且这种算法的迭代后误码率性能是最优的。但是当所有变量都是非零值时，s_n 具有 $2^r - 1$ 种状态，其后的校验节点也具有 $2^r - 1$ 种有效的配置，事实上，当前向算法结束时，在 s_n 处存在 $2^r - 1$ 种相关值，这与全并行捕获的情况完全一样，因此实际上这种不带环的因子图并没有简化捕获过程，虽然性能最优但是复杂度也最高。

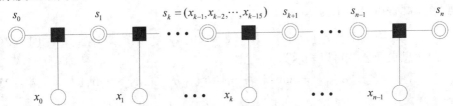

图 4.5　带有隐藏节点的无环因子图

　　从上面的分析可知，因子图中的环虽然使迭代运算的结果并非最优，但能大大简化迭代运算的复杂度。如果将图 4.5 的无环因子图添加若干连线使其变为有环因子图，这虽然使单次 FBA 变成了含有迭代的 FBA，然而运算的复杂度将大大降低，使得基于 FBA 的 m 序列捕获变得可行有效。

　　在图 4.6 中，隐藏变量节点 $\sigma_k = x_{k+1}$，校验节点的约束关系为 $\sigma_k \oplus x_k \oplus x_{k+15} = 0$ 和 $\sigma_k = x_{k+1}$。图 4.6 也可以看做是将一个 15 级移位寄存器分解成了具有延迟反馈环的 2 级移位寄存器，如图中的虚线方框所示。定义在该图上的消息传递算法是：首先各变量节点对 FSM 进行激励（初始化），然后在 2 状态 FSM 子图中运行 FBA，再将 FBA 算法的运行结果传递给变量节点，此时完成一次迭代过程。

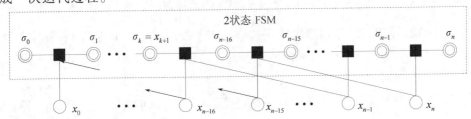

图 4.6　带有隐藏节点的有环因子图

　　为了清晰地描述图 4.6 上的 m 序列迭代捕获过程，将图 4.6 中的一个变量节点和一个校验节点进行局部放大，如图 4.7 所示。此时软信道初始信息仍然不变，

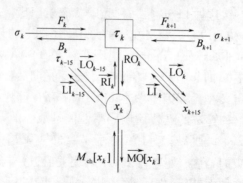

图 4.7 带有隐藏节点有环因子图的局部放大图

校验节点配置可以表示为

$$M[\tau_k] = F_k[\sigma_k] + \overrightarrow{RI}_k[x_k] + \overrightarrow{LI}_k[x_{k-15}] + B_{k+1}[\sigma_{k+1}] \qquad (4-24)$$

而消息更新公式可以表示为

$$F_{k+1}[\sigma_{k+1}] = \min_{\tau_k:\sigma_{k+1}} M[\tau_k] - B_{k+1}[\sigma_{k+1}], \sigma_{k+1} = 0,1 \qquad (4-25)$$

$$B_k[\sigma_k] = \min_{\tau_k:\sigma_k} M[\tau_k] - F_k[\sigma_k], \sigma_k = 0,1 \qquad (4-26)$$

$$\overrightarrow{LO}_k[x_{k+15}] = \min_{\tau_k:x_{k+15}} M[\tau_k] - \overrightarrow{LI}_k[x_{k+15}], x_{k+15} = 0,1 \qquad (4-27)$$

$$\overrightarrow{RO}_k[x_k] = \min_{\tau_k:x_k} M[\tau_k] - \overrightarrow{RI}_k[x_k], x_k = 0,1 \qquad (4-28)$$

$$\overrightarrow{MO}[x_k] = \overrightarrow{LO}_{k-15}[x_k] + \overrightarrow{RO}_k[x_k], x_k = 0,1 \qquad (4-29)$$

$$\overrightarrow{LI}_k[x_{k+15}] = \overrightarrow{RO}_{k+15}[x_{k+15}] + M_{ch}[x_{k+15}], x_{k+15} = 0,1 \qquad (4-30)$$

$$\overrightarrow{RI}_k[x_k] = \overrightarrow{LO}_{k-15}[x_k] + M_{ch}[x_k], x_k = 0,1 \qquad (4-31)$$

这样可以总结图 4.6 带有隐藏节点的有环因子图上的 m 序列迭代捕获算法的流程如下:

(1) 初始化: $F_0[\sigma_0]$, $B_n[\sigma_n]$, $i \leftarrow 0$, $I \leftarrow$ 最大迭代次数, $M_{ch}[x_k] \leftarrow \dfrac{2\sqrt{E_c}z_k(-1)^{x_k}}{N_0}$, $\overrightarrow{LI}_k[x_{k+15}] \leftarrow M_{ch}[x_{k+15}]$, $\overrightarrow{RI}_k[x_k] \leftarrow M_{ch}[x_k]$。

(2) 前后向算法: 分别顺序使用式(4-25)和式(4-26)更新 $F_k[\sigma_k]$ 和 $B_k[\sigma_k]$($0 \leqslant k \leqslant n-1$, $F_0[\sigma_0] \rightarrow F_1[\sigma_1] \rightarrow \cdots \rightarrow F_k[\sigma_k] \cdots \rightarrow F_n[\sigma_n]$, $B_n[\sigma_n] \rightarrow \cdots B_{k+1}[\sigma_{k+1}] \rightarrow B_k[\sigma_k] \cdots \rightarrow B_0[\sigma_0]$。

(3) 分别使用式(4-27)和式(4-28)更新 $\overrightarrow{LO}_k[x_{k+15}]$ 和 $\overrightarrow{RO}_k[x_k]$($0 \leqslant k \leqslant n-1$);然后 $i \leftarrow i+1$,用式(4-30)和式(4-31)分别更新 $\overrightarrow{LI}_k[x_{k+15}]$ 和 $\overrightarrow{RI}_k[x_k]$。

(4) 判决: $M_k[x_k] = M_{ch}[x_k] + \overrightarrow{MO}[x_k]$, $\begin{cases} \hat{x}_k = 0, & M_k[x_k=0] < M_k[x_k=1] \\ \hat{x}_k = 1, & M_k[x_k=0] > M_k[x_k=1] \end{cases}$

(5) 如果 $i < I$,则转到第(2)步,否则迭代终止。

4.1.4　m 序列迭代检测捕获算法性能仿真与分析

前面分析了 m 序列迭代捕获的几种方式,主要是不带隐藏节点情况下的和积算法与最小和算法、带隐藏节点情况下的前后向算法,给出了每种算法的原理和迭代运算的步骤。但是不同的迭代算法参数将影响迭代捕获的性能,本节将通过仿真的方式给出单路信号各算法关于不同参数的性能曲线并加以比较,然后总结出各算法的应用条件与合适的参数。

需要注意的是,本节的仿真曲线并不代表迭代捕获算法所能达到的极限性能,本节的主要目的是用统一的仿真条件对不同的算法进行分析、比较,并选出最优参数。本节所用的统一的仿真条件为:15 级 m 序列的本原多项式为 $g(x) = 1 + x^{14} + x^{15}$,每个码片的采样次数为 1 次,根据迭代后判决信息的一般处理方法,用迭代后判决结果的误码率来衡量捕获算法的性能,且除非特殊指明,误码率用 1000 次考察样本下的平均误码率来衡量。

1. 和积算法的性能仿真及其改进

图 4.8 为和积算法一次迭代捕获过程中的最大后验估计误码率与迭代次数之间的关系,即每次迭代都执行和积算法迭代步骤中的步骤(4)和步骤(5)。图 4.8 展示了迭代码长为 500 时不同信噪比情况下的和积算法收敛状况,由该图可知,随着接收信号信噪比的降低,算法的收敛速度变慢。

图 4.9 为迭代码长为 500,信噪比为 -1dB 时三次随机不同时刻迭代捕获过程的迭代收敛状况。由图 4.9 可知,这三次捕获过程起初都是收敛的,误码率稳定在 0,但当算法的迭代次数固定时,其中有一次迭代过程在误码率为零处突然发散,其原因是迭代收敛数次以后在步骤(4)中可能出现除零的情况,因此在算法进行捕获判决之前,在固定最大迭代次数的情况下应另设置一个迭代终止条件,即当 $Q_i(0) + Q_i(1) < \delta$(δ 为某较小常数)时,迭代过程终止。这个附加的条件称为提前终止条件。

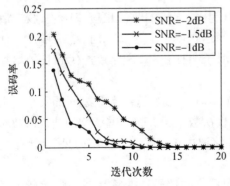

图 4.8　误码率与迭代次数之间的关系
（迭代码长为 500）

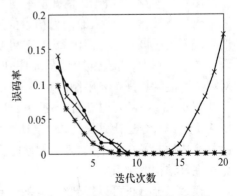

图 4.9　三次不同的迭代捕获过程的
迭代收敛情况
（迭代码长为 500,信噪比为 -1dB）

图 4. 10 为附加了提前终止条件的某三次迭代捕获过程。由图 4. 10 可以看到，除零错误不只发生在算法稳定收敛之后，在算法未收敛或未完全收敛时也可能发生，这是因为在迭代过程中可能部分数据段已经收敛，而其他部分还未收敛，所以总体看来误码率还未降为零。因此，算法应继续进行改进：当算法因除零而提前结束迭代时，应立即进行捕获判决，当相关结果超过捕获门限时，捕获成功，否则选择其他信道信息继续进行迭代捕获。

前面分析了单次仿真的情况下算法的收敛状况，下面采用蒙特卡洛仿真的方法分析不同仿真条件下，平均误码率的变化情况。图 4. 11 为在进行 1000 次仿真的情况下，当迭代码长不同时，平均误码率与信噪比之间的关系。由 4. 11 图可知，该算法对信噪比较为敏感，但是当信噪比大于 − 1dB 时，只要迭代码长不是过短，算法即可稳定收敛。

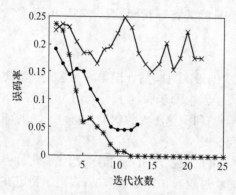

图 4. 10　附加提前终止条件后的

三次不同的迭代捕获过程

（迭代码长为 200，信噪比为 − 2dB）

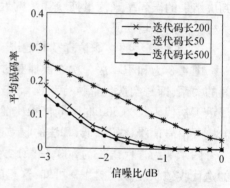

图 4. 11　不同迭代码长下平均误码率

与信噪比之间的关系

（最大迭代次数为 25）

图 4. 12 为不同信噪比情况下平均误码率与迭代码长之间的关系。通常认为：迭代码长越长，算法输入的信道初始信息就越多，算法的收敛也应该越快，收敛后的误码率也应该越低。但由图 4. 12 可知，当迭代码长大于 250 时，继续增加迭代码长的意义不大，其原因是代表 m 序列的因子图存在环，这导致迭代码长的增加对算法性能的提高是有限制的。

图 4. 13 为在不同信噪比情况下，平均误码率与最大迭代次数之间的关系。由图 4. 13 可知，令迭代码长为 250，当最大迭代次数大于 15 时，继续增加迭代次数对提高算法性能的意义不大，算法的性能将最终取决于信噪比，这同样是因为因子图中存在环结构的结果。

通过以上分析可以得到结论：基于和积算法的伪码捕获算法对信噪比较为敏感，只要迭代码长和迭代次数满足一定要求，且信噪比不是很低，算法即可稳定收敛，即迭代后的最大后验估计误码率可以稳定收敛于零。

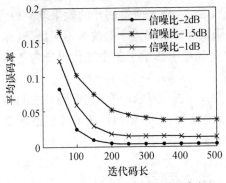

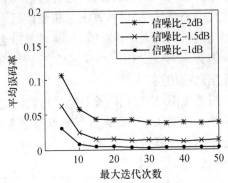

图 4.12 不同信噪比下平均误码率与
迭代码长之间的关系
（最大迭代次数为 25）

图 4.13 不同信噪比下平均误码率与
最大迭代次数之间的关系
（迭代码长为 250）

2. 最小和算法与和积算法的性能比较

下面将通过仿真对最小和算法与和积算法的性能进行比较,进而得到不带隐藏节点的 m 序列迭代捕获算法的相关结论。图 4.14 给出了固定迭代码长的情况下两种算法的平均误码率与迭代次数之间的关系。

由图 4.14 可知,在相同信噪比条件下和积算法的误码率要低于最小和算法的误码率。对于和积算法而言,当迭代次数大于 15 以后,进一步增加迭代次数对提高迭代算法的性能意义不大。而对于最小和算法,当迭代次数大于 15 以后,算法的误码率性能将恶化,其原因在于最小和算法的不断累加运算使得迭代时传递的误差信息值急剧增大,从而使迭代算法发散。由此可见,和积算法能够稳定收敛,而最小和算法可在一定迭代次数范围内收敛。

图 4.15 为迭代次数固定时,两种迭代捕获算法的平均误码率与迭代码长之间的关系。同样,和积算法的误码率要低于相应信噪比条件下的最小和算法的误码

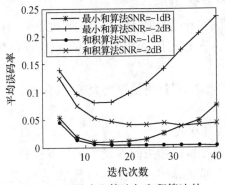

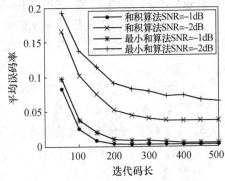

图 4.14 最小和算法与和积算法的
平均误码率与迭代次数
之间的关系(迭代码长为 300)

图 4.15 最小和算法与和积算法的
平均误码率与迭代码长
之间的关系(迭代次数为 15)

117

率,迭代码长在 300 以内时随着迭代码长的增加,算法的性能不断改善,这是因为迭代码长越长,提供给算法的初始信道信息就越多,极大似然估计的效果就越好。但当迭代码长大于 300 以后,继续增加迭代码长对平均误码率的改善不明显,同样是因为 m 序列的因子图存在环,这种环在一定程度上影响了整个迭代码长内各码元信息的传递。

图 4.16 为迭代码长与迭代次数固定时,两算法的信噪比与平均误码率之间的关系。由图 4.16 可知,迭代捕获算法对信噪比较为敏感,和积算法的捕获性能要好于最小和算法,当信噪比大于 −1dB 时两算法均能稳定收敛。

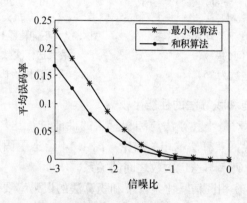

图 4.16　最小和算法与和积算法的信噪比与平均误码率
之间的关系(迭代码长为 300,迭代次数为 15)

根据两种迭代捕获算法的迭代步骤和仿真结果,可以得到如下结论:

(1)和积算法的复杂度要高于最小和算法,但是相同条件下的迭代捕获性能也要优于最小和算法。

(2)适当增加迭代码长可以改善两种算法的捕获性能,但是当迭代码长大于 300 后效果不明显,因此两算法的迭代码长可设为 300 左右。

(3)适当增加迭代次数可以改善两种算法的性能,但是当迭代次数大于 15 后最小和算法有发散的趋势,对和积算法的改善量也很小,因此两算法的迭代次数可设为 15 左右。

(4)两种迭代捕获算法都对信噪比较为敏感,但是当信噪比大于 −1dB 时(每个码片采样 1 次时)均可以稳定收敛。

3. 带隐藏节点和不带隐藏节点因子图性能比较

上面比较了不带隐藏节点的最小和算法与和积算法的性能,下面将通过仿真比较带有隐藏节点的最小和算法与不带隐藏节点最小和算法的性能。图 4.17 给出了两者最大迭代次数与平均误码率之间的关系,图 4.18 给出了两者信噪比与平均误码率之间的关系。由 4.17 和图 4.18 可知,带有隐藏节点因子图的迭代捕获性能略优于不带隐藏节点最小和算法的性能,但是从两算法的迭代步骤可以看出,带有隐藏节点因子图的迭代算法计算量要明显大于不带隐藏变量节点的。

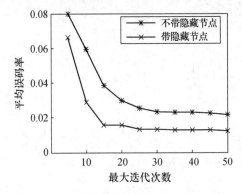

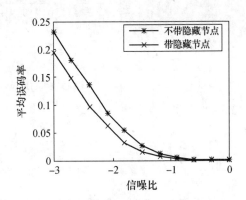

图 4.17　带隐藏节点与不带隐藏节点的
最大迭代次数与平均误码率之间的关系比较
（迭代码长为 250,信噪比为 −1.5dB）

图 4.18　带隐藏节点与不带隐藏节点的
信噪比与平均误码率之间的关系
（迭代次数为 15）

由于图 4.6 中环的数量少于图 4.1 而大于图 4.5,因此根据前面的仿真分析可以得出结论:因子图中环的数量越少,迭代捕获的复杂度越大,但性能越好;反之,因子图中环的数量越多,性能越差,但复杂度低。因此在遇到实际问题时应根据具体情况选择相应的迭代捕获算法。

4.2　Gold 码迭代检测捕获算法

目前,大多数文献对迭代伪码捕获算法的研究主要集中于 m 序列,对 Gold 码的研究还较少,这是因为 Gold 码通常具有高密度的本原多项式结构,从而使因子图的结构和迭代算法的复杂度较高。

但是如果将 Gold 码高密度的本原多项式简化成等效的稀疏多项式,即可实现 Gold 码的迭代捕获。本节给出任意 Gold 码序列寻找稀疏校验关系的方法,并提出多校验关系下的顺次校验和混合校验方法;通过仿真给出不同校验关系和校验方法对捕获性能的影响,并给出 Gold 码捕获的优化迭代方案。

4.2.1　Gold 码校验关系的确定

图 4.19 为 GPS C/A 码发生器的结构,它由两个 10 级 m 序列相加产生,其中两 m 序列的生成多项式分别为

$$G_1(x) = x^{10} + x^3 + 1$$

$$G_2(x) = 1 + x^2 + x^3 + x^6 + x^8 + x^9 + x^{10}$$

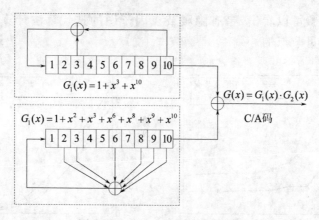

图 4.19　GPS C/A 码发生器结构

因此 C/A 码的生成多项式可以表达为

$$G(x) = G_1(x) \cdot G_2(x)$$
$$= x^{20} + x^{19} + x^{18} + x^{16} + x^{11} + x^8 + x^5 + x^2 + 1 \qquad (4-32)$$

该多项式是非稀疏多项式,而只有具备稀疏生成多项式的伪码才适于用迭代计算的方法进行捕获,因为这种伪码的因子图中校验节点的度数较低,算法的复杂度低而且效果好。因此如何求取 C/A 码的等效稀疏生成多项式成为其实现迭代捕获的前提条件。

由于伪码生成多项式的线性组合与原生成多项式等效,例如,一个 14 级 m 序列的非稀疏生成多项式为

$$g(x) = x^{14} + x^{12} + x^{11} + x^9 + x^8 + x^7 + x^6 + x^5 + x^3 + x + 1$$

令匹配多项式为

$$h(x) = x^{10} + x^8 + x^7 + x^6 + x^5 + x^4 + x^2 + x + 1$$

则得到 $g(x)$ 的等效稀疏生成多项式为

$$g'(x) = g(x) \cdot h(x) = x^{24} + x^{11} + 1$$

这样,该 m 序列即可用校验节点度数为 3 的迭代捕获方法实现伪码的粗同步。因此,对于任意的非稀疏生成多项式,可以用穷举法搜索匹配多项式,来计算等效的稀疏生成多项式。但当匹配多项式的次数增高时,用穷举法来搜索的计算量将呈指数递增,因此该方法无法搜索到高次的匹配多项式,如式(4-32)。但是如果对于某一非稀疏生成多项式,直接对其等效的稀疏生成多项式系数进行搜索,则可以大大减少计算量,其基本原理是如果两生成多项式能够产生相同的伪码,则这两个生成多项式必然等效。

对于迭代捕获算法,相同码片观测个数(迭代码长)下校验节点越多,迭代效果越好,如果迭代码长为 M,则迭代捕获时的校验节点个数 $N_r = M - r$,其中 r 为生成多项式的最高次数。因此,等效稀疏生成多项式的最高次数应有 $r \ll M$,且 r 越

小,迭代效果越好。因此在对等效稀疏生成多项式系数进行搜索时,应先设置一最高次数的上限 R,并在此上限内最高次数由小到大依次进行搜索,这样即可得到某一非稀疏生成多项式的所有符合条件的最佳稀疏生成多项式系数。

当等效稀疏多项式的系数为 3 或 4 时,其因子图校验节点的度数也为 3 或 4,此时迭代捕获算法的性能较好,图 4.20 为 4 系数等效稀疏多项式的搜索示意图(将其简化即可作为 3 系数等效稀疏多项式的搜索方法),非稀疏生成多项式发生器与稀疏生成多项式发生器用相同的非全零序列进行初始化,然后将两者生成的码序列模二相加,将其结果进行等效判决,判决条件是结果中一旦有"1"出现(这表明两序列的对应位不同),则重新搜索稀疏多项式的系数,否则输出等效稀疏多项式。根据上面的方法可以得到 15 级码

$$g(x) = x^{15} + x^{13} + x^{7} + x^{5} + x^{4} + x^{2} + 1$$

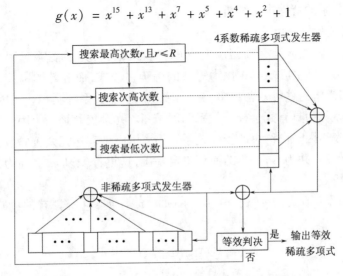

图 4.20　搜索 4 系数等效稀疏多项式示意图

所对应的最小次数的 3 系数稀疏生成多项式为

$$g'(x) = x^{71} + x^{47} + 1$$

由此可见此时匹配多项式 $h(x)$ 次数为 56,这样高的次数是无法用搜索匹配多项式的方法来求解的。同理,可以得到 C/A 码生成多项式 $G(x)$ 的次数较小的几个等效稀疏生成多项式为

$$G'(x) = \begin{cases} x^{682} + x^{341} + 1 \\ x^{111} + x^{46} + x^{5} + 1 \\ x^{131} + x^{100} + x^{99} + 1 \\ x^{151} + x^{78} + x^{49} + 1 \\ x^{194} + x^{28} + x^{15} + 1 \end{cases} \qquad (4-33)$$

这样,C/A 码即可用校验节点度数为 3 或 4 的校验关系来构造因子图,

式(4-33)的校验关系可以分别表达为[682　341]、[111　46　5]、[131　100　99]和[151　78　49]等,这些校验关系均可以独立构造因子图来实现 C/A 码的捕获,这样对于任意单一的校验关系,Gold 码即可用与 m 序列相同的迭代捕获算法来实现接收序列的极大似然估计。

4.2.2　校验关系分析

上一节给出了 Gold 码校验关系的确定方法,由于一个 Gold 码序列往往对应多个等效的稀疏生成多项式,也就是可用多个校验关系独立表达 Gold 码的约束。因此,研究这些校验关系对迭代捕获性能可能造成的影响,选择优化的校验关系组合是将其应用于 Gold 码捕获的前提条件。本节首先分析冗余校验的作用,然后对任意单独校验关系的特性进行分析。

1. 冗余校验的作用

由于 Gold 码通常具有高密度的本原多项式结构,为了能够应用迭代捕获算法,通常将 Gold 码生成多项式化为等效的稀疏多项式,而等效的稀疏多项式通常具有多个,如果将这些等效稀疏多项式所表达的校验关系都画在一个因子图内,则这个因子图就称为具有冗余校验关系的因子图。冗余校验是一个因子图中含有多个能够独立表达因子图约束的校验关系。为了清晰地表达冗余校验及其在迭代捕获中所起的作用,并为 Gold 码的捕获奠定基础,这里首先以 m 序列为例来对冗余校验进行分析。

考察本原多项式为 $g(x) = 1 + x + x^{22}$ 的 m 序列,它所具有的约束关系可以表达为

$$x_k \oplus x_{k-1} \oplus x_{k-22} = 0 \qquad\qquad (4-34)$$

$$x_{k-1} \oplus x_{k-2} \oplus x_{k-23} = 0 \qquad\qquad (4-35)$$

$$x_{k-22} \oplus x_{k-23} \oplus x_{k-44} = 0 \qquad\qquad (4-36)$$

将式(4-34)、式(4-35)和式(4-36)相加,得

$$x_k \oplus x_{k-2} \oplus x_{k-44} = 0 \qquad\qquad (4-37)$$

由式(4-37)可知,该 m 序列也可由多项式 $g(x) = 1 + x^2 + x^{44}$ 产生,事实上,根据伽罗华域的性质,有 $[g(x)]^{2^n} = g[x^{2^n}]$,这样能够产生该 m 序列的发生多项式可以写为

$$g(x) = 1 + x^{2^n} + x^{22 \times 2^n}, n = 0, 1, 2\cdots \qquad\qquad (4-38)$$

在这里将含有全部 n 及 n 以下校验关系的因子图称为 $n+1(n \geqslant 1)$ 阶冗余因子图。图 4.21 为发生多项式为 $g(x) = 1 + x + x^{22}$ 的 2 阶冗余因子图,其中含有校验关系 $[x_k \oplus x_{k-1} \oplus x_{k-22} = 0]$ 和 $[x_k \oplus x_{k-2} \oplus x_{k-44} = 0]$。

含有冗余校验关系的因子图能在有限的迭代次数中提供较常规因子图更多的信息,所以能提高伪码的捕获性能,这种技术在某些典型码的软判决译码方法中已

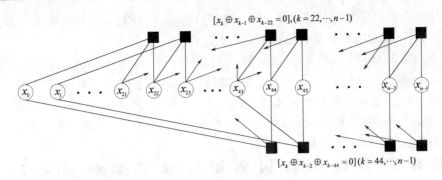

图 4.21　发生多项式为 $g(x) = 1 + x + x^{22}$ 的 2 阶冗余因子图

有所体现。因此,如何在一个因子图内应用 Gold 码的多个等效稀疏生成多项式所表达的校验关系设计迭代捕获的步骤是 Gold 码捕获的关键问题,这一问题将在 4.2.3 节中讨论。

2. 单独校验关系的特性分析

Gold 码不同于 m 序列,一个 Gold 码可以具有多种校验关系,而不同的校验关系必然对迭代捕获性能产生不同的影响。一个单独校验关系特性主要由校验关系的度数、级数和环长确定,这三点也是校验关系对迭代捕获性能产生影响的三个方面。

校验关系的度数指是因子图中每个校验节点的度数,它影响每个校验节点的校验能力。校验关系的度数越高,进行校验信息更新时有效配置数目越大,此时进行最小值判断的正确性概率就越小,尤其是信噪比低时这种现象更明显,因为信噪比低时变量节点信息的随机性更强。因此,校验关系的度数越低,其校验能力越强,用该校验关系进行迭代捕获的性能就越好。

校验关系的级数是指该序列的生成多项式(或等效稀疏多项式)的级数。当迭代码长固定时,校验关系的级数影响校验节点的个数。如果迭代码长相同,校验节点的个数越多,每次迭代更新的信息数目就越多,校验效果也就越好。令迭代码长为 N,校验关系级数为 r,则校验节点的个数为 $N - r$。因此,校验关系级数越大,校验节点的个数就越少。一般来说,对于 m 序列而言 $r \ll N$,因此,校验关系级数对校验节点个数的影响不大。然而对于 Gold 码情况则不同,其等效稀疏多项式的级数 r 往往比较高(如式(4-33)),而且由于复杂度等原因的限制,迭代码长 N 不可能取得很大,因此,r 对 $N - r$ 的影响就比较大。这样在对 Gold 码众多校验关系进行选择时,应首先选择级数较低的校验关系。

代表伪码约束关系的校验关系所构造的因子图一般都具有环结构,因子图中的环结构会使信息在迭代的过程中产生交叠,也就是某变量节点发送出去的信息经过数次迭代运算以后,该变量节点的接收信息包含有数次迭代以前发送出去的信息的一部分。校验关系的环长并不是由该校验关系所构造的因子图的环长,它是指迭代过程中产生信息交叠的最小迭代次数。根据这个定义,校验关系的环长是其所构造的因子图环长的 1/2,因为一次迭代包含了变量节点和校验节点的信息更新,在这个过程中信息传递了两个边的路径。

由上面分析可知,校验关系的环长可以由其代表的因子图的环长求得。图 4.22 展示了三种校验关系的因子图,并用虚线画出了图中的环结构。其中图 4.22(a)是 15 级 m 序列本原多项式所代表的约束关系,图 4.22(b)、(c)是其他 15 级序列发生多项式的约束关系,并不是 m 序列本原多项式的约束关系,但这并不影响对校验关系环长的分析。

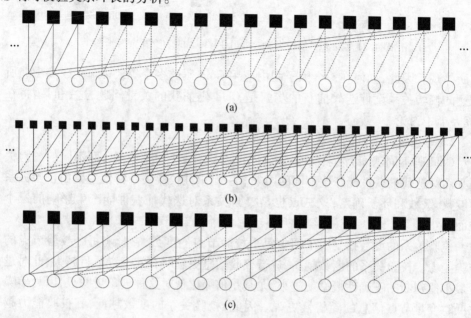

图 4.22　因子图环结构示意图

(a)校验关系[15　1　0];(b)校验关系[15　2　0];(c)校验关系[15　3　0]。

由图 4.22 的三个图可以清晰看出,这三个校验关系的环长分别为 15、15 和 5。同理,可以得到校验节点度数为 3 的 15 级序列多项式各校验关系的环长,并总结在表 4.1 中。表 4.1 给出了校验关系[15　1　0]~[15　7　0]的环长,而[15　8　0]~[15　14　0]的情况分别与前者相同。表 4.1 还总结了各校验关系的校验关系系数 c_1、c_2 和 c_3,校验关系系数之差 $C_{1,2}$ 和 $C_{2,3}$,以及系数之差的最小公倍数。将其与环长比较就可以总结出度数为 3 的校验关系的环长求取公式,即

$$L_3 = \frac{\text{LCM}(C_{1,2}, C_{2,3})}{C_{1,2}} + \frac{\text{LCM}(C_{1,2}, C_{2,3})}{C_{2,3}} \tag{4-39}$$

式中:L_3 为度数为 3 的校验关系的环长;LCM(·)为两数的最小公倍数。

将式(4-39)推广,可以得到任意度数 d 的校验关系环长计算公式为

$$L_d = \min_{\{i,j\} \in C^{(2)}, 1 \leqslant i, j \leqslant d-1} \left(\frac{\text{LCM}(C_{i,i+1}, C_{j,j+1})}{C_{i,i+1}} + \frac{\text{LCM}(C_{i,i+1}, C_{j,j+1})}{C_{j,j+1}} \right) \tag{4-40}$$

式中: $C^{(2)}$ 为 C_{d-1}^{2} 个校验关系之差的两两组合的全部集合。

利用式(4-40)可以计算所选 Gold 码的各校验关系的环长,并将计算结果列于表 4.2 中,由式(4-40)计算的环长与实际情况相符,因此证明了该环长计算公式的正确性。

表 4.1　15 级序列发生多项式校验关系环长

校验关系系数			校验关系系数之差		系数之差的最小公倍数	环长
c_1	c_2	c_3	$C_{1,2}$	$C_{2,3}$		
15	1	0	14	1	14	15
15	2	0	13	2	26	15
15	3	0	12	3	12	5
15	4	0	11	4	44	15
15	5	0	10	5	10	3
15	6	0	9	6	18	5
15	7	0	8	7	56	15

校验关系的环长决定迭代过程的收敛特性:如果迭代次数超过校验关系的环长,则迭代过程中就会产生信息的交叠,使得迭代过程的收敛性变差;如果迭代次数小于环长,则迭代中不会产生信息交叠,环结构就不会影响迭代捕获的性能。由表 4.2 可知,对于所选的 Gold 码,只有校验关系度数为 3 的校验关系 [682　341　0] 的环长为 2,其余的环长均较长,基本不会对迭代捕获产生影响。

表 4.2　所选 Gold 码各校验关系的环长

所选 Gold 码校验关系系数				环长
	682	341	0	2
111	46	5	0	14
131	100	99	0	32
151	78	49	0	78

相比较而言,校验关系的度数与环长对迭代性能的影响比较大,而级数次之。根据上面的分析不难看出,在所选 Gold 码的校验关系中,度数较低的环长却较短,而环长较长的度数又比较高。因此,需要通过仿真来进一步分析所选 Gold 码各校验关系的性能优劣。

4.2.3　Gold 码的冗余校验捕获

迭代捕获算法中比较常用的是不带隐藏节点因子图的和积算法与最小和算法,以及带有隐藏节点因子图的最小和算法,其中不带隐藏节点因子图的最小和算法能以较低的复杂度实现伪码的快速捕获,因此本节采用该方法来实现 Gold 码的迭代捕获。

对于同一个 Gold 码,不同的校验关系将有不同的因子图结构形式,为了不失一般性将用于迭代计算的因子图表达成如图 4.23 所示的简化形式。其中:圆圈代表变量节点,方框代表校验节点,各箭头代表因子图中的信息流向;Δs_i 为信道输入信息,z_i 为变量节点的输出信息,$\Delta \mu_{i,j}$、$\Delta \eta_{j,i}$ 分别为第 i 个变量节点与第 j 个校验节点之间传递的信息。这样根据因子图

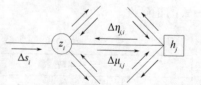

图 4.23　简化因子图模型

捕获的基本原理,图 4.23 上的迭代捕获过程可以表达为如下步骤:

步骤 1:初始化

$$\Delta s_i = - \log \frac{P_r(z_i \mid x_i = 1)}{P_r(z_i \mid x_i = 0)} = z_i (i \in [0, M-1]) \qquad (4-41)$$

$$\Delta \eta_{j,i} = 0 \qquad (4-42)$$

步骤 2:迭代计算(迭代次数为 I)

$$\Delta \mu_{i,j} = z_i - \Delta \eta_{j,i}, \forall i : z_i \to h_j \qquad (4-43)$$

$$\Delta \eta_{j,i} = \prod_{\substack{\forall m: \\ z_m \to h_j, m \neq i}} S(\Delta \mu_{m,j}) \cdot \min_{\substack{\forall m: \\ z_m \to h_j, m \neq i}} \mid \Delta \mu_{m,j} \mid, \forall j : h_j \to z_i \qquad (4-44)$$

$$z_i = \Delta s_i + \sum_{\forall j : h_j \to z_i} \Delta \eta_{j,i} (i \in [0, M-1]) \qquad (4-45)$$

步骤 3:判决

$$\begin{cases} \tilde{x}_i = 0 & (z_i > 0) \\ \tilde{x}_i = 1 & (z_i \leqslant 0) \end{cases} \qquad (4-46)$$

式中:x_i 与 $\tilde{x}_i$ 分别为第 i 个发送信息及其估计值;$S(\cdot)$ 为符号函数。

由上一节可知冗余校验可以提高迭代捕获算法的捕获性能,而 GPS C/A 码存在多个相互独立的校验关系,因此 C/A 码可以在基本迭代步骤的基础上用冗余校验的方法实现捕获。但是当一个因子图上存在较多的校验关系时,迭代捕获算法将极为复杂,已有文献提出将校验节点按不同的校验关系分成不同的子集,每个子集分别进行校验,每个校验关系进行一次单独的迭代,这些迭代计算组成所有校验关系的一次总体迭代,这样总迭代次数为校验关系数与循环次数的乘积。为了方便,将这种校验方法称为"混合校验迭代"捕获,这种方法的捕获过程如图 4.24(a)所示,每一次总体迭代包含 q 次某一校验关系的一次单独迭代,q 为总的迭代关系数。这种迭代方法需每次迭代都更换校验节点,这使得式(4-43)的计算无法完成,因此式(4-43)可以改为

$$\Delta \mu_{i,j} = z_i, \forall i : z_i \to h_j \qquad (4-47)$$

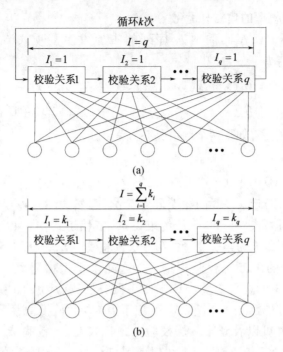

图 4.24　混合校验与顺次校验

（a）混合校验；（b）顺次校验。

式（4 - 43）改为式（4 - 47）后迭代过程仍然有效，但是这将对迭代效果略有影响。

为了既应用分集迭代降低算法的复杂度，又能充分发挥冗余校验的性能，提出另一种"顺次校验迭代捕获"过程，如图 4.24（b）所示。各校验关系不再存在循环校验的过程，而是顺次应用各校验关系进行迭代计算，每个校验关系迭代数次，总的迭代次数为各单独校验关系迭代次数之和。这样在每个校验关系下进行循环迭代时，就不用将式（4 - 43）改为式（4 - 47），而应用完整的迭代捕获算法进行计算。4.2.5 节将通过仿真来比较两种迭代方法的迭代效果，并研究顺次校验迭代下各校验关系的迭代次数分配对迭代结果的影响。

4.2.4　Gold 码的分层校验捕获

在前面几节对 Gold 码迭代捕获进行讨论时，都是先把 Gold 码序列用单一的发生多项式来表示，也即将两个相应的 m 序列多项式相乘，得到一个 Gold 码发生多项式。但是如果分别研究两个相应的 m 序列多项式所表达的约束关系，将这两种约束关系表达在一个因子图中，也能实现 Gold 码的迭代捕获。此时需要在因子图中引入合适的一组隐藏变量节点，并使表达两个 m 序列的因子图顺序连接，这样便构成了 Gold 码的分层校验因子图模型，定义在该因子图上 Gold 码迭代捕获算法称为分层校验捕获算法。

1. 分层校验模型的建立与优化

考虑生成 GPS C/A 码的两 m 序列的本原发生多项式 $G_1(x)$ 和 $G_2(x)$，式(4-32)可以写为

$$G(x) = G_1(x) \cdot x^{10} + G_1(x) \cdot x^9 + G_1(x) \cdot x^8 +$$
$$G_1(x) \cdot x^6 + G_1(x) \cdot x^3 + G_1(x) \cdot x^2 + G_1(x) \quad (4-48)$$

式(4-48)隐含着如下两个约束关系方程：

$$\sigma_{k-10} = z_k \oplus z_{k-3} \oplus z_{k-10} \quad (4-49)$$

$$\sigma_k \oplus \sigma_{k-2} \oplus \sigma_{k-3} \oplus \sigma_{k-6} \oplus \sigma_{k-8} \oplus \sigma_{k-9} \oplus \sigma_{k-10} = 0 \quad (4-50)$$

其中式(4-49)定义一类隐藏变量节点 σ_k，显然式(4-49)与式(4-50)形成一个连接结构，因为式(4-50)(从约束关系)依赖于式(4-49)(主约束关系)。式(4-49)定义了以 k 为索引变量的第一层校验模型 H_1，式(4-50)定义了由另一组约束关系组成的第二层校验模型 H_2，这两个模型由隐藏变量节点来连接。图 4.25 为含有 23 个观测变量的 GPS C/A 码分层校验因子图模型，校验节点 h'_i 对应于第一层校验模型，校验节点 h''_j 对应于第二层校验模型。

由图 4.25 也可以看到第二层校验关系比较复杂，校验节点的度为 7，根据 4.2.1 节等效稀疏多项式搜索方法，可以得到与 $G_2(x)$ 等效的稀疏多项式为

$$G'_2(x) = x^{13} + x^4 + 1 = G_2(x) \cdot (x^3 + x^2 + 1) \quad (4-51)$$

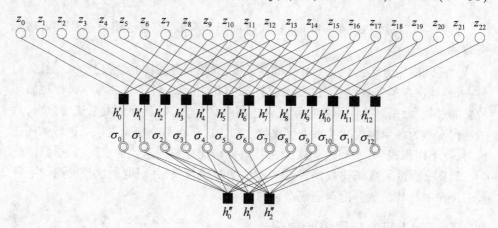

图 4.25　GPS C/A 码的分层校验因子图模型

这样图 4.25 中的第二层 H_2 模型可以得到简化，简化后的分层因子图模型如图 4.26 所示。

对比图 4.25 和图 4.26 可知，图 4.26 在保持第二层校验节点数目不变的情况下增加了隐藏变量节点，从另一个角度看，如果隐藏变量节点相同，图 4.26 中第二层校验关系的校验节点个数更少，这必然会影响迭代的性能，这是因为图 4.26 虽然对第二层校验关系进行了简化，但是提高了该校验关系的级数。如果令第一层

校验关系 H_1 与第二层校验关系 H_2 进行互换,式(4 - 49)和式(4 - 50)所表达的分层约束关系可以表达为

$$\begin{cases} \sigma_{k-13} = z_k \oplus z_{k-4} \oplus z_{k-13} \\ \sigma_k \oplus \sigma_{k-3} \oplus \sigma_{k-10} = 0 \end{cases} \quad (4-52)$$

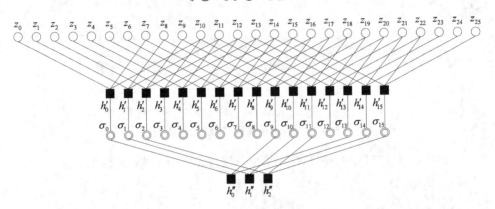

图 4.26　简化后的分层校验因子图模型

这样即可得到如图 4.27 所示的分层因子图模型。该图第二层校验关系比图 4.26 更为紧凑,从而可以获得更好的迭代性能。分层因子图模型中,第二层校验关系中的隐藏变量节点个数少于第一层校验关系中的变量节点,因此第二层校验关系的紧凑性对迭代效果更为重要。

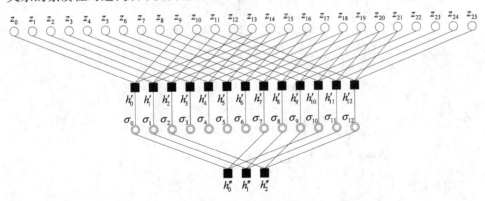

图 4.27　主从校验关系互换后的分层因子图模型

至此可以得到 Gold 码分层校验模型的建立与优化步骤如下:

(1) 如果该 Gold 码的两 m 序列本原多项式存在有高密度的情况,则将该高密度本原多项式进行稀疏化。

(2) 将次数较高的 m 序列发生多项式所对应的约束关系作为第一层校验关系 H_1,将次数较低的 m 序列发生多项式所对应的约束关系作为第二层校验关系 H_2,然后根据因子图建立规则构造 Gold 码的分层因子图模型。

2. 分层校验模型的迭代步骤

为了描述分层因子图模型中的信息传递过程,将图4.27中的单独一路信息传递路径进行放大,如图4.28所示,该图表征了分层因子图模型中的信息传递过程为 $z_i \to h'_j \to \sigma_j \to h''_k$,然后再按该路径由 h''_j 返回至 z_i,此为信息传递的一个迭代过程。

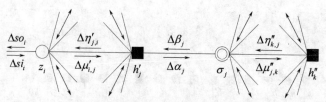

图4.28　分层因子图模型的路径放大图

下面根据图4.28中的符号表示,给出分层校验模型的迭代步骤如下:

（1）初始化:

$$\Delta si_i = -\log \frac{P(z_i \mid x_i = 1)}{P(z_i \mid x_i = 0)} \triangleq z_i (0 \leqslant i \leqslant n-1)$$

$I_{max} \leftarrow$ 最大迭代次数

（2）顺序应用以下公式进行迭代计算,直至 $I = I_{max}$。

$$\Delta\mu'_{i,j} = \Delta so_i - \Delta\eta'_{j,i} (\forall i: z_i \to h'_j)$$

$$\Delta\alpha_j = \prod_{\forall i: z_i \to h'_j} [S(\Delta\mu'_{i,j})] \cdot \min_{\forall i: z_i \to h'_j} (|\Delta\mu'_{i,j}|) (\forall j: h'_j \to \sigma_j)$$

$$\Delta\mu''_{j,k} = \Delta\alpha_j + \Delta\beta_j - \Delta\eta''_{k,j} (\forall j: \sigma_j \to h''_k)$$

$$\Delta\eta''_{k,j} = \prod_{\forall l: \sigma_l \to h''_k, l \neq j} [S(\Delta\mu''_{l,k})] \cdot \min_{\forall l: \sigma_l \to h''_k, l \neq j} (|\Delta\mu''_{l,k}|) (\forall k: h''_k \to \sigma_j)$$

$$\Delta\beta_j = \sum_{\forall k: h''_k \to \sigma_j} \Delta\eta''_{k,j} = S_{\beta_j} \cdot M_{\beta_j} (\forall j: \sigma_j \to h'_j)$$

$$\Delta\eta'_{j,i} = S_{\beta_j} \cdot \prod_{\forall m: z_m \to h'_j, m \neq i} S(\Delta\mu'_{m,j}) \cdot \min_{\forall m: z_m \to h'_j, m \neq i} [M_{\beta_j}, |\Delta\mu'_{m,j}|] (\forall j: h'_j \to z_i)$$

$$\Delta so_i = \Delta si_i + \sum_{\forall j: h'_j \to z_i} (\Delta\eta'_{j,i}) (\forall i \in [0, n-1])$$

（3）判决:

$$\begin{cases} \hat{x}_i = 0 & (\Delta so_i > 0) \\ \hat{x}_i = 1 & (\Delta so_i \leqslant 0) \end{cases}$$

以上式中: $S(\cdot) = \mathrm{sgn}(\cdot)$; $S_{\beta_j} = S(\Delta\beta_j)$; $M_{\beta_j} = |\Delta\beta_j|$ 。

4.2.5　Gold 码迭代捕获的仿真分析

上面给出了 Gold 码迭代捕获算法的具体运算步骤,下面通过蒙特卡洛仿真的方法来分析和比较 Gold 码迭代捕获算法的性能。仿真所用的 Gold 码即为 GPS

C/A 码,算法的误码率用 1000 次考察样本下的平均误码率来衡量,与前面的仿真分析不同,每个码片的采样次数为 5 次,算法适用的信噪比更低。

　　图 4.29 为 Gold 码迭代捕获时只用单独校验关系时的捕获性能曲线。图中给出了 4 种校验关系的迭代性能曲线,其中一种校验关系的度数为 3,另外三种校验关系的度数为 4。这里将 3 系数校验关系[682　341　0]记为 A_1;将 4 系数校验关系[111　46　5]、[131　100　99]和[151　78　49]分别记为 B_1、B_2 和 B_3。

　　由图 4.29 可知,校验关系 A_1 的收敛速度较慢,而 B_1、B_2 和 B_3 的收敛速度相对较快,且几乎一致。图 4.29 的结果体现了因子图环结构和校验节点度数对迭代捕获的影响。当因子图中环长小于迭代次数时,信息在迭代的过程中产生交叠,且信噪比越高,迭代时传递的信息量越多,环对性能的影响就越严重。校验关系 A_1 的环长为 2,因此在信噪比较高时,环的影响使得校验关系 A_1 的性能相对较差。而另外三种校验关系的环长均大于 10,因此另外三种校验关系在迭代次数为 10 时,信息均不产生交叠,这三种校验关系的性能几乎一致。当信噪比较低时,决定迭代性能的主要因素为校验关系的度数。当校验关系的度数较高时,校验节点的校验能力降低。所以在信噪比较低时,度数为 3 的校验关系 A_1 的性能较优。

　　图 4.30 为迭代次数为 15 次时分层因子图的平均误码率与信噪比之间的关系,其中由上到下的 3 条曲线分别代表图 4.25、图 4.26 和图 4.27 所示的分层因子图的迭代性能曲线。由图 4.30 可知第一层校验关系的简化及两层校验关系的互换均可提高分层因子图迭代捕获的性能,这进一步从仿真的角度证明了前面阐述的分层校验因子图建立过程的合理性。另外比较图 4.30 和图 4.29 可知,带隐藏节点因子图要比常规因子图的迭代性能会好一些。但同时从分层校验迭代步骤也可以看出,与常规因子图上的迭代捕获算法相比,分层算法实现的复杂度也是比较高的。

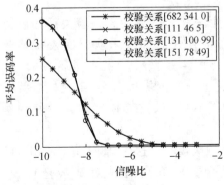

图 4.29　单独校验关系的
捕获性能曲线(迭代次数为 10)

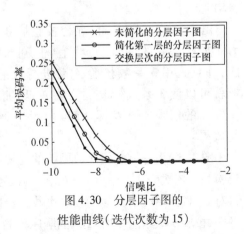

图 4.30　分层因子图的
性能曲线(迭代次数为 15)

图 4.31 和图 4.32 为冗余校验迭代捕获的性能仿真结果,比较图 4.31、图 4.32 和图 4.29 可知,带有冗余校验的迭代算法要比单一校验关系的迭代算法误码率性能要好,这正是因为冗余提供给因子图更多的信息,使得整个迭代码长中的变量节点拥有更多的联系方式,从而使算法收敛得更快。

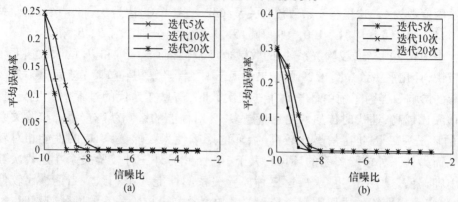

图 4.31　不同迭代次数下校验关系为(A_1　B_1)和(A_1　B_1　B_2)时混合校验迭代结果

图 4.31(a)、(b)为迭代次数不同且校验关系的组合不同时的混合校验迭代结果,令校验关系($A\ B\ \cdots$)表示在一次总体迭代中各校验关系的校验次序,例如校验关系组合(A_1　B_1)表示在一次总体迭代中,先校验 A_1,然后校验 B_1。图 4.31(b)比图 4.31(a)多了一个校验关系,然而图(b)在低信噪比时的迭代效果要比图(a)差一些。这个结果是很容易理解的,当信噪比较低时,信息值中所含有的有用信息量较少,如果采用混合校验法,过多的校验关系会使正确信息的流向比较混乱,因此信噪比较低时,采用混合校验法并不能使冗余校验发挥出其应有的优势。而当信噪比较高时,校验关系的多少并不对迭代性能产生影响,这是因为信噪比较高时,变量节点中的信息分布已经趋向于正确情况,因此无论用何种校验关系进行校验均能产生较好效果。

由上面的分析可知,混合校验捕获法无法针对度数为 3 校验关系和度数为 4 校验关系的优、缺点将它们扬长避短地使用。如果采取顺次校验捕获法,并且先用 3 系数校验关系进行校验,再用 4 系数校验关系进行校验,这样就可以使 3 系数校验关系在较低的信噪比下发挥优势,而 4 系数校验关系在较高的信噪比下发挥优势,两者均避免了其缺点,这样便能取得较好的迭代效果。

图 4.32 为总体迭代次数固定的前提下,顺次校验的迭代结果,其中所用到的校验关系依次为 A_1、B_1、B_2 和 B_3,校验次数组合(10　10)代表先对 A_1 校验 10 次,再对 B_1 校验 10 次,其他的校验次数组合据此类推。由图 4.32 和图 4.31(b)对比可知,校验次数组合[10　10]的顺序校验迭代性能与总迭代次数为 $3 \times 20 = 60$ 的混合校验性能相仿。由此可见,顺次校验在相同性能下对复杂度的降低或捕获时

间的缩短是很显著的。而对比图 4.31(a) 和图 4.32 可知,在总的迭代次数均为 20 的情况下,选择合适的顺次校验能够有效降低误差率。

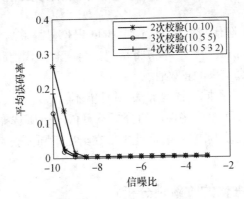

图 4.32　顺次校验迭代结果(总迭代次数为 20)

同时由图 4.32 可知,顺次校验与混合校验的不同之处还在于,保持总复杂度不变的情况下,适当增加校验关系可以提高迭代捕获性能,这是因为迭代捕获算法存在"迭代疲劳"现象,即用同一种校验关系在进行数次迭代以后,继续增加迭代次数对性能的改进量变小,这也可以从图 4.31 的仿真结果中观察到。存在"迭代疲劳"现象的原因是迭代码长为有限长。因此,在使用顺次校验法时,适当地增加校验关系数可以提高捕获性能。而改变校验关系的时刻应选取为上一个校验关系的"迭代疲劳"刚要发生而未发生的时候,这样的迭代效果最好,如图 4.32 中三次校验曲线。如果更换校验关系较为频繁,则在信噪比较低时容易使信息流向混乱,反而影响迭代效果,如图 4.32 中的四次校验曲线。

根据上面的仿真结果,可以得到 Gold 码迭代捕获的如下结论:

(1) 在不含有冗余的因子图结构中,相同条件下分层校验的效果要优于常规校验方法。

(2) 含有冗余因子图的捕获性能要好于不含冗余因子图。

(3) Gold 码冗余迭代捕获法对信噪比和迭代次数较为敏感,实际应用时信噪比应大于 -9dB(如果继续增加每个码元信息的采样点数,适用信噪比可进一步降低),迭代次数可选为 10 ~ 20 次。

(4) 在 Gold 码的众多校验关系中,较低的度数和较高的环长对迭代捕获更为有利,当两者不能统一时应视具体的信道情况而使用。

(5) 如果科学分配校验的顺序,采用顺次校验捕获法的性能(包括误码率和复杂度两个方面)要优于混合校验捕获法。

(6) 在顺次校验捕获法中,适当增加校验关系个数并合理分配每个校验关系的迭代次数能进一步提高迭代捕获性能。

4.3　迭代检测伪码捕获方法的性能分析

前面分析了基于迭代技术的 m 序列、Gold 码信号捕获方法,并对它们的误码率和捕获性能进行了仿真研究。本节将从理论角度对迭代伪码捕获算法的收敛性进行分析,以证明仿真结果的正确性。

迭代伪码捕获算法不同于译码算法,其性能不仅表现在误码率上,还表现在检测概率和捕获时间上,而对这些性能的分析不只依赖于所选择的因子图和迭代方法,还依赖于不同的捕获判决方法,因此本节在给出不同捕获判决方法的基础上再对这些性能进行分析。

4.3.1　基于密度进化的收敛性分析

密度进化方法最先由 Richardson 等用于进行 LDPC 码的迭代译码性能分析和优化设计。LDPC 码的译码主要是置信传播算法,与迭代伪码捕获算法类似,在译码过程中,与译码有关的信息沿着因子图中的边在节点中不断地迭代传递与修正。迭代消息传递与修正的目的在于使图上流动的信息向正确的方向集中。Richardson 等人在 Gallager 研究的基础上,通过对无环因子图上变量节点和校验节点发送信息的研究,建立了密度进化理论,用于分析迭代译码过程中 LDPC 译码器对发送消息概率密度函数进化的影响。

Richardson 的密度进化理论是建立在无环因子图上的,并且需要传输信道满足对称性条件和独立性条件,因而有一定的局限性。本节首先介绍无环因子图上的密度进化理论,然后在这个基础上对有环因子图上的进化理论进行探讨,以获得伪随机码因子图上的收敛性分析结果。

1. 无环因子图上的密度进化

由于代表伪码的因子图都含有固定的约束关系,因此这样的因子图一般都存在环,为了分析无环因子图上的密度进化理论,本节以无环图规则 LDPC 码的译码过程为例来介绍其上的密度进化分析,这是因为迭代伪码捕获的极大似然估计接收序列的过程与规则 LDPC 码的译码过程极为类似。

设一个构造参数为 (N, d_v, d_c) 型的规则 LDPC 码,其中 N 为码长,d_v、d_c 分别为变量节点和校验节点的度数。在无环因子图上,一个校验节点 h 向相邻变量节点 x 发送的校验信息可以表示为来自其他 $d_c - 1$ 个相邻变量节点的输入消息 $g_1, \cdots,$ g_{d_c-1} 的函数,记为 $h = \varphi_c^{(l)}(g_1, \cdots, g_{d_c-1})$;同样,一个变量节点 x 向相邻校验节点 h 传递的变量消息可以表示为来自其他 $d_v - 1$ 个相邻校验节点的输入信息 $h_1, \cdots,$ h_{d_v-1} 的函数,记为 $g = \varphi_v^{(l)}(h_1, \cdots, h_{d_v-1})$,其中 l 为迭代次数。

图 4.33 为 LDPC 码迭代译码算法(置信传播算法)的因子图,图中 $h_i (0 \leqslant i \leqslant m)$ 代表校验节点;$x_i (0 \leqslant i \leqslant n)$ 代表变量节点;$f_i (0 \leqslant i \leqslant n)$ 初始消息。

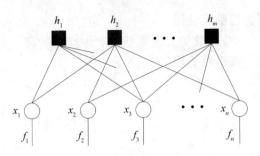

图 4.33　规则 LDPC 码的因子图表示

密度进化理论是基于这类因子图及其译码算法而建立起来的。在应用密度进化理论对 LDPC 的译码进行分析时必须满足两个基本前提条件,即独立性条件和对称性条件。

独立性条件是指:在迭代译码过程中,变量节点和校验节点获取的信息是独立的。也就是因子图不存在环,可以将这种因子图表示成一个树图的形式,所有的消息向一个方向传递,不存在重复信息。

当信道为二元输入编码信道时,对称性条件的定义为:

(1) 信道对称。设信道的输入和输出分别为 z_i、y_i,如果信道转移概率满足 (4-53) 则信道是输出对称的,简称信道对称。

$$P(y_i = q \mid z_i = +1) = P(y_i = -q \mid z_i = -1) \qquad (4-53)$$

(2) 校验节点对称。对于任意 ±1 随机序列 $(b_1, \cdots, b_{d_c-1})$,如果校验节点的消息满足

$$\varphi_c^{(l)}(b_1 g_1, \cdots, b_n g_n) = \varphi_c^{(l)}(g_1, \cdots, g_n) \cdot \prod_{i=1}^n b_i \qquad (4-54)$$

则称为校验节点对称。

(3) 变量节点对称。如果变量节点的消息满足

$$\varphi_v^{(l)} = (-h_0, -h_1, \cdots, -h_m) = -\varphi_v^{(l)}(h_0, h_1, \cdots, h_m), \varphi_v^{(0)}(-h_0) = -\varphi_v^{(0)}(h_0) \qquad (4-55)$$

则称为变量节点对称。

当对称性条件满足时,设 $P_e^{(l)}(x)$ 是码字 x 经过 l 次迭代译码后的错误概率,则有 $P_e^{(l)}(x)$ 独立于 x,即译码错误概率独立于传输码字。

Richardson 等人在对 LDPC 码的迭代译码算法的研究中发现,无论什么样的信道,在满足以上无环因子图的两个假设条件时,总能找到经 l 次迭代后译码错误概率密度函数的表达式。如果能将信道情况用一个参数表示,那就能把译码错误概率密度函数表示为该信道参数的函数,并可以求得这样的一个信道参数值,它将使得在所有小于该值的信道里面,在一定的迭代次数以后,译码错误概率能趋于 0。

2. 有环因子图上的密度进化

在有环图上讨论密度进化的方法需要先考虑存在的环。为了便于分析,可将图 4.33 所示的因子图展开成为图 4.34 所示的树。

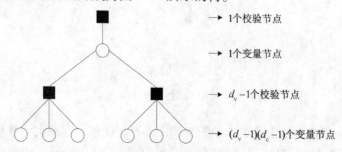

图 4.34　规则 LDPC 码的树状表示

对于 (N, d_v, d_c) 的 LDPC 码,记 m_l 为 $2l$ 层深度树上的变量节点总数,则

$$m_l = \sum_{i=0}^{l} (d_v - 1)^i (d_c - 1)^i \tag{4-56}$$

记 c_l 为 $2l$ 层深度树上的校验节点总数,则

$$c_l = 1 + (d_v - 1) \sum_{i=0}^{l-1} (d_v - 1)^i (d_c - 1)^i \tag{4-57}$$

用 N_e^d 表示深度为 d 的树中边 e 的集合,这里边 e 即对应因子图 4.33 中变量节点与校验节点之间的连线。令 m 表示因子图中所有校验节点的数目,n 表示因子图中所有变量节点的数目。对于一个因子图,考察其环存在的概率问题可以转化为能否展开为树的概率。以因子图中的校验节点为根展开成树,设当展开深度为 $2l(l=0,1,\cdots)$ 时,仍表现为树的形式,即还不存在环,则继续进行树的展开。此时从该树最底层的叶子节点展开,这时的叶子节点为变量节点,不失一般性,设展开 k $(k=0,1,\cdots)$ 根边后依然保持为树,则第 $k+1$ 条边仍然保持为树的概率为

$$p_c = \frac{(m - c_l - k) d_c}{m d_c - c_l - k} = 1 - \frac{(c_l + k)(d_c - 1)}{m d_c - c_l - k} \geqslant 1 - \frac{c_l}{m} \tag{4-58}$$

因此,当以因子图中的校验节点展开成树时,N_e^{2l} 为树,N_e^{2l+1} 仍然为树的概率满足

$$p \geqslant \left(1 - \frac{c_l}{m}\right)^{c_{l+1} - c_l} \tag{4-59}$$

同样,当以因子图中的变量节点展开成树时,N_e^{2l} 为树,N_e^{2l+1} 仍然为树的概率满足

$$p \geqslant \left(1 - \frac{m_l}{n}\right)^{m_{l+1} - m_l} \tag{4-60}$$

则展开成 $2(l+1)$ 深度时不能成为树的概率表达式,也即存在环的表达式为

$$P_c \leqslant 1 - \left(1 - \frac{c_l}{m}\right)^{c_{l+1}-c_l}\left(1 - \frac{m_l}{n}\right)^{m_{l+1}-m_l}$$

$$\leqslant \frac{m_l^2 + \dfrac{d_c}{d_v}c_l^2}{n}, \quad l = 0,1,\cdots \qquad (4-61)$$

式中:分子部分为 l 的函数,故可令

$$\gamma(l) = m_l^2 + \frac{d_c}{d_v}c_l^2$$

则环存在的概率满足表达式

$$P_c \leqslant \frac{\gamma(l)}{n} \qquad (4-62)$$

得到了环存在的表达式,可以考虑在密度进化中加入环的因素进行讨论。在二元对称信道(BSC)下,对 Gallager 提出的译码算法进行密度进化分析。

设 BSC 的转移概率为 p_0,此即为信道初始误传概率,经过第一次迭代后的错误概率由两部分组成。一部分错误的比特被纠正,根据对 Gallager 提出的引理 4.1,并加入环的影响因素,被纠正的概率为

$$p_0\left[\frac{1 + (1 - 2p_0)^{d_c-1}}{2}(1 - P_c)\right]^{d_v-1} \qquad (4-63)$$

另一部分是经迭代后,新产生的误码,这部分的概率为

$$(1 - p_0)\left[\frac{1 - (1 - 2p_0)^{d_c-1}}{2}(1 - P_c)\right]^{d_v-1} \qquad (4-64)$$

则经过第一次迭代后,误码概率进化为

$$p_1 = p_0 - p_0\left[\frac{1 + (1 - 2p_0)^{d_c-1}}{2}(1 - P_c)\right]^{d_v-1} +$$

$$(1 - p_0)\left[\frac{1 - (1 - 2p_0)^{d_c-1}}{2}(1 - P_c)\right]^{d_v-1} \qquad (4-65)$$

故经过 l 次迭代译码计算后,误码率 p_l 进化为

$$p_l = p_0 - p_0\left[\frac{1 + (1 - 2p_{l-1})^{d_c-1}}{2}(1 - P_c)\right]^{d_v-1} +$$

$$(1 - p_0)\left[\frac{1 - (1 - 2p_{l-1})^{d_c-1}}{2}(1 - P_c)\right]^{d_v-1} \qquad (4-66)$$

由式(4-66)可知,经过 l 次迭代译码计算后,误码率 p_l 总能表示为初始误码率与迭代次数 l 的迭代函数。对于固定的一组 LDPC 码,其因子图中环在迭代译码过程中对误码率 p_l 的影响只与迭代次数有关,这是可以理解的:只有迭代译码的次数超过环长,译码信息被环传回时,因子图中的环才会降低译码的性能。该结论与基于最小和算法的迭代伪码捕获的仿真分析结果是一致的。

3. 伪码迭代捕获的密度进化收敛性分析结果

前面分析了无环和有环因子图上的密度进化理论,下面利用该理论对迭代伪码捕获算法的收敛性进行分析。首先分析图 4.1 所示的 m 序列因子图,在该因子图中 $d_v = 3$,$d_c = 3$,由于环长为 15,因此可以近似等效为无环图时的情况,即可令 $P_c = 0$。对于迭代捕获算法,希望经过一定次数的迭代运算,误码率 p_l 能趋于 0,使迭代捕获成功,也就是使

$$\lim_{l \to \infty} p_l = 0 \qquad\qquad (4-67)$$

通过求解上式,可以得到 p_0 的临界值 $p_0^* = 0.228$。当 $p_0 < p_0^*$ 时,经过一定次数的迭代后误码率总能收敛于 0;当 $p_0 \geq p_0^*$ 时,迭代计算后的误码率总不能趋于 0。图 4.35 给出了在不同的 p_0 值的情况下迭代捕获误码率的收敛情况。从图 4.35 中可以看到:当 $p_0 \geq p_0^*$ 时,迭代捕获后的误码率不能收敛于 0,无论经过多少次迭代,总是存在误码;当 $p_0 < p_0^*$ 时,经过 l 次迭代译码后的误码率 p_l 的收敛速度与 p_0 成反比,p_0 越小,p_l 的收敛速度越快。

图 4.36 为校验节点的度不同时伪码迭代收敛特性的情况比较。由图可知,校验节点度数为 3 时的收敛特性要优于校验节点度数为 4 时的收敛特性,因此因子图的收敛特性与校验节点的度数成反比,此结论进一步验证了等效稀疏多项式在迭代捕获中的意义。另外,校验节点的度数越高,迭代计算的复杂度也越高,因此在进行 Gold 码捕获选择校验关系时,应首先选择度数低的校验关系。

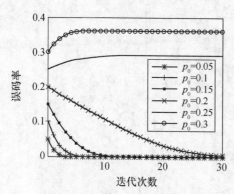 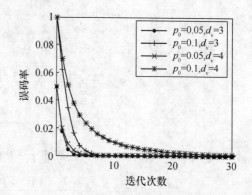

图 4.35　不同初始误码率情况下的　　　　图 4.36　校验节点度数为 3 和 4 时的
　　　　伪码迭代收敛特性曲线　　　　　　　　伪码迭代收敛特性比较

图 4.37 揭示了冗余校验对迭代捕获收敛性的影响,该仿真是在混合校验模型下进行的。由图 4.37 可知,当初始误码率较低时,冗余校验可以明显提高迭代捕获的性能。当初始误码率接近临界值时:如果迭代次数较小,冗余校验对性能的提高很大;当迭代次数较大时,其误码率曲线趋于平滑,即此时在迭代运算的后期冗余校验对性能的提高不大。

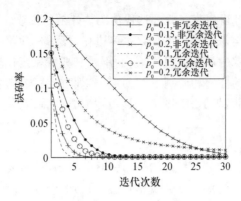

图 4.37　冗余校验对收敛特性的影响

p_0 定义为初始误码率,即信道的转移概率,直接与信道的状况相关,可以视为信道状况的综合参数。因而,对于某一信道,总能找到一个参数对其进行描述,当信道的状况优于该参数时,则能够通过迭代计算使最大后验估计的误码率趋于 0,否则就不能。该参数可以被定义为信道的迭代门限。

在因子图环长较短的情况下,令式(4－62)取等号,即考虑最坏情况,同样可以利用式(4－66)得到迭代捕获的收敛特性。但是由于环的存在影响了消息传递算法的性能,因而也就降低了迭代门限。表4.3 给出了不同 d_v、d_c 时有环和无环图情况下的迭代门限比较。可以看出:当存在环时,译码门限要低于无环假设情况下的值,也就是要求更好的信道条件才能达到与原来相同的迭代效果;同时,节点度数越高,迭代门限越低。因此变量节点与校验节点的度数越低,迭代的效果越理想。

表 4.3　考虑环与不考虑环情况下的迭代门限对比

d_v	d_c	p_0^*(不考虑环)	p_0^*(考虑环)
3	3	0.228	0.203
4	4	0.190	0.165
5	5	0.166	0.127

4.3.2　基于 EXIT 图的收敛性分析

密度进化的收敛性分析法是以初始误码率临界值作为指标来考察迭代捕获算法的误码率是否能稳定收敛于 0,本节讨论另一种收敛性分析方法——EXIT 图方法,它是以噪声门限为指标来讨论因子图迭代算法的收敛性的。

EXIT 图是 Brink 在分析 TCM 时提出的。M. Tuchler 等将 EXIT 图用于 Turbo 均衡的分析。外信息是指迭代后的后验对数似然比值减去先验所得,将软输入、软输出估计器的输入、输出互信息转移特性曲线(即 EXIT 曲线)放在同一个图中,即可得到该序列估计器的 EXIT 图,图中可以方便地观察迭代轨迹,而两条曲线之间的区域称为"收敛通道"。只有收敛通道打开的情况下,估计器才能达到误码率为 0 的序列估计,由此可以直接观测迭代伪码估计是否收敛。

基于 EXIT 图的方法也可以看作是密度进化方法的一种简化方案,它的优点在于:在迭代过程中跟踪的是互信息的值,而不是其概率密度函数,具有更好的鲁棒性,可以应用于不同的信道和调制方案;并且 EXIT 方法与密度进化方法相比计算量大幅度减少。利用基于 EXIT 图方法还可以对迭代译码过程从信息论角度给出更深层次的解释。

1. EXIT 图分析方法

迭代伪码序列估计的过程可以看成是由两个分量估计器组合而成,即变量节点分量估计器(VE)和校验节点分量估计器(CE)。图 4.38 为基于互信息的分析模型,图中描述了迭代过程中的消息交换过程。

EXIT 图的特点是通过分析两个分量估计器之间的外信息交换来反映译码器的工作。图 4.38 中:I_{O_VE} 和 I_{I_VE} 分别表示 VE 的输出互信息和输入互信息;I_{O_CE}、I_{I_CE} 分别表示 CE 的输出互信息和输入互信息。迭代过程中两个分量估计器之间进行消息的交换传递,直至估计成功。通过 EXIT 图可以预测迭代过程中的收敛特性,对迭代捕获的性能进行准确分析。

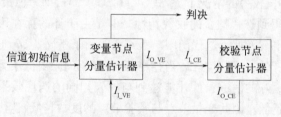

图 4.38　迭代伪码序列估计的信息交换

假设信道为 BPSK 调制的 AWGN 信道,噪声 n 的方差为 σ_n^2,二进制符号 0、1 映射为 $x = +1, x = -1$,且两信道符号等概率,经传输后接收端抽样匹配滤波器输出信号为 y,则从信道观察到的消息为(信道的对数似然比值)

$$L_{ch}(y) = \log \frac{p(y \mid x = +1)}{p(y \mid x = -1)} = \frac{2y}{\sigma_n^2} \qquad (4-68)$$

式中

$$\sigma_n^2 = \frac{1}{2R_c(E_b/N_0)}$$

式中:R_c 为码速率;E_b/N_0 为归一化信噪比。

其均值 $\mu_{ch} = \pm 2/\sigma_n^2$,其方差 $\sigma_{ch}^2 = 4/\sigma_n^2$,因此有

$$\mu_{ch} = \frac{\pm \sigma_{ch}^2}{2} \qquad (4-69)$$

此即满足高斯概率密度的对称性条件。

下面考虑互信息的计算。令 $J(\sigma_{ch})$ 为互信息 $I(X; L_{ch}(Y))$,有

$$J(\sigma_{\mathrm{ch}}) = H(X) - H(X \mid L_{\mathrm{ch}}(Y))$$

$$= 1 - \int_{-\infty}^{\infty} \frac{e^{-(\xi-\sigma_{\mathrm{ch}}^2/2)^2/2\sigma_{\mathrm{ch}}^2}}{\sqrt{2\pi\sigma_{\mathrm{ch}}^2}} \cdot \log_2[1 + e^{-\xi}] \mathrm{d}\xi \qquad (4-70)$$

式中:$H(X)$ 为 X 的信息熵;$H(X \mid L_{\mathrm{ch}}(Y))$ 是条件为 $L_{\mathrm{ch}}(Y)$ 的条件信息熵。

为了便于计算,将 $J(\,\cdot\,)$ 分成两部分来讨论,即 $0 \le \sigma \le \sigma^*$ 和 $\sigma > \sigma^*$,其中 $\sigma^* = 1.6363$,并分别用多项式的形式和指数的形式来表达。式(4-70)的近似表达式为

$$J(\sigma) \approx \begin{cases} a_{J,1}\sigma^3 + b_{J,1}\sigma^2 + c_{J,1}\sigma & (0 \le \sigma \le \sigma^*) \\ 1 - e^{a_{J,2}\sigma^3 + b_{J,2}\sigma^2 + c_{J,2}\sigma + d_{J,2}} & (\sigma^* \le \sigma \le 10) \\ 1 & (\sigma > 10) \end{cases} \qquad (4-71)$$

式中

$$a_{J,1} = -0.0421061, b_{J,1} = 0.209252 \quad c_{J,1} = -0.00640081$$
$$a_{J,2} = 0.00181491, b_{J,2} = -0.142675$$
$$c_{J,2} = -0.00822054, d_{J,2} = 0.0549608$$

对于 $J(\,\cdot\,)$ 的反函数 $J^{-1}(\,\cdot\,)$ 可以分成以 $I^* = 0.3646$ 为界的两个部分来讨论,其近似表达式为

$$J^{-1}(I) \approx \begin{cases} a_{\sigma,1}I^2 + b_{\sigma,1}I + c_{\sigma,1}\sqrt{I} & (0 \le I \le I^*) \\ -a_{\sigma,2}\ln[b_{\sigma,2}(1-I)] - c_{\sigma,2}I & (I^* < I < 1) \end{cases} \qquad (4-72)$$

式中

$$a_{\sigma,1} = 1.09542, b_{\sigma,1} = 0.214217, c_{\sigma,1} = 2.33727$$
$$a_{\sigma,2} = 0.706692, b_{\sigma,2} = 0.386013, c_{\sigma,2} = -1.75017$$

设估计器输入端互信息为 I_{I},输出端互信息为 I_{O},分别定义为

$$I_{\mathrm{I}} = I(X;L_{\mathrm{I}}) = H(X) - H(X \mid L_{\mathrm{I}})$$
$$I_{\mathrm{O}} = I(X;L_{\mathrm{O}}) = H(X) - H(X \mid L_{\mathrm{O}})$$

式中:X 为传输比特的二元随机变量;L_{I}、L_{O} 为输入端和输出端消息的连续随机变量。

由于有 VE、CE 两个分量估计器,所以有两类 EXIT 曲线,分别是 $I_{\mathrm{O\_VE}}-I_{\mathrm{I\_VE}}$ 曲线和 $I_{\mathrm{O\_CE}}-I_{\mathrm{I\_CE}}$ 曲线。输入端互信息和输出端互信息之间有转移特性,即某个度为 d_{v} 的变量节点的 EXIT 函数和某个度为 d_{c} 的校验节点的 EXIT 函数:

$$I_{\mathrm{O\_VE}} = J(\sqrt{(d_{\mathrm{v}}-1)[J^{-1}(I_{\mathrm{I\_VE}})]^2 + \mathrm{var}[4/\sigma_{\mathrm{n}}^2]}) \qquad (4-73)$$

$$I_{\mathrm{O\_CE}} = 1 - J(\sqrt{d_{\mathrm{c}}-1} \cdot J^{-1}(1 - I_{\mathrm{I\_CE}})) \qquad (4-74)$$

为了将 VE 和 CE 两个 EXIT 曲线放在一起,式(4-74)的反函数形式更为实用:

$$I_{L\_CE} = 1 - J\left(\frac{J^{-1}(1 - I_{O\_CE})}{\sqrt{d_c - 1}}\right) \qquad (4-75)$$

根据上面的分析,利用式(4-71)~式(4-75)即可得到用于收敛性分析的 EXIT 曲线。

2. 噪声门限现象及其判决方法

基于迭代技术的序列估计法有一个重要特性,即噪声门限现象,它是指:当信道的噪声参数低于门限值时,伪码的迭代误码率将随着迭代次数和迭代码长的增加而呈指数递减,最终趋于 0;反之,码的误比特率将始终大于某个正常数,这个门限值是评价迭代性能好坏的重要参数。

上述概念可以用数学语言描述如下:

对任意 $\varepsilon > 0$ 和 $\delta < \delta^*$ 信道参数,存在一个 $n(\varepsilon,\delta)$ 和一个 $l(\varepsilon,\delta)$ 使得码长 $n > n(\varepsilon,\delta)$ 的伪码,经过该信道传输和 $l(\varepsilon,\delta)$ 次迭代后,误比特率将小于 ε;反之,若信道噪声参数 $\delta > \delta^*$,无论经过多少次迭代运算,其比特误码率总是大于一个常数 $\eta = \eta(\delta) > 0$。

EXIT 图中的两条 EXIT 曲线的相对位置是 VE 曲线要在 CE 曲线上面,这样才能保证一个迭代通道的打开。随着信道信噪比的取值变化,VE 曲线不断靠近 CE 曲线,直至最后两条曲线匹配,此时对应的信道参数就是迭代后误码率为零所能容忍的最小信噪比,这个最小信噪比即为噪声门限。

为了衡量 EXIT 曲线之间的匹配程度,定义代价函数如下:

$$f_c = \sum_j (I_{O\_VE}(I_{L\_VE,j}, E_b/N_0, R_c) - I_{L\_CE}(I_{O\_CE,j}, R_c))^2 \qquad (4-76)$$

其中:代价函数计算中的点 j 指 VE 的 EXIT 曲线处于 CE 的 EXIT 曲线下面部分对应的采样点。

基于 EXIT 图的具有度数 d_v、d_c 的伪码噪声门限判决算法总结如下:

(1)给定码率、目标代价函数值 target_costfun、信道信噪比的变化步长 delta、初始的信道信噪比 initial_ENrate(dB)以及 VE 的输入互信息 I_{L_VE} 的采样点值。

(2)代价函数的计算:根据式(4-73)、式(4-75)和式(4-76)得到 I_{O_VE}、I_{L_CE} 以及依据此计算出的代价函数。

(3)停止准则:当 $f_c \leqslant$ target_costfun,则改变步长 delta,降低信噪比,然后返回(2),否则转(4)。

(4)噪声门限的计算:噪声门限值即使得停止准则满足的最小信噪比的值 $(E_b/N_0)_{\min}$。

3. 伪码迭代捕获的 EXIT 图收敛性分析结果

本节利用 EXIT 图方法对图 4.1 所示的因子图($d_c = 3$,$d_v = 3$)的迭代捕获算法进行分析。利用上面给出的噪声门限值判决算法,得到该伪码捕获算法的噪声门限值为 1.15dB。

图 4.39 和图 4.40 分别给出了当 $d_c = 3$，$d_v = 3$ 时不同信噪比下的 EXIT 曲线。从图 4.39 和图 4.40 可知，信噪比越好 EXIT 曲线就越高，这个结果说明当信道信噪比大时，迭代过程收敛的速度就更快。

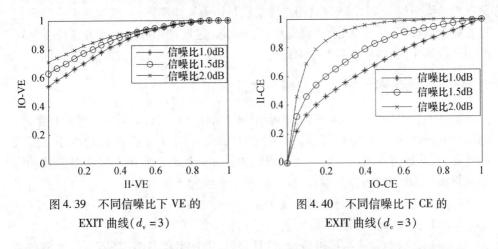

图 4.39　不同信噪比下 VE 的　　　　　图 4.40　不同信噪比下 CE 的

EXIT 曲线（$d_v = 3$）　　　　　　　　EXIT 曲线（$d_c = 3$）

　　为了进一步准确描述不同信噪比下的迭代序列估计过程，图 4.41 给出了该 m 序列不同信噪比下的迭代轨迹，其中的折线代表迭代轨迹，横竖两条相连的线代表一次迭代过程。由图 4.41 可知，这两条曲线的信噪比都在噪声门限之上，因此迭代通道都是打开的，随着迭代过程的进行，最终 VE 和 CE 的 EXIT 曲线相交在接近于 1 的时候，此时输出的互信息接近于 1，迭代后的软信息可靠度很高，估计序列的误码率接近于 0。同时也可以看到，当信道条件较好，信噪比较高时，经过较少的迭代次数后，其互信息已经比较接近于 1，这代表序列估计的误码率会很快趋近于 0；相反，如果信噪比较低，则需要较多的迭代次数才能收敛。

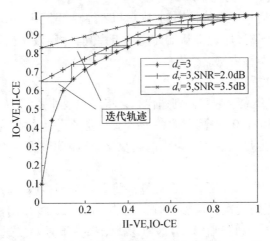

图 4.41　不同信噪比下的迭代轨迹（$d_c = 3$，$d_v = 3$）

值得指出的是,迭代伪码捕获的收敛性理论分析与 LDPC 码等的译码过程类似,都是默认在每个码元采样一次的情况下进行的。因此可以看到,理论分析结果对信噪比的要求很高(密度进化分析要求序列的初始误码率不高于 0.228,EXIT 图分析要求噪声门限为 1.15dB),而迭代捕获与译码算法不同,可以通过判决过程使迭代捕获能够容忍一定的迭代误码率,也可以通过增加采样次数的方法降低算法适用的信噪比,这些将在第 5 章中讨论。

4.3.3 本地码同步方法及其捕获性能分析

接收的伪码序列经极大后验估计迭代过程后进行判决,如果信道信噪比不高,判决后的估计序列仍然存在误码,只是此时的误码率较接收序列的误码率已经大幅降低,因此如何利用迭代后存在误码的估计序列实现本地码的同步是迭代伪码捕获算法必须解决的关键问题。本节首先介绍各种不同的捕获同步方法,然后讨论这些方法对迭代伪码捕获过程的影响。

4.3.3.1 本地码同步方法

根据迭代后的判决结果进行本地码同步的方法可以具有多种形式,本节仅考虑较为实用的方法进行介绍。如果在迭代计算的过程中每次迭代后都进行判决,也即每次迭代后都产生与迭代码长相同长度的估计序列,则在本地码同步时可以利用所有的估计序列。但随着迭代过程的进行,每次迭代后估计序列的误码率逐渐降低,最后一次迭代后的估计序列的误码率将为最低,因此也可以只利用最后一次估计序列来完成本地码的同步。本节将分别介绍基于以上两种序列估计方法的本地码同步方法,在本节中均假设被同步的伪码是 15 级如图 4.1 所示的 m 序列。

1. 利用所有估计序列的本地码同步

如果每次迭代后均产生估计序列,则可以在本地码同步时利用所有的估计序列,也可以将所有的估计序列重新估计为一组序列,并用该序列进行本地码同步,下面将分别介绍这两种方法。

1)统计向量分析法

由于系统使用 15 级 m 序列,则迭代结果将组织成如图 4.42 所示的数据文件,由该图可知,把每 15 个 0、1 序列组成一个向量,那么分组数将为迭代码长/15,而数据结构的每一行为每次迭代结束后的判决结果,因此数据结构的行数等于迭代次数。

在信噪比不是很低的情况下,迭代算法将会收敛到接收的软信道初始信息对应的发送码,也即当迭代次数足够多时迭代结果所生成的 0、1 序列应刚好等于该段接收序列所代表的 m 序列值。但这种迭代结果并不是对发送 m 序列的完全复制,恢复出的本地 m 序列由于有噪声的作用可能是片段正确或不正确的,但如果算法能够收敛,恢复出的正确 m 序列将在迭代结果中出现多次。根据这个判断捕

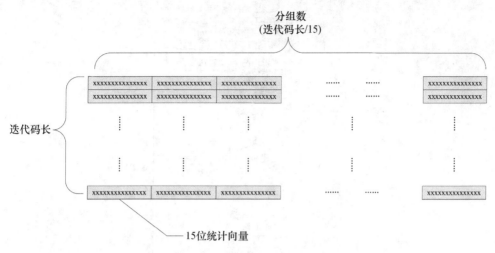

图 4.42　算法迭代结果的数据组织结构

获算法将以每个分组为单位,逐次比较各次迭代结果之间的相同性,把每个分组的比较结果记录下来,待把所有分组处理完毕后,选出所有分组中出现向量相同的次数最多的几个分组,分别尝试以这些迭代结果多次重复的 0、1 向量作为本地 m 序列发生器的初始相位,产生本地码与接收序列相关,如果相关峰值超过捕获门限则捕获成功,如果本段数据所恢复出的所有 0、1 向量的每次相关尝试都没有成功,捕获算法将换用其他段的数据进行处理或调整本地载波。

在分析迭代结果时,如果发现两向量相同可能是由两种原因引起的:第一种是由于算法收敛恢复出的本地 m 序列,第二种是偶然相同,但第二种发生的概率是极低的,如果迭代次数为 20,两个 15 位 0、1 向量发生一次偶然相同的概率为 $C_{20}^2/2^{15}=0.0058$,三个向量发生一次偶然相同的概率为 $C_{20}^2 \cdot C_{19}^1/2^{30}=3.36\times10^{-6}$,而根据多次仿真结果来看,能够捕获成功的 0、1 向量迭代结果在相应分组中的向量重复次数一般都不小于 3,因此迭代结果分析时误检测到偶然相同的结果向量的概率极低,可看作为 0。根据以上分析,在对迭代结果进行每个分组的相同向量检测时,忽略偶然相同的情况,只要检测到相同的向量,就以该向量为模板同剩余的其他向量进行对比,而不试图尝试找出所有与任何其他向量可能发生相同关系的向量。这样的检测方法可以大大降低复杂度,大量节省用于数据分析所消耗的时间,同时又基本不会影响分析结果。选择本地码初始向量的程序流程如图 4.43所示。

2) 序列重估计法

序列重估计法是针对迭代码长中的每一位,利用每次迭代后的原始估计,对每一位进行重新估计,得到一个重估计序列,并以此重估计序列进行本地码同步的方法。

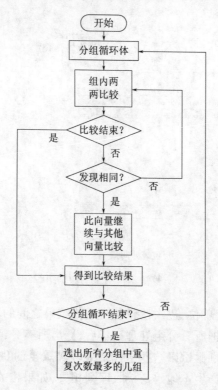

图 4.43　统计向量分析法对迭代结果的分析过程

图 4.44 为序列重估计示意图,图中的 x 代表原始估计值,$\hat{x}$ 代表每一位的重新估计值。该图数据的组织结构与图 4.42 相同,只不过图 4.42 是对 15 位的 0、1 向量进行估计,而图 4.44 是对单独的每一位进行估计。图中的每一列代表任何一个码片每次迭代后的估计结果,因此每一列所含有的位数等于迭代次数,对每一列进行重新估计的方法:首先求取每一列中 0 和 1 的估计次数,令每一列中 0 的出现次数为 l_0,1 的出现次数为 l_1;然后按以下准则进行判断:

$$\begin{cases} \hat{x} = 0 & (l_0 \geq l_1) \\ \hat{x} = 1 & (l_0 < l_1) \end{cases} \tag{4-77}$$

序列重估计结束后就可以利用该最终估计的序列进行本地码的同步,下面将介绍利用最终估计序列进行本地码同步的方法。

2. 利用最终估计序列的本地码同步

最终估计序列包括两种:一种是经过序列重估计方法获得的不同于原始估计序列的新序列,这时在迭代过程中需每次迭代后都进行判决;另一种是最后一次迭代后的估计序列,此时在迭代过程中不需每次都进行判决,而只在最后一次迭代后产生估计序列。利用最终估计序列进行本地码同步也就是只利用一个估计序列来完成同步,而不是使用估计序列组。

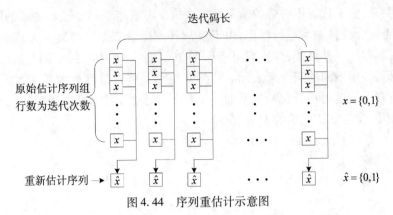

图 4.44　序列重估计示意图

1）穷举相关法

穷举相关法是利用最终估计序列将每 15 个连续位组成的向量对本地 m 序列发生器进行初始化,经时间同步后产生本地码,用该本地码与接收序列进行相关,用相关值来判断本地同步是否成功。穷举相关法示意图如图 4.45 所示,本地码发生器的初始移位寄存器在最终估计序列上按位"滑动",由于该方法需要对每 15 个连续估计码片进行捕获判决,因此在最坏情况下共需进行 $n-14$ 次判决过程(n 为迭代码长),如果某一次相关判决成功实现同步,则停止搜索过程。

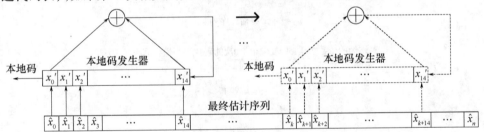

图 4.45　穷举相关法示意图

最终估计序列中可能含有误码,但只要有连续 15 个码片的估计值是正确的,即能实现成功捕获。但该方法的缺点也是显然的,本地码发生器按码片滑动搜索正确的本地估计向量,因此该方法不能对存在误码的序列片段进行识别,因而会增加捕获时间。

2）校验关系考察法

校验关系考察法是针对最终估计序列,依次考察所有码片是否符合伪码的约束关系,并加以标记,为本地码发生器初始序列搜索提供依据,使得搜索过程不像穷举相关法那样依次搜索所有序列,而是首先挑选最有可能成为正确估计序列的片段。

如图 4.46 所示,按本节所选的 m 序列,校验关系考察器按码片依次考察迭代码长为 n 的最终估计序列中的每个码片是否满足校验关系 $[x_k \oplus x_{k-1} \oplus x_{k-15} = 0]$,这样共需考察 $n-14$ 次。图 4.46 中给出了每个校验关系的校验结果,为 0 代表符合校验关系,为 1 代表不符合校验关系。在依次考察每个码片校验关系的同时,对码片是否符合校验关系进行标记,由于该 m 序列变量节点的度数为 3,因此对于每个码片,共存在 4 种可能,即校验出错 0~3 次。图 4.46 中将每个码片的校验结果加以标记,并用不同的灰度来表示。这样对整个最终估计序列校验关系考察完毕后,对所有码片是否符合校验关系的情况就一目了然,因此可以采用如图 4.47 所示的本地码发生器初始值的搜索策略。

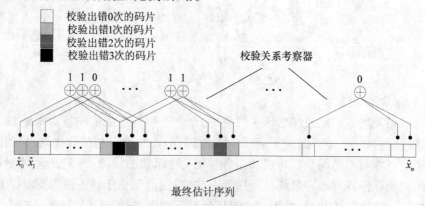

图 4.46　校验关系考察示意图

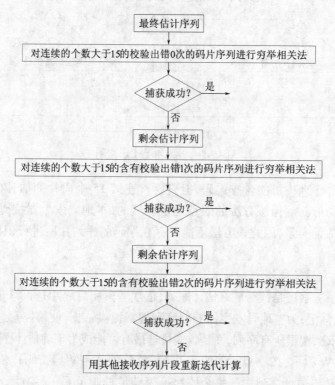

图 4.47　采用校验关系考察法时的本地码初值搜索策略

采用图 4.47 所示的搜索方法可以大幅减少单纯用穷举相关法时的搜索时间，也就减少了验证捕获时的相关次数，从而节省了捕获时间。这种方法在最终估计序列中去除了校验出错 3 次的估计码片，并且从校验出错 0 次的码片序列进行搜索，也就是先从最可能成为正确估计值码片片段开始搜索，这样就不会造成在没有意义的码片片段上进行相关判决的情况，从而最大程度地减少了捕获时间。

4.5.3.2　检测概率分析

迭代伪码捕获算法包含迭代检测过程和相关验证过程，因此迭代伪码捕获算法的检测概率 P_d 应从两个方面来考察：一是在迭代结果中出现正确的接收序列估计向量的概率 P_s；二是相关验证时相关值超过捕获门限的概率 P_x。由于这两部分是独立的，因此有

$$P_d = P_s \cdot P_x \tag{4-78}$$

本节将主要分析向量估计检测概率 P_s。

1) 统计向量分析法的检测概率分析

如果伪码的级数为 r（即统计向量的长度为 r），共进行 l 次迭代计算，其中第 i 次迭代计算后的误码率为 p_i，分析时假设每个码片是相互独立的，令经第 i 次迭代后第 k（$1 \leqslant k \leqslant n/r$，$n$ 为迭代码长，选择 n、r 使 n/r 为整数）个统计向量进行正确估计的概率为 $P_{k,i}$，则有

$$P_{k,i} = (1 - p_i)^r \tag{4-79}$$

由于统计向量分析法首先要考察每组统计向量中正确向量的个数（不考虑两个向量偶然相同的情况），则对于第 k 组统计向量，该组向量中存在两个或两个以上的正确估计向量的概率为

$$P_k = 1 - \prod_{i \in \{1,2,\cdots,l\}} (1 - P_{k,j}) - \sum_{i \in \{1,2,\cdots,l\}} \left(P_{k,j} \prod_{j \in \{1,2,\cdots,l\}, j \neq i} (1 - P_{k,j}) \right) \tag{4-80}$$

则考虑所有统计向量，向量估计检测概率为

$$P_s = 1 - \prod_{k \in \{1,2,\cdots,n/r\}} (1 - P_k) = 1 - (1 - P_k)^{n/r} \tag{4-81}$$

综合式（4-79）~式（4-81），有

$$P_s = 1 - \left\{ \prod_{i \in \{1,2,\cdots,l\}} [1 - (1 - p_i)^r] + \right.$$
$$\left. \sum_{i \in \{1,2,\cdots,l\}} (1 - p_i)^r \prod_{j \in \{1,2,\cdots,l\}, j \neq i} [1 - (1 - p_j)^r] \right\}^{n/r} \tag{4-82}$$

式（4-82）的计算比较复杂，但是当 $(1-p_i)^r > 0.5$（$i \in [1, l]$）时，也即 $p_i < 1 - 2^{-1/r}$ 时，且 $l \geqslant 3$，则显然有 $P_k > P_{k,l}$，因此有

$$P'_s = 1 - (1 - P_{k,l})^{n/r} = 1 - [1 - (1 - p_l)^r]^{n/r} < P_s \tag{4-83}$$

由式(4-83)可知,P'_s的计算只需要最后一次迭代的误码率p_l,事实上,它是只考虑最终估计序列时求得的检测概率,而最终估计序列的误码率和前面的迭代相比误码率是最低的,因此可以用P'_s来近似分析统计向量分析法的向量估计检测概率。

图4.48描述了当伪码级数为15时,不同迭代码长下统计向量分析法的检测概率与误码率之间的关系。由图4.48可知,在相同最终估计序列误码率下,迭代码长越长,检测概率越大。因此,增加迭代码长对提高检测概率的贡献比降低最终估计序列误码率的贡献要大,但是当迭代码长增加到一定程度,继续增加迭代码长对降低误码率的意义不大,然而对检测概率则不然,这个结论也是很显然的,因为提供的向量分组数越多,获得正确序列估计的概率就越大。

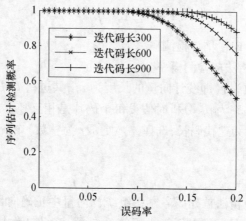

图4.48　不同迭代码长下统计向量分析法的
序列估计检测概率曲线(伪码级数为15)

2)穷举相关法的检测概率分析

穷举相关法是在最终估计序列上进行的,如果伪码的级数为r,它是考察每r个连续码片是否是正确的估计向量。令长度为$i(i \geq r)$的连续最终估计序列上存在连续r个码片是正确估计向量的概率为$P_i^{(r)}$,则长度为$i+1$的连续最终估计序列上存在正确码片片段的概率为

$$P_{i+1}^{(r)} = P_i^{(r)} + (1 - P_i^{(r)}) \cdot (1 - p_l)^{r-1} \cdot (1 - p_l)$$
$$= P_i^{(r)} + (1 - P_i^{(r)}) \cdot (1 - p_l)^r \qquad (4-84)$$

又有

$$P_i^{(r)} = (1 - p_l)^r \qquad (4-85)$$

即当$i=r$时,$P_i^{(r)}$的初值很容易求得,这样就可以利用式(4-84)用迭代的方法求得任意迭代码长n时的$P_n^{(r)}$。

穷举相关法的序列估计检测概率曲线如图4.49所示,同样迭代码长越长检测概率越高。比较图 4.49 与图 4.48 可知,穷举相关法的检测概率明显高于统计向量分析法,这是因为统计相关法强制把连续的最终估计序列分成若干个长度为 r 的分组,这样做不能充分利用最终估计序列的全部信息。

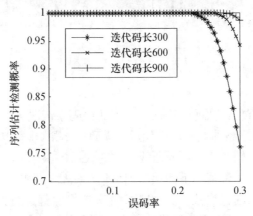

图 4.49　不同迭代码长下穷举相关法的
序列估计检测概率曲线(伪码级数为 15)

校验关系考察法同样是针对最终估计序列的,因此其检测概率的分析结果与穷举相关法完全一致。

3) 序列重估计法的检测概率分析

为了得到序列重估计法的检测概率,首先需要知道序列重估计后每个码片的误码率,然后在这个基础上用穷举相关法或统计向量分析法的检测概率分析方法,对这个重新估计的序列进行检测概率分析。

序列重估计法是根据每次迭代后的估计序列在每一位上信道符号的出现个数来对重新估计序列的对应位赋值,如式(4-77)所示。因此如果令序列重估计时每一位正确估计的概率为 p_s,则有

$$
\begin{cases}
p_s = \displaystyle\sum_{q=\frac{l}{2}+1}^{l} p^{(q)} & (l \text{ 为偶数}) \\
p_s = \displaystyle\sum_{q=\frac{l+1}{2}}^{l} p^{(q)} & (l \text{ 为奇数})
\end{cases}
\tag{4-86}
$$

式中:$p^{(q)}$ 为 l 个迭代结果中含有 q 个正确估值的概率。

令 $C^{(q)}$ 为 C_l^q 个组合的全部集合,$A^{(q)}$ 为 $C^{(q)}$ 中的一个集合,代表一种组合配置下的全部分量集合,这样有

$$
p^{(q)} = \sum_{A^{(q)} \in C^{(q)}} \left[\prod_{i \in A^{(q)}} (1 - p_i) \cdot \prod_{i \in \{1,2,\cdots,l\}, i \notin A^{(q)}} p_i \right]
\tag{4-87}
$$

将式(4－87)代入式(4－86),并根据序列重估计法的最终估计序列中每一位的误码率 $p'_l = 1 - p_s$,可以得到 p'_l 的表达式为

$$
\begin{cases}
p'_l = 1 - \displaystyle\sum_{q=\frac{l}{2}+1}^{l} A^{(q)} \sum_{\in C^{(q)}} \left[\prod_{i \in A^{(q)}} (1-p_i) \cdot \prod_{i \in \{1,2,\cdots,l\}, i \notin A^{(q)}} p_i \right] & (l \text{ 为偶数}) \\[4mm]
p'_l = 1 - \displaystyle\sum_{q=\frac{l+1}{2}}^{l} A^{(q)} \sum_{\in C^{(q)}} \left[\prod_{i \in A^{(q)}} (1-p_i) \cdot \prod_{i \in \{1,2,\cdots,l\}, i \notin A^{(q)}} p_i \right] & (l \text{ 为奇数})
\end{cases}
$$

$$(4-88)$$

为了得到序列重估计法的最终估计序列的误码率情况,以图 4.8 为例,利用式(4－88)和图 4.8 中三条曲线每次迭代后的误码率结果,求取其最终估计序列的误码率。表 4.4 给出了图 4.8 中不同曲线每次迭代后的误码率具体数值,图 4.50 展示了对应图 4.8 中的三种情况下使用序列重估计法后得到的最终估计序列的误码率情况。图 4.8 中的迭代次数共为 20 次,每次迭代后都进行判决,这样每次迭代结束后,都可以利用前面所有的迭代结果和序列重估计法得到一个最终估计序列。图 4.50 给出了当迭代次数在 5~20 次以后所产生的最终估计序列的误码率与迭代次数之间的关系。对比图 4.8 和图 4.50 可知,采用序列重估计法后的最终估计序列的误码率随着前面迭代次数的增多而降低,而且和前面任何一次迭代后的误码率相比都很小,这表明采用序列重估计法能有效提高迭代捕获的性能。另外,从图 4.50 中的三条曲线还可以看出一个共同特征,即采用序列重估计法时,前面的迭代次数为奇数时的效果要优于前面迭代次数是偶数时的效果。这个结果也很容易理解,因为序列重估计法采用式(4－77)进行判决,由式(4－77)可知:当 l 为偶数时,如果 $\hat{x} = 0$,则需要 $l_0 - l_1 \geq 2$ 才可以;当 l 为奇数时,只需 $l_0 - l_1 \geq 1$ 即可。因此当前面的迭代次数为偶数时,进行序列重估计的条件更苛刻一些。如果选择使用序列重估计法,则前面的迭代次数应尽量选为奇数。

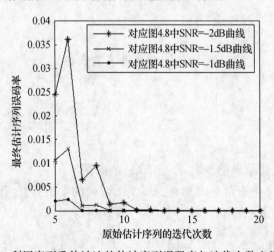

图 4.50　利用序列重估计法的估计序列误码率与迭代次数之间的关系

表 4.4 图 4.8 中不同曲线每次迭代后的误码率

迭代次数 \ 不同曲线	SNR = −2dB 曲线	SNR = −1.5dB 曲线	SNR = −1dB 曲线
1	0.204	0.174	0.138
2	0.168	0.134	0.086
3	0.13	0.108	0.044
4	0.12	0.082	0.038
5	0.114	0.058	0.028
6	0.086	0.028	0.01
7	0.082	0.016	0.008
8	0.07	0.01	0.004
9	0.05	0.012	0
10	0.042	0.008	0
11	0.03	0.002	0
12	0.016	0	0
13	0.006	0	0
14	0.002	0	0
15	0	0	0
16	0	0	0
17	0	0	0
18	0	0	0
19	0	0	0
20	0	0	0

4.3.3.3 捕获时间分析

对于滑动相关捕获算法,其捕获时间与复杂度成反相关性,例如串行滑动相关的复杂度低,但是捕获时间长,并行滑动相关法的情况与之相反。与传统滑动相关捕获算法类似,迭代伪码捕获方法的捕获时间与复杂度也具有一定的反相关性,这是因为这两种捕获算法有一个共同点,即捕获时间与复杂度主要取决于相关过程。对于滑动相关捕获法,相关过程是唯一的决定因素,而对于迭代伪码捕获算法,虽然迭代计算过程也对捕获时间和复杂度有所影响,但是这种影响只占一小部分,起主要作用的还是迭代后进行的相关验证过程,而迭代运算的作用是使得捕获算法需要的相关运算大幅减少,这是迭代伪码捕获算法能够获得更优性能的关键。

迭代伪码捕获算法的主要优点是捕获速度快,为了体现这一优点本小节将该方法的捕获时间与串并混合捕获的捕获时间进行直观地分析和对比,这里不考虑检测概率与虚警概率的影响,即假设检测概率均为 1,虚警概率均为 0。

153

令两种算法在进行相关运算时都是进行整个周期的完整相关,且伪码长度为N,伪码速率为R_c,串并混合捕获并行路数为w,则串并混合捕获的平均捕获时间为

$$T_{cb} = \frac{N}{R_c} \cdot \frac{N}{2w} = \frac{N^2}{2R_c w} \qquad (4-89)$$

式中:$\frac{N}{R_c}$为进行一次相关运算所需要的时间;$\frac{N}{2w}$为需要的平均相关次数。

而迭代捕获算法的平均捕获时间可以表达为

$$T_i = c_m \Big(\frac{N_i}{R_c} + l \cdot T_d + T_s + c_y \frac{N}{R_c} \Big) \qquad (4-90)$$

式中:$\frac{N_i}{R_c}$为算法初始化需要的时间,N_i为迭代码长;$l \cdot T_d$为迭代过程所需要的时间,T_d为一次迭代需要的时间,l为迭代次数;T_s为搜索正确估计向量所需要的时间;$c_y \frac{N}{R_c}$为相关验证所需要的时间,c_y为对选出的 PN 码向量进行验证的次数;c_m为需处理的数据块的个数。

式(4-90)中,对于长伪码而言,$\frac{N_i}{R_c} \ll \frac{N}{R_c}$,$(c_m, l, c_y) \ll \frac{N}{2w}$。下面主要分析 T_d 与 T_s。

T_d 与 T_s 主要取决于迭代方法、本地码同步方法和硬件速度,也就根据具体伪码的迭代方法、同步方法所需要的操作次数和具体实现时硬件执行单位操作的时间来确定。

迭代方法采用图 4.1 定义的最小和算法,实现方式为用 FPGA 实现算法,这样所有的校验节点和变量节点信息都需存储在寄存器中。FPGA 程序的运行是基于时钟周期的,一个校验节点的更新需要 12 个读操作和 6 个写操作,这最少需要 6 个时钟周期来完成;一个变量节点的更新需要 6 个读操作和 6 个写操作,也需要 6 个时钟周期,这样一个节点一次迭代需要 12 个时钟周期。令一个时钟周期的时间为 t_{clk},则一次迭代过程需要的时间为

$$T_d = 12 \times t_{clk} \times N_i \qquad (4-91)$$

令本地码同步方法采用统计向量分析法,其操作过程如图 4.43 所示。统计向量分析法分向量的统计过程和分析过程,统计过程计算每组向量中的重复次数,分析过程选出具有最大重复次数的 q 组向量。令两个过程所消耗的时间分别为 T_c 和 T_a,则有

$$T_s = T_c + T_a \qquad (4-92)$$

统计过程主要为比较操作,一次比较需要 3 个时钟周期,分别进行读操作、比较操作和更新统计变量操作,则统计过程需消耗的时间为

$$T_c \leqslant 3 \times \frac{N_i}{r} \cdot C_1^2 \times t_{clk} \qquad (4-93)$$

式中:取等号代表没有任何重复向量的情况,此时消耗的时间最长。向量的分析过程也主要为比较操作,该过程所消耗的时间为

$$T_a = 3t_{clk}\left(\frac{N_i}{r} - 1\right) + 3t_{clk}\left(\frac{N_i}{r} - 2\right) + \cdots + 3t_{clk}\left(\frac{N_i}{r} - q\right)$$

$$= 3qt_{clk}\left(\frac{N_i}{r} - \frac{q+1}{2}\right) \qquad (4-94)$$

综合式(4-89)~式(4-94)并设: $N = 32767$, $r = 15$, $R_c = 200 \mathrm{Kb/s}$, $w = 10$, $N_i = 300$, $l = 15$, $c_y = 4$, $c_m < 10$, $q = 5$, $t_{clk} = 1/(20 \times 10^6) = 5 \times 10^{-8}(\mathrm{s})$,则 $T_{cb} = 268.4\mathrm{s}$,而 $T_i < 10 \times (0.0015 + 0.027 + 0.00328 + 0.65534) = 6.8712\mathrm{s}$。最后的相关验证过程占捕获时间的主要部分,因此采用序列重估计法和校验关系考察法加快本地码同步过程具有重要的意义。

第5章   迭代检测伪码捕获方法的优化

本章主要分析同步误差对 iMPA 算法的影响,提出数字平均技术对迭代初始信息的改善方法,再利用最大似然估计和三阶累积量的特性来消除定时误差。针对如何降低复杂度的问题,从迭代译码和向量选择算法两个环节入手,改进整体的算法复杂度。为了使迭代伪码捕获算法适合多用户应用场合,提出多用户联合初始信息进化和多用户多重迭代的捕获方案,解决多址干扰和噪声干扰给迭代捕获算法造成的困难。

5.1   基于迭代软信息的同步误差消除

在实际的伪码捕获系统中,接收机往往不能准确获知码片的到达时间、接收信号的载波频率和相位等信息,造成同步误差。在迭代捕获系统中,同步误差的存在将影响输入迭代单元的初始信道软信息量,进一步会影响迭代捕获系统的性能。在实际的迭代捕获应用系统中,迭代初始信息是对信道输出的一种度量,对于可靠的伪码捕获十分重要,数字平均技术提供了一种信噪比改善方法,因而可以期望改善伪码的迭代初始信息。另外,同步误差直接影响码片级信道信息的大小,在分别分析了定时误差和相位误差对 iMPA 算法影响的基础上,为了减轻定时误差的影响,在观测数据足够多时,采用渐进最佳的最大似然估计法和三阶累积量的特性对码片定时进行估计。

5.1.1   数字平均技术对初始码片信道信息的优化

数字平均技术是弱信号检测中的常用技术,广泛应用在检测淹没于噪声中的周期信号。现阶段提出的迭代伪码捕获算法,对算法的分析大都基于码片单点采样的。在扩频通信系统中,有用信号往往隐藏于噪声之下,对一个码片进行过采样,并利用数字平均技术能够改善每个码片的信噪比。在第 4 章的仿真过程中,曾提到过一个码片内多点采样,本节将分析多点采样平均对系统性能的影响。

1. 数字平均技术

设被测信号 $s(t)$ 的码片间隔为 T_c,在每个码片的起始处触发采样过程,设采样间隔为 T,重复次数为 $i = 0,1,2,\cdots,N-1$,则第 k 个码片第 i 次的取样值可以表示为

$$x_{ki} = s_k + n_{ki} \qquad (5-1)$$

式中：由于有用信号是确定的，因此，第 k 个码片，第 i 个采样的信号可以用 s_k 表示；而噪声是随机的，其数值与 i 和 k 都有关，表示为 n_{ki}。

对 k 个码片的取样信号，数字平均的运算过程可以表示为

$$A_k = \frac{1}{N} \sum_{i=0}^{N-1} x_{ki} \tag{5-2}$$

设 n_{ki} 是均值为零、方差为 σ_n^2 的高斯白噪声，对单次取样 x_{ki}，设平均处理前的信噪比为

$$\text{SNR} = s_k/\sigma_n \tag{5-3}$$

N 次累加后的处理结果为

$$\sum_{i=0}^{N-1} x_{ki} = \sum_{i=0}^{N-1} s_k + \sum_{i=0}^{N-1} n_{ki} \tag{5-4}$$

因为 s_k 为确定信号，N 次累加后幅度会增加 N 倍，而噪声量是随机的，取样累加后的均方值为

$$\overline{n_{ki}^2} = E\left[n_{k0} + n_{k1} + \cdots + n_{k(N-1)} \right]^2 = E\left[\sum_{i=0}^{N-1} n_{ki}^2 \right] + 2E\left[\sum_{i=0}^{N-2} \sum_{j=i+1}^{N-1} n_{ik} n_{jk} \right]$$

$$\tag{5-5}$$

式中：等号右边第一项表示噪声的自相关函数、第二项表示噪声的互相关项，当信号的互相关特性不强时，第二项忽略为 0。则

$$\overline{n_{ki}^2} = E\left[\sum_{i=0}^{N-1} n_{ki}^2 \right] = N\sigma_n^2 \tag{5-6}$$

因而累加后的信号噪声比为

$$\text{SNR} = \frac{N s_k}{\sqrt{N\sigma_n^2}} = \frac{\sqrt{N} s_k}{\sigma_n} \tag{5-7}$$

与式（5-3）相比，N 次数字累加平均可以使信噪比改善 $\sqrt{N}$ 倍。

2. 数字平均技术对迭代初始信息的改善

在迭代捕获中迭代初始信息是对信道输出的一种度量，对于可靠的伪码捕获十分重要，数字平均技术提供了一种信噪比改善方法，因而可以期望改善伪码的迭代初始信息。但在伪码迭代捕获中，参数并不是理想的：首先，当进行多点采样的数字平均处理时，波形延时等因素所产生的码片定时误差是未知的，因而难以确定何时触发采样过程；其次，在接收端载波相位并不是已知的，即接收端是非相干的。由于参数误差的存在导致了有效功率的损失，表现在对迭代初始信息的影响，因而成为制约迭代捕获算法性能的关键。

设宽度为 T_c 的码片存在定时偏差 τ，并且接收端与发射端之间的载波相位差为 φ，现对 N 个采样点进行数字平均操作，理想情形相邻两个码片符号极性相同，τ

对观测量没有影响;非理想情形,如图 5.1(a)所示,相邻两个码片极性不同,定时偏差 τ 对观测量产生影响,此时有

$$z_k = \frac{1}{N}\sum_{n=0}^{N-1} r(nT)\cos(\omega nT + \theta) = s_k(\tau,\varphi) + w_k(0 \leqslant k \leqslant M - 1)$$

$$(5-8)$$

式中:$\tau = lT \ (0 \leqslant \tau < T_c, 0 \leqslant l < N)$ 表示定时误差。

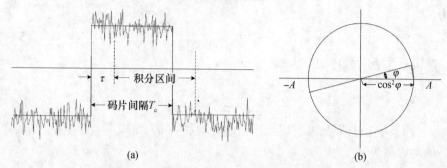

图 5.1　参数误差对迭代初始信息的影响

(a) 定时误差 τ;(b) 相位偏移 φ。

由于相邻两个码片间的极性相反(如 $x_k x_{k+1} = -1$),那么可以得到关于 $s_k(\tau,\varphi)$ 的近似表达式为

$$\frac{s_k(\tau,\varphi)}{\sqrt{E_c}(-1)^{x_k}} \approx -\frac{1}{2} + \frac{l}{N} - \frac{1}{2}\frac{\sin(2\omega NT + 2\varphi)}{2\omega} + \frac{\sin(2\omega lT + 2\varphi)}{2\omega}$$

$$(5-9)$$

噪声项为

$$w_k = \frac{1}{N}\sum_{n=0}^{N-1} w(nT)\cos(\omega nT + \theta) \qquad (5-10)$$

其均值为 0,方差为 $\sigma^2/2N$。用 $\alpha(\tau,\varphi)$ 表示式(5-9),根据式(5-8)~式(5-10),可以得到 z_k 的似然函数为

$$p(z_k \mid x_k) = \frac{1}{\sqrt{2\pi\sigma^2}}\exp\{-[z_k - \alpha(\tau,\varphi)\cdot(-1)^{x_k}\sqrt{E_c}]^2/2\sigma^2\}$$

$$(5-11)$$

将式(5-11)代入式(3-52),z_k 的初始信息可写成

$$\Delta si_k = \frac{4N\sqrt{E_c}}{\sigma^2}z_k = \mu_{\Delta si}(-1)^{x_k} + n_{\Delta si} \qquad (5-12)$$

式中

$$\mu_{\Delta si} = 4NE_c \cdot \alpha(\tau,\varphi)/\sigma^2 \qquad (5-13)$$

同时, $n_{\Delta \mathrm{si}}$ 均值为 0, 方差为

$$\sigma^2_{\Delta \mathrm{si}} = 8NE_c/\sigma^2 \tag{5-14}$$

为了说明信息优化前后初始信息得到的改善, 用发送的码片 X 和初始信息 $\Delta \mathrm{si}_k$ 之间的平均互信息来衡量 $\Delta \mathrm{si}_k$ 所携带的信息量, 即

$$I(X, \Delta \mathrm{si}_k) = \frac{1}{2} \sum_{x=0,1} \int_{-\infty}^{+\infty} p_{\Delta \mathrm{si}_k}(\xi \mid X = x) \times$$

$$\log_2 \frac{2 p_{\Delta \mathrm{si}_k}(\xi \mid X = x)}{p_{\Delta \mathrm{si}_k}(\xi \mid X = 0) + p_{\Delta \mathrm{si}_k}(\xi \mid X = 1)} \mathrm{d}\xi \tag{5-15}$$

将式(5-11)代入式(5-15), 得

$$I(X, \Delta \mathrm{si}_k) = 1 - \frac{1}{\sqrt{2\pi \sigma^2_{\Delta \mathrm{si}_k}}} \int_{-\infty}^{+\infty} \exp\{-((\xi - (\sigma^2_{\Delta \mathrm{si}_k}/2) \cdot \alpha(\tau, \varphi))^2 / 2\sigma^2_{\Delta \mathrm{si}_k})\} \times$$

$$\log_2(1 + \exp(-\alpha(\tau, \varphi) \cdot \xi)) \mathrm{d}\xi \tag{5-16}$$

将式(5-13)、式(5-14)定义的参数代入式(5-16), 通过计算机仿真可以得到优化后的平均互信息量对比曲线。

在理想参数情形下, 信息优化前后的平均互信息量如图 5.2 所示。由图 5.2 可以看到, 数字平均可以使 z_k 携带的信息量增加, 迭代初始信息量随着采样点数 N 的增加而增加。

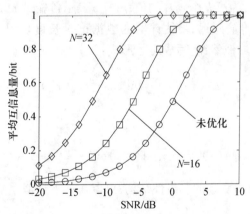

图 5.2　信息优化前后的平均互信息量

在非理想参数条件下, 优化后的信息量将会受到参数的影响。由图 5.3 可以看到, 由于码片同步误差的影响, 使得观测量提供给初始信息的平均信息量减少, 极端情况 $\tau = 0.5$, 若此时码片发生极性变化, 信道观测量为迭代初始信息提供 0bit 的信息。另外, 对于载波相位, 当存在 $\pi/2$ 相位差时, 信息量会降至 0bit。总之, 非理想参数的存在使得迭代初始信息削弱, 从而制约伪码迭代捕获算法的性能。

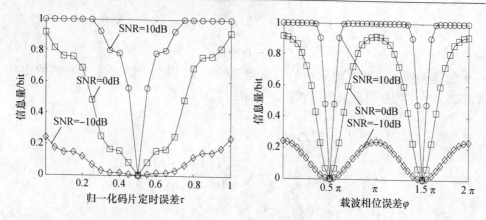

图 5.3　非理想参数对迭代初始信息的影响

5.1.2　基于最大似然估计的码片定时误差消除

为了减轻定时误差的影响,采用最大似然估计法对码片定时误差进行估计。最大似然估计是渐进最佳的,即当观测数据足够多时,其性能是最优的。

设去除载波后的接收信号可以表示为

$$r(t) = \sum_{k=0}^{K-1} \sqrt{E_c}\,(-1)^{x_k} p(t - kT_c - \tau) \tag{5-17}$$

式中:$x_k = 0$ 或 $x_k = 1$,为第 k 个码片的值;$p(\cdot)$ 表示传输的 m 序列的基带波形;T_c 为码片间隔;τ 表示传输延迟;K 估计器的数据记录长度。因为 m 序列等概率分布,易得接收信号平均似然比,写成对数形式:

$$\overline{\Lambda}_L(\tau) = \sum_{k=0}^{K-1} \ln[\cosh(\mathrm{ch}_k(\tau))] \tag{5-18}$$

式中

$$\mathrm{ch}_k(\tau) = \frac{\sqrt{E_c}}{N_0} \int_0^{T_c} r(t) p(t - kT_c - \tau)\,\mathrm{d}t$$

由于式(5-18)为复杂的非线性结构,可以作如下近似:

$$\ln\cosh x = \begin{cases} \dfrac{1}{2}x^2\,(\,|\,x\,|\ll 1)\,(\text{适合于低信噪比}) \\[2mm] |\,x\,|,(\,|\,x\,|\gg 1)\,(\text{适合于高信噪比}) \end{cases} \tag{5-19}$$

根据式(5-18)容易得最大似然估计量(ML):

$$\hat{\tau} = \arg\max_\tau \overline{\Lambda}_L(\tau) = \arg\max_\tau\left(\sum_{n=0}^{K-1} \frac{1}{2}\,(\mathrm{ch}_n(\tau))^2\right) \tag{5-20}$$

式(5-20)是最大似然估计器的一般数学模型,是多种最大似然估计结构的基础。

根据式(5-20),一种直观的最大似然估计结构是对 τ 值进行有限的离散化,并取能使 $\overline{\Lambda}_L(\tau)$ 为最大值的离散分量作为估计值。但是注意到,如果对参数 τ 进行精细量化,会造成估计器中支路数的增加,增加硬件的开销。图 5.4 中,估计器只含有 4 个积分支路,工作时它首先完成 1/4 精度的初步量化估计,估计结束后得到关于估计量的一个粗略值,然后根据该粗略值缩小积分支路中的积分区间,再进行新一轮估计,此时的估计精度是原有估计的 1/4,即得到 1/16 的估计精度。需要注意的是,这种结构复杂度的降低和估计精度的提高是以估计时间的增加为代价的。

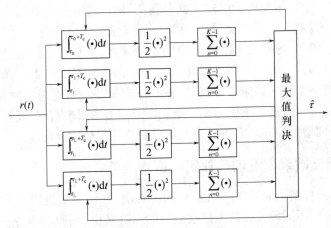

图 5.4　减小复杂度的开环结构最大似然估计器

另外一点需要注意的是,由于在解扩前信噪比很低,增加最大似然估计器的码元记忆长度 K 的值是必要的。为了确定合理的 K 值,在不同的信噪比下,借助蒙特卡洛方法对归一化定时误差的均方根误差(RMS)进行仿真,其中归一化定时误差定义为 $(\hat{\tau}-\tau)/T_c$,其 RMS 定时误差反映了定时误差的抖动,图 5.5 给出了蒙特卡洛实验 5000 次情况下的均方根定时误差的仿真曲线。

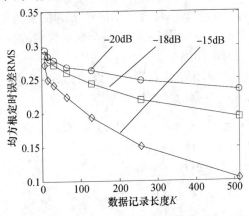

图 5.5　不同信噪比下均方根定时误差和数据记录长度的关系

显然,要想达到较为精准的定时估计,即要使均方根定时误差减小,较为可行的办法是增加数据记录的长度。但是从仿真结果看出,在很低的信噪比下,所需的数据记录长度是很大的,这不可避免地会带来很大的估计延时。注意到,迭代捕获是对模块数据进行操作,所有的迭代消息传递是在一个模块的时间跨度里完成的,而定时估计器与迭代处理之间并没有交叠的过程。这意味着,可以在迭代处理的同时进行参数估计,假如数据模块的长度 M = 512,那么理论情况下定时估计的数据记录长度 K 就可以取小于或等于 512 的值。

进一步分析迭代捕获的特性可以发现,在较低信噪比下即使不存在定时误差,也很难保证在一个数据模块就能成功捕获伪码,所以没有必要对每个数据模块都进行定时估计与调整。一种极端的情况是,对每整周期伪码只进行一次定时估计,然后执行迭代运算。这样最大限度地降低了运算量,但是错误的估计会一直影响到下一次估计的开始,即一个伪码周期以后。为了缩小这种影响,一个较为合理的方法是,若执行 n 个模块仍未正确捕获,便根据定时估计值对采样时刻做出调整,以开始新的迭代捕获,这样不仅缩小了错误定时误差的影响范围,还可使定时估计的数据记录长度增加到 $n \times M$,进一步增加定时估计器的估计精度。

5.1.3 基于三阶累积量的码片定时误差消除

本节提出一种新型 m 序列码元相位同步算法,根据伪随机码和高斯噪声的三阶相关特性,利用不同码元相位上接收信号的三阶累积量平方和的分布规律,找到接收序列中的码片边缘时刻,然后即可据此获取用于迭代伪码捕获的软信道初始信息。

1. 基于三阶累积量的码元同步原理

不失一般性,接收机的输入信号可以表达为

$$Z(t) = R(t) + n(t), kT_c \leq t < (k+1)T_c(k = \cdots, -1, 0, 1, \cdots)$$
$$= \sqrt{2p}d(t)\text{PN}(t)\cos(\omega t) + n(t) \tag{5-21}$$

式中:$R(t) = \sqrt{2p}d(t)\text{PN}(t)\cos(\omega t)$ 为有用信号,p 为信号的平均功率,$d(t) \in \{1, -1\}$ 是信息流,$\text{PN}(t) \in \{1, -1\}$ 是伪随机码序列,ω 为载波频率;$n(t)$ 为加性高斯白噪声;T_c 为一个码元时间间隔。

由于三阶累积量是对码元级信息进行求取的,因此需首先将接收信号进行解调。假设本地同相和正交支路的载波分别为

$$I(t) = \sqrt{2}\cos(\omega t + \varphi), Q(t) = \sqrt{2}\sin(\omega t + \varphi)$$

式中:φ 为本地载波与接收信号的载波相位差。

此时本地同相和正交支路信号变为

$$Z_I(t) = X_I(t) + n_I(t)$$
$$= \sqrt{p}d(t)\text{PN}(t)\left[\cos(2\omega t + \varphi) + \cos\varphi\right] + n_I(t) \tag{5-22}$$

$$Z_Q(t) = X_Q(t) + n_Q(t)$$

$$= \sqrt{p}\,d(t)\,\mathrm{PN}(t)\big[\sin(2\omega t + \varphi) + \sin\varphi\big] + n_Q(t) \qquad (5-23)$$

式中：$n_I(t)$、$n_Q(t)$ 为等效加性高斯噪声。

在求取三阶累积量之前需对这两路信号在每个码元间隔内进行积分，并设每次积分的时间段为 $kT_c \leqslant t < (k+1)T_c(k=0,1,2,\cdots)$，由于码元相位并未同步，所以在这段时间内应把数据分为两部分，此时，有

$$Z_{IQ}(t) = X_{IQ1}(t) + X_{IQ2}(t) + n_{IQ}(t)$$
$$kT_c \leqslant t < (k+1)T_c(k=0,1,\cdots) \qquad (5-24)$$

式中

$$X_{IQ1}(t) = \begin{cases} X_{IQ}(t), & kT_c \leqslant t < kT_c + t_0 \\ 0, & kT_c + t_0 \leqslant t < (k+1)T_c \end{cases} \qquad (0 \leqslant t_0 \leqslant T_c)$$

$$(5-25)$$

$$X_{IQ2}(t) = \begin{cases} 0, & kT_c \leqslant t < kT_c + t_0 \\ X_{IQ}(t), & kT_c + t_0 \leqslant t < (k+1)T_c \end{cases} \qquad (0 \leqslant t_0 \leqslant T_c)$$

$$(5-26)$$

其中：$X_{IQ1}(t)$、$X_{IQ2}(t)$ 分别为本地每次积分时间段内接收信号码元改变（边沿）之前和之后的信号；t_0 为码元改变的时刻。

对 $Z_{IQ}(t)$ 在一个码元内进行积分，有

$$Z_{IQ}(k) = \int_{kT_c}^{(k+1)T_c} Z_{IQ}(t)\,\mathrm{d}t, \quad 0 \leqslant k \leqslant N-1$$

$$= X_{IQ1}(k) + X_{IQ2}(k) + n_{IQ}(k) \qquad (5-27)$$

其中 N 为 3 阶相关长度。根据式（5-22）和式（5-23），有

$$\begin{cases} X_{I1}(k) = \sqrt{p}\,t_0 d(k)\,\mathrm{PN}(k)\cos\varphi \\ X_{I2}(k) = \sqrt{p}\,(T_c - t_0)d(k)\,\mathrm{PN}(k)\cos\varphi \end{cases} \qquad (5-28)$$

$$\begin{cases} X_{Q1}(k) = \sqrt{p}\,t_0 d(k)\,\mathrm{PN}(k)\sin\varphi \\ X_{Q2}(k) = \sqrt{p}\,(T_c - t_0)d(k)\,\mathrm{PN}(k)\sin\varphi \end{cases} \qquad (5-29)$$

显然，高斯噪声与有用信号相互独立，又因为 PN 码具有伪随机特性，$X_{IQ1}(k)$ 与 $X_{IQ2}(k)$ 也近似相互独立，且伪码周期越长独立性越好，根据高阶累积量的性质，有

$$\mathrm{cum}(Z_{IQ1}, Z_{IQ2}, Z_{IQ3}) = \mathrm{cum}(X_{IQ11}, X_{IQ12}, X_{IQ13}) +$$
$$\mathrm{cum}(X_{IQ21}, X_{IQ22}, X_{IQ23}) +$$

$$\text{cum}(n_{IQ1},n_{IQ2},n_{IQ3})$$

$$\triangleq c_{3x1}(\tau_1,\tau_2) + c_{3x2}(\tau_1,\tau_2) + c_{3n}(\tau_1,\tau_2) \qquad (5-30)$$

式中：$\text{cum}(Z_{IQ1},Z_{IQ2},Z_{IQ3})$ 为 $Z_{IQ}(k)$ 的三阶累积量；τ_1、τ_2 为三阶自相关的时延。

三阶累积量的表达式较为复杂，但对于一个零均值的平稳实随机过程而言，根据 M – C 公式得

$$c_{3z}(\tau_1,\tau_2) = E\{X_{IQ1}(k)X_{IQ1}(k+\tau_1)X_{IQ1}(k+\tau_2)\} +$$

$$E\{X_{IQ2}(k)X_{IQ2}(k+\tau_1)X_{IQ2}(k+\tau_2)\} +$$

$$E\{n_{IQ}(k)n_{IQ}(k+\tau_1)n_{IQ}(k+\tau_2)\}$$

$$= \lim_{N\to\infty}\Big\{\frac{1}{N}\sum_{k=0}^{N-1}\big[X_{IQ1}(k)X_{IQ1}(k+\tau_1)X_{IQ1}(k+\tau_2) +$$

$$X_{IQ2}(k)X_{IQ2}(k+\tau_1)X_{IQ2}(k+\tau_2) +$$

$$n(k)n(k+\tau_1)n(k+\tau_2)\big]\Big\} \qquad (5-31)$$

由于 $n(k)$ 为高斯白噪声，所以对于 $\forall\,\tau_1,\tau_2$ 有 $c_{3n}(\tau_1,\tau_2)\equiv 0$，即

$$\lim_{N\to\infty}\Big[\frac{1}{N}\sum_{k=0}^{N-1}n_{IQ}(k)n_{IQ}(k+\tau_1)n_{IQ}(k+\tau_2)\Big] = 0 \qquad (5-32)$$

在实际中 N 取有限值，所以接收机根据接收到的信号算得的三阶累积量为

$$\hat{c}_{3z}(\tau_1,\tau_2) \cong \frac{1}{N}\sum_{k=0}^{N-1}\big[X_{IQ1}(k)X_{IQ1}(k+\tau_1)X_{IQ1}(k+\tau_2) +$$

$$X_{IQ2}(k)X_{IQ2}(k+\tau_1)X_{IQ2}(k+\tau_2)\big] \qquad (5-33)$$

m 序列具有移位相加特性，即一个 m 序列 $\text{PN}(k)\in\{1,-1\}$ 与其经任意次迟延移位产生的另一不同序列 $\text{PN}(k+\tau_1)$ 相乘，得到的仍是 $\text{PN}(k)$ 的某次迟延移位序列 $\text{PN}(k+\tau_2)$。因此，对于某一扩频码 m 序列，只要找到相应的 τ_1^* 与 τ_2^*，使得对于 $\forall\,k$，有

$$\text{PN}(k)\text{PN}(k+\tau_1^*)\text{PN}(k+\tau_2^*) = 1 \qquad (5-34)$$

则有用信号的三阶累积量 $c_{3x}(\tau_1,\tau_2)$ 可取到最大值。由式(5 – 28)、式(5 – 29)、式(5 – 33)和式(5 – 34)易得

$$\hat{c}_{3x1}(\tau_1^*,\tau_2^*) \approx \frac{1}{N}\sum_{k=0}^{N-1}\{(\sqrt{p}t_0)^3 + [\sqrt{p}(T_c-t_0)]^3\}\big[d(k)d(k+\tau_1^*)\times$$

$$d(k+\tau_2^*)\big]^3\big[\text{PN}(k)\text{PN}(k+\tau_1^*)PN(k+\tau_2^*)\big]^3\cos^3\varphi$$

$$= \big[(\sqrt{p}t_0)^3 + [\sqrt{p}(T_c-t_0)]^3\big]\cos^3\varphi\,\frac{1}{N}\sum_{k=0}^{N-1}\big[d(k)d(k+\tau_1^*)d(k+\tau_2^*)\big]^3$$

$$= \big[(\sqrt{p}t_0)^3 + [\sqrt{p}(T_c-t_0)]^3\big]\cos^3\varphi\cdot D(N,\tau_1^*,\tau_2^*) \qquad (5-35)$$

式中

$$D(N,\tau_1^*,\tau_2^*) = \frac{1}{N}\sum_{k=0}^{N-1}\big[d(k)d(k+\tau_1^*)d(k+\tau_2^*)\big]^3$$

为数据信息的三阶相关值。

同理,可得

$$\hat{c}_{3xQ}(\tau_1^*,\tau_2^*) \approx \big[(\sqrt{p}t_0)^3 + \big[\sqrt{p}(T_c-t_0)\big]^3\big]\sin^3\varphi \cdot D(N,\tau_1^*,\tau_2^*)$$

$$(5-36)$$

根据式(5-35)和式(5-36),取

$$\begin{aligned}C_{3x} &= \big[\hat{c}_{3xI}(\tau_1^*,\tau_2^*)\big]^2 + \big[\hat{c}_{3xQ}(\tau_1^*,\tau_2^*)\big]^2\\ &= \big[(\sqrt{p}t_0)^3 + \big[\sqrt{p}(T_c-t_0)^3\big]^2(\sin^6\varphi+\cos^6\varphi)\big[D(N,\tau_1^*,\tau_2^*)\big]^2 \quad (5-37)\end{aligned}$$

由于$\big[D(N,\tau_1^*,\tau_2^*)\big]^2$可看作为正的常数,$(\sin^6\varphi+\cos^6\varphi)$是取值在$0.25\sim1$之间的周期性函数,当$\varphi$固定时也可看作为常数,因此从式(5-37)不难看出,当码元相位差$t_0=0$或$t_0=T_c$时,C_{3x}最大,扩大t_0的范围并取$T_c=1$,得到如图5.6所示的归一化的理想情况下($N=1000$)的C_{3x}变化曲线。

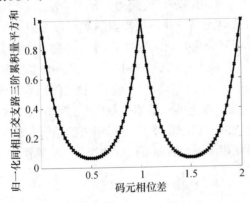

图5.6 理想情况下C_{3x}变化曲线图

该图表征了无噪声的理想情况下同相正交支路三阶累积量平方和随接收信号与本地码的码元相位差的变化曲线,由该图可以看到码元相位差为T_c的整数倍时有明显的相关峰值,且图形较尖锐,最小值为峰值的6.25%。

当N取有限值时,即系统存在加性高斯白噪声时的同相正交支路三阶累积量平方和随接收信号与本地码相位差变化的仿真曲线如图5.7所示,其中m序列的本原多项式为

$$g(x) = 1 + x + x^{15}, \tau_1^* = 14, \tau_2^* = 15$$

图5.6和图5.7反映了不同信噪比情况下,相关长度N取不同值时的接收信号三阶累积量平方和曲线。由图5.6和图5.7可知:在同一信噪比条件下,相关长度越长,三阶累积量曲线越接近理想情况;相关长度相同时,信噪比越高,越接近理想情况。

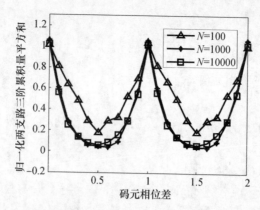

图 5.7　N 取不同值时的 C_{3x} 变化曲线图(信噪比为 -10dB)

2. 基于三阶累积量的码元同步方法

上面提出了基于三阶累积量的码元同步原理,下面则依据该原理给出一种码元同步方法。码元同步分串行同步与并行同步两种,由于基于三阶累积量的码元同步复杂度低,因此本节采用同步时间短的并行同步法。

基于三阶累积量的码元相位并行同步器的实现方案原理如图 5.8 所示。将同相与正交支路的接收序列分路并顺次延时 T_c/n 以考察 n 个码元相位上的三阶累计量平方和。在每一码元相位上,分别对同相与正交支路的接收序列进行积分,将接收数据中的两路分别移相(延迟)τ_1^* 与 τ_2^* 个码元间隔,移相后即可进行三阶累积量的求取,然后对同相与正交支路上的三阶累积量取平方和。最后对所有 n 个码元相位上的平方和用择大判决的方法求取本地码元相位的估计值,即求取 $\max[\,C_{3xi}\,]$($i=\{1,2,\cdots,n\}$),实现码元相位同步后即可用后续迭代捕获算法对伪码相位进行同步。

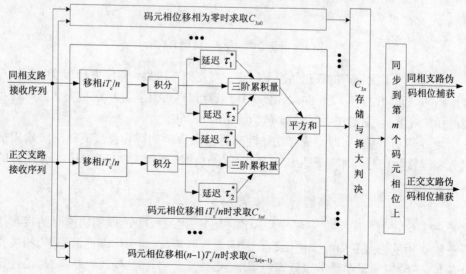

图 5.8　基于三阶累积量的并行码元相位同步器

有两种方法可以提高码元相位同步的检测概率:一种是增加三阶相关的长度,这样可以使高斯噪声的三阶累积量尽量小,使得接收信号的同相正交支路三阶累积量平方和尽量接近理想情况;另一种是分别进行 $m(m>1)$ 组每组 n 个的如上所示的三阶相关运算,即在 m 个不同的序列段上求取同一码元相位上的三阶累积量平方和,并把这 m 组结果存储起来,在判决时将每个码元相位上的 m 个结果相加,求取各码元相位上的 C_{3x} 的和的最大值。当然也可以两种方法同时采用,但这样会增加码元相位同步的时间。

5.2　迭代检测捕获算法的复杂度分析与改进

5.2.1　伪码迭代捕获算法的复杂度分析

伪码迭代捕获方法可以分为迭代译码和向量选择算法两个主要环节,因此可以从分析这两个环节的算法复杂度入手,分析整体的算法复杂度。一般而言,完成一次数据检测(伪码判据)所要执行的运算次数和所需的存储空间的多少,决定了整个算法的实现复杂度,因此可以通过比较完成一次数据检测的算法复杂度来分析各种捕获算法的复杂度。

首先,分析伪码迭代捕获方法中的迭代译码算法。在采用前后向算法实现迭代消息的更新,算法执行过程中基本的运算操作是求最小值运算与求和运算,分析中假设一次求最小值运算等效为一次和运算。不失一般性,对于数据长度为 L 的 r 级伪码,可以看到,对于所有的变量节点,都要执行变量更新,如果设与每个变量节点相连的边的平均个数为 $\overline{d_v}$,那么 I_{MAX} 次迭代后,最终要执行的加法操作的总次数为 $I_{MAX} \cdot \overline{d_v} \cdot L$;对于所有的校验节点都要执行校验更新,如果设每个校验节点的边的平均个数为 $\overline{d_c}$(在含隐含节点的迭代算法中包含与隐含变量节点相连的边),那么需要产生 $\overline{d_c}$ 个校验消息,产生每次校验消息时,需要对 $\overline{d_c}-2$ 种校验配置关系进行比较,因此,I_{MAX} 次迭代后,最终要执行的最小值操作的总次数约为 $I_{MAX} \cdot \overline{d_c} \cdot (\overline{d_c}-2) \cdot (L-r)$。综上所述,经 I_{MAX} 次迭代后,迭代译码算法总的加法等效运算复杂度为

$$C_{iter} = I_{MAX} \cdot \overline{d_v} \cdot L + I_{MAX} \cdot \overline{d_c} \cdot (\overline{d_c}-2) \cdot (L-r)$$

其次,分析向量选择算法的运算复杂度。向量选择算法主要是对判决矩阵进行统计判决,具体地,对于数据长度为 L 的 r 级伪码对各向量矩阵进行比较统计,约需要执行 $\lfloor L/r \rfloor \cdot (I_{MAX}^2/2 + I_{MAX}/2) \cdot r$ 次比较操作,最后对出现次数最高的初始向量进行统计时,约需执行 $\lfloor L/r \rfloor^2$ 次比较操作,把一次比较操作等效成一次加法操作,那么,向量选择算法总的加法等效运算复杂度为

$$C_{\text{sel}} = \lfloor L/r \rfloor \cdot (I_{\text{MAX}}^2/2 + I_{\text{MAX}}/2) \cdot r + \lfloor L/r \rfloor^2$$

根据上述分析,可以得到伪码迭代捕获方法的运算复杂度为

$$C_{\text{acq}} = C_{\text{iter}} + C_{\text{sel}}$$

$$= I_{\text{MAX}} \cdot \overline{d_v} \cdot L + I_{\text{MAX}} \cdot \overline{d_c} \cdot (\overline{d_c} - 2) \cdot (L - r) +$$

$$\lfloor L/r \rfloor \cdot (I_{\text{MAX}}^2/2 + I_{\text{MAX}}/2) \cdot r + \lfloor L/r \rfloor^2 \qquad (5-38)$$

对于经典的全并行捕获算法和全串行捕获算法而言,容易分析完成一次数据检测所需的算法复杂度。具体地,对于 r 级伪码全并行捕获算法,所要执行的加法运算次数 $C_{\text{fp}} = (2^r - 1)^2$;$r$ 级伪码全串行捕获算法的加法运算次数 $C_{\text{ss}} = 2^r - 1$。

以本原多项式为 $g(D) = 1 + D + D^{15}$ 的 15 级长伪码为例,设伪码迭代捕获时的数据长度 $L = 512$,根据因子图的知识可知 $\overline{d_v} \approx 3, \overline{d_c} \approx 4$,设最大迭代次数 $I_{\text{MAX}} = 15$,那么可以得到各算法的运算复杂度见表 5.1 所列。可以看到,迭代捕获算法的算法复杂度与串行捕获算法相当,且远远地低于并行捕获算法。因而可以说,伪码迭代捕获方法具有低的运算复杂度,这使得伪码迭代捕获算法的硬件或软件实现成为可能。

表 5.1　三种捕获算法运算复杂度比较

	迭代捕获	并行捕获	串行捕获
等效加法运算次数	145036	1073676289	32767
与迭代方法比值	1	7402	0.226

进一步分析伪码迭代捕获方法的特征可以看到,迭代消息更新的过程中需要对较多的中间变量进行存储,因而,导致了存储空间复杂度的提高。另外,对于向量选择算法而言,是对可靠向量的一种穷尽搜索,其中,$C_{\text{sel}}/C_{\text{acq}} \approx 42\%$,占整个伪码迭代捕获算法运算量的将近 1/2,可见向量选择算法的运算复杂度较高。因而,考虑算法的实现性,需要采取措施降低伪码迭代捕获算法的复杂度。

5.2.2　低存储复杂度迭代译码算法

初始化软信道信息 $\text{Mch}_k[x_k]$,它对应 0、1 两种配置,由于最小和算法的基本运算是求最小运算以及和运算,因此,从两种配置的信道信息中同时减去一个特定的值不会影响运算的结果。把这种减去一个特定常数的方法称作归一化。常见的归一化方法如下式:

$$M'[x_k] = M[x_k] - M[x_k = 0] \qquad (5-39)$$

式中是从当前的信息中减去 0 配置时的信息,那么 0 状态下的信息将变为 0,而 1 状态下的信息将表示 0 和 1 两种状态下的差别。因此,在算法中只需存储 1 状态下的信息,这样可以将所需的信息存储空间降低 1/2。利用同样的方法可以

处理其他信息变量,这样形成了改进后的迭代译码算法:

(1) 初始化。码片级软信道信息可以写成

$$\text{Mch}_k = -\ln\frac{P(z_k \mid x_k = 1)}{P(z_k \mid x_k = 0)} = -\frac{2\sqrt{E_c}}{\sigma^2}z_k \qquad (5-40)$$

由于最小和算法中信息量乘以一个常数将不影响判决的结果,因此可以直接将信道的观测量 z_k 作为信道的初始化信息,对输入信息初始化:

$$F_0 = 0, B_L = 0, \text{LI}_k = \text{Mch}_k = z_k, \text{RI}_k = \text{Mch}_k = z_k$$

(2) 对所有校验节点执行前向递归:

$$F_k = \min(0,(F_k + \text{LI}_k)) - \min((\text{RI}_k + \vec{\text{LI}}_k),(F_k + \vec{\text{RI}}_k)) \qquad (5-41)$$

(3) 对所有校验节点执行后向递归:

$$B_k = \min(\vec{\text{LI}}_k,(\vec{\text{RI}}_k + B_{k+1})) - \min(0,(\vec{\text{RI}}_k + \vec{\text{LI}}_k + B_{k+1})) \qquad (5-42)$$

(4) 计算校验节点的输出消息:

$$\vec{\text{LO}}_k = \min((\vec{\text{RI}}_k + B_{k+1}),(F_k + B_{k+1})) - $$
$$\min(B_{k+1},(F_k + \vec{\text{RI}}_k + B_{k+1})) \qquad (5-43)$$

$$\vec{\text{RO}}_k = \min((\vec{\text{RI}}_k + B_{k+1}),(F_k + \vec{\text{RI}}_k + B_{k+1})) - $$
$$\min(B_{k+1},(F_k + B_{k+1})) \qquad (5-44)$$

(5) 更新校验节点的输入信息:

$$\vec{\text{LI}}_{k+15} = \vec{\text{RO}}_k + \vec{\text{Mch}}_k \qquad (5-45)$$

$$\vec{\text{RI}}_{k-15} = \vec{\text{LO}}_k + \vec{\text{Mch}}_{k-15} \qquad (5-46)$$

计算完成后将形成的消息变量代入式(5-41)和式(5-42),重复执行步骤(2)~步骤(5),从而形成迭代。为了便于最后的向量判决,每次迭代时,要记录总的信息量:

$$\vec{\text{Mdec}}_k^i = \vec{\text{Mch}}_k + \vec{\text{LO}}_{k+15} + \vec{\text{RO}}_k \qquad (5-47)$$

当达到设定的迭代次数 I 后,将得到一个 $I \times L$ 的校验判决矩阵 $\vec{\text{Mdec}}$,式中 i 表示矩阵第 i 行,对应第 i 次迭代。

可以看到归一化简化后的迭代译码算法,只需对所有的消息变量存储一次,比简化前的算法所需存储空间缩减了 $1/2$,降低了算法的空间复杂度。

进一步分析算法的过程可以看到,有些消息变量只是算法的中间变量,没有必要对其存储,可以通过仔细安排算法的流程来减少中间变量的存储,从而降低算法的空间复杂度。

具体地,分析 k 时刻迭代译码算法可以看到,计算后向递归消息变量 B_k 时要用到前一时刻的消息变量 B_{k+1}。另外在计算输出消息变量 $\vec{\text{LO}}_k$ 和 $\vec{\text{RO}}_k$ 时,也将用到后向递归变量 B_{k+1}。因此,如果将后向递归与输出消息变量的计算统一为一个

步骤,那么可以将后向递归产生的 B_{k+1} 直接用到输出消息变量的计算。一旦完成该步骤,就没有必要再对 B_{k+1} 进行存储,从而可以减少存储空间。

同样,如果将计算输出消息变量 $\overrightarrow{LO}_k$、$\overrightarrow{RO}_k$ 与输入消息变量 $\overrightarrow{LI}_k$、$\overrightarrow{RI}_k$ 的计算合并在同一个步骤,那么也没有必要对相应的 $\overrightarrow{LO}_k$、$\overrightarrow{RO}_k$ 开辟单独的存储空间,又进一步减少了存储空间。

通过采用归一化简化方法以及进一步的改进措施,大大降低了算法的存储空间复杂度。表 5.2 给出了算法改进前后的存储复杂度比较,通过比较可以看到,降低空间复杂度的算法比未改进的算法节省了约 57% 的存储空间。

表 5.2　算法改进前后的存储复杂度对比

	F	B	$\overrightarrow{LO}$	$\overrightarrow{RO}$	$\overrightarrow{LI}$	$\overrightarrow{RI}$	Mch	Mdec	总计
未改进算法	$2L$	$2L$	$2L$	$2L$	$2L$	$2L$	$2L$	$30L$	$44L$
归一化简化算法	L	L	L	L	L	L	L	$15L$	$22L$
最终改进算法	L	1	1	1	L	L	L	$15L$	$19L+3$
注:L 为数据长度,典型值为512									

5.2.3　低运算复杂度向量选择算法

向量选择算法占整个伪码迭代捕获算法运算量的将近 $1/2$,为了降低算法复杂度,提出了一种新的向量选择算法,如图 5.9 所示。其具体算法如下:

(1) 将迭代形成的判决矩阵 $\mathbf{Mdec}$ 分成 $\lfloor L/15 \rfloor$ 个互不重叠的向量矩阵,从 $\lfloor L/15 \rfloor$ 中选取 m 个向量矩阵,并记录其位置 $j,k,\cdots,l$,其中 $m \ll \lfloor L/15 \rfloor$。

(2) 迭代进行时,对所选定的向量矩阵的所有元素进行过零计数,例如,设给定元素 $M_k^i > 0$,相应位置的计数器加 1,反之不加,那么当迭代结束时相应位置的计数结果应该在 $0 \sim I_{\mathrm{MAX}}$ 之间,该步骤运算量约为 $m \times 15 \times I_{\mathrm{MAX}}$。

(3) 迭代结束后,对计数结果进行统计判决,如果计数结果大于迭代总次数的 $1/2$,即大于 $I/2$,则说明该位置的元素为 1 的概率较大,因而可以判定此位置为 1,反之判为 0,这样就分别得到位置 $j,k,\cdots,l$ 处的伪码向量,其运算量为 $m \times 15$。这些伪码向量可以用于本地伪码的恢复与捕获判决,其方法与原有向量选择算法相同。

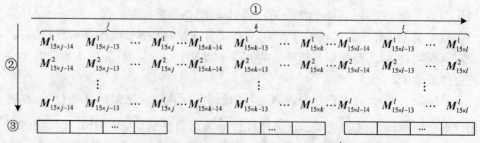

图 5.9　提出的向量选择算法示意图(图中将 $\overrightarrow{\mathbf{Mdec}}$ 记为 M)

从提出的向量选择算法可以看到,这种算法只是对固定的向量位置进行选择性统计判决,避免了二维穷尽搜索,同时也避免了大规模的比较运算,最终向量选择算法的运算量为 $C'_{\text{sel}} = m \cdot r \cdot (I_{\text{MAX}} + 1)$,伪码迭代捕获算法的运算量变为

$$C'_{\text{acq}} = C_{\text{iter}} + C'_{\text{sel}} = I_{\text{MAX}} \cdot \overline{d_v} \cdot L + I_{\text{MAX}} \cdot$$
$$\overline{d_c} \cdot (\overline{d_c} - 2) \cdot (L - r) + m \cdot r \cdot (I_{\text{MAX}} + 1) \qquad (5-48)$$

取 $r = 15, m = 4$,这样可以得到向量选择算法占整体算法复杂度的比例 $C'_{\text{sel}} / C'_{\text{acq}} \approx 1.15\%$,这大大低于原来的向量选择算法,而总的等效加法运算量约为 83640,仅是全串行捕获算法复杂度的 2.5 倍。

分析提出的向量选择算法,注意到,只用到了 $j, k, \cdots, l$ 处的向量矩阵,而其他向量矩阵均未用到;进一步,该算法中只是对 $j, k, \cdots, l$ 处的向量矩阵元素进行过零计数,因此,在迭代译码算法中的步骤(3)中不需要对判决矩阵进行记录,而只需对计数结果进行存储,这样所需的存储空间与迭代次数无关,只与所选向量矩阵的个数 m 和向量长度(即伪码级数)有关,这样存储 **Mdec** 所需的存储空间就变成了存储计数结果所需的存储空间,大小为 $m \times 15$,此时表 5.2 第③行所需的存储空间的总和变为 $4L + m \times 15 + 4$,而由于 m 很小,与改进前算法存储复杂度 $44L$ 相比节省了约 90% 的存储空间,大大地降低了算法的存储复杂度。

因此,改进后的向量选择算法不仅降低了算法的运算复杂度,还进一步降低了算法的空间复杂度。

5.3   多用户 m 序列迭代检测捕获算法

前面分析了单用户 m 序列的迭代捕获算法,本节分析当系统存在多个用户时的迭代捕获解决方案。为了使迭代伪码捕获算法适合多用户应用场合,提出多用户联合初始信息进化和各用户多重迭代的捕获方案,解决多址干扰和噪声干扰给迭代捕获算法造成的困难。

图 5.10 为三个不同本原多项式的多用户迭代伪码捕获的因子图结构。由该图可知,该结构包含三个单用户迭代伪码捕获算法的因子图结构,不同之处在于增加了各用户的联合校验节点,也就是最后一行的白色方框。实际上,当多个用户的码元相位均对齐时,这些用户是共用信道信息的,如果不考虑多个用户的联合校验问题,可以用这个共用的信息对各用户的因子图进行初始化,并分别进行迭代运算,但由于多路之间的相互干扰,此时各路本地估计序列的误码率较高。为了解决这个矛盾,采用两种方法来改进多用户迭代捕获算法。

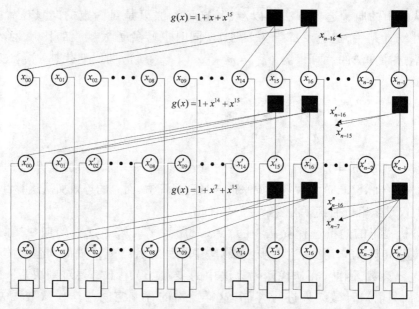

图 5.10　多用户迭代捕获的因子图结构

5.3.1　多用户联合初始信息进化方法

　　由于多个用户共用信道初始信息,但是对各个用户采用均等的信道初始信息显然会使各用户的初始信息的信息量受到很大损失,这必然影响迭代结果。本节采用一种多用户联合初始信息进化方法,即在每次迭代时均根据软判决信息更新各用户的信道初始信息,使各用户的信道初始信息趋于准确,也就是通过各路的因子图结构,在迭代的过程中使共用信道初始信息逐步合理地分配给各用户,使得各用户的初始信息得到联合优化,以改进迭代捕获算法的性能。

　　这样,各用户需在每次迭代时都计算软判决信息,然后进行如下计算:

$$\begin{cases} M'_{\text{ch}}[x_k] = K \times M_{\text{ch}}[x_k] \\ M_{\text{ch}l}[x_k] = -(-1)^{x_k} M'_{\text{ch}}[x_k] \cdot M_{kl}[x_k] \Big/ \sum_{l \in \{1,2,\cdots,L\}} M_{kl}[x_k] \quad (x_k = 0,1) \\ M_{\text{ch}}[x_k] = M'_{\text{ch}}[x_k] \end{cases}$$

$$(5-49)$$

式中:$M'_{\text{ch}}[x_k]$为本次迭代更新的总体软信道初始信息;K 为初始信息增强系数,是一个大于 1 的常数,这是因为在迭代计算时,变量节点和校验节点的信息值有逐步增大的趋势,因此初始信息在更新前也要适量增大以对迭代过程施加有益影响;L为系统存在的用户数;$M_{\text{ch}l}[x_k]$为第 l 个用户的信道初始信息。

　　由式(5-49)可知

$$\sum_{l \in \{1,2,\cdots,L\}} M_{\text{ch}l}[x_k] = -(-1)^j M'_{\text{ch}}[x_k] \qquad (5-50)$$

也即新的信道初始信息的和还等于原信道初始信息的比例扩大值。

图 5.11 为假设三路用户信号强度相同时,均等初始信息与更新初始信息的多用户迭代伪码捕获算法的性能比较仿真结果。仿真条件为:迭代码长 300,迭代次数 15,$K = 1.27$,平均误码率为 1000 次仿真的本地估计序列误码率平均值。由图 5.11 可见,由于三路信号强度相同,两种情况下三路信号之间的本地估计序列平均误码率基本相同,但是实施初始信息进化后,三路信号的平均误码率明显降低。

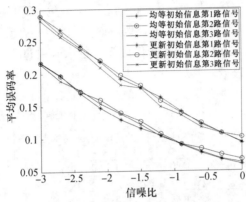

图 5.11　均等初始信息与更新初始信息的多用户迭代伪码捕获算法性能比较

当系统存在远近效应,也就是各路信号的接收功率不同时(第 1 路信号强度幅值是另外两路的 1.2 倍)的多用户迭代捕获性能如图 5.12 所示。

由图 5.12 可知,当有一路信号的幅度稍高于其他两路信号时,该路信号的捕获性能明显优于其他两路。这样在多用户捕获时,可以先把已经捕获到的信号从接收信号中去除,以免对其他两路信号造成干扰。图 5.13 为已经去除了图 5.12 中较易捕获的信号之后,另外两路信号的捕获性能。通过图 5.13 与图 5.12 的对比可知,去掉一路信噪比相对较高的信号以后,其他两路的迭代捕获性能得到明显提高。

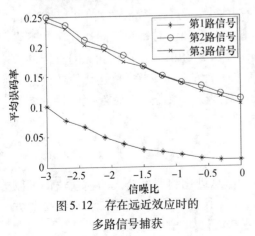

图 5.12　存在远近效应时的
多路信号捕获

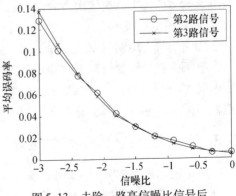

图 5.13　去除一路高信噪比信号后
另外两路信号的捕获性能

5.3.2　多重迭代捕获算法

多重迭代是在迭代运算进行到一定迭代次数时,用当前的软判决信息按比例缩小以后对整个因子图进行重新初始化,即对信道初始信息和变量节点到校验节点的信息重新赋值,然后继续进入迭代过程。这样,既可以避免迭代过程中信息值不断增大的情况,也可以充分利用因子图结构,对已实现一定程度上信噪比进化的软判决信息重新进行迭代,使其信噪比得到进一步进化,即可在适当增加迭代次数的情况下大幅度降低本地估计序列的误码率。如图 5.14 所示,单重迭代只进行一次变量节点与校验节点互相更新的迭代计算就进入判决过程,而多重迭代是进行多次这样的迭代循环再进入判决。

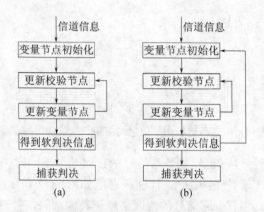

图 5.14　单重与多重迭代捕获的捕获流程示意图
（a）单重迭代捕获；（b）多重迭代捕获。

下面通过仿真来分析多重迭代的捕获性能。图 5.15 为总迭代次数为 30、迭代码长为 300 时不同信噪比下多重迭代的每轮迭代次数与平均误码率之间的关系。由图 5.15 可知,当总迭代次数固定时每轮迭代次数为总迭代次数的 1/6 ~ 1/3 时,效果最佳。图 5.16 是信噪比为 −3dB、迭代码长为 300 时每轮不同迭代次数下多重迭代轮数与平均误码率之间的关系。由图 5.16 可知,多重迭代轮数对性能的影响类似于单重迭代的情况下迭代次数对捕获性能的影响,当多重迭代轮数到达一定值（为 5 轮左右）以后,继续增加迭代轮数对捕获性能提高的意义不大,因此多重迭代对捕获性能的改善也是有限制的。

5.3.3　多用户迭代捕获算法设计

根据前面两节的分析,多用户联合初始信息进化和多重迭代的捕获法都可以增加多用户迭代捕获的性能,降低本地估计序列的误码率。使用二者相结合的方法实现多用户迭代伪码的捕获,整个捕获算法流程如图 5.17 所示。

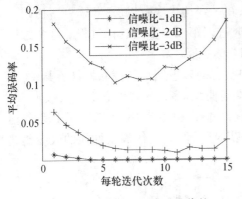

图 5.15　不同信噪比下多重迭代的
每轮迭代次数与平均误码率
之间的关系(总迭代次数为 30)

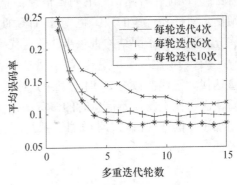

图 5.16　每轮不同迭代次数下
多重迭代轮数与平均误码率
之间的关系

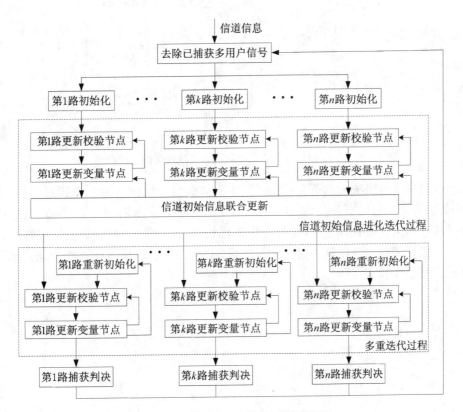

图 5.17　多用户迭代捕获过程示意图

从图 5.17 可以看出,在去除已捕获用户的信号后,用初始信息对多用户因子
图进行初始化,然后进入迭代过程。整个迭代过程分两步:第一步是信道初始信息
进化迭代,即在一定的迭代次数以内,每次迭代后都进行多用户信道初始信息的联

175

合更新,以优化各路信号的初始信道信息;在一定迭代次数以后,继续更新初始信道信息对捕获性能的改善将十分有限,此时进入第二步多重迭代过程。这个过程将充分利用因子图结构进一步改善迭代捕获的性能。

图 5.18 比较了单重迭代、多重迭代和改进的多重迭代的捕获性能。其中:单重迭代为迭代次数为 15 时的三用户捕获性能曲线;多重迭代为总迭代次数为 30,每 5 次迭代更新初始信息时的多重迭代捕获性能。由图 5.18 可知,多重迭代虽然增加了总的迭代次数,略增加了系统的捕获时间,但对迭代捕获性能的改善是显著的。

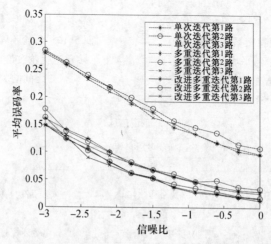

图 5.18　单次迭代、多重迭代和改进多重迭代法的迭代结果比较

改进多重迭代法仿真条件:先进行 15 次的信道初始信息进化迭代过程,再进行 15 次的多重迭代(每 5 次更新初始信息)。参照图 5.18 和图 5.11 可知,改进的多重迭代算法,即初始信息进化与多重迭代相结合的多用户捕获算法比单纯的初始信息进化和多重迭代算法的性能都要好,证明了图 5.17 所示的多用户迭代捕获算法的有效性和实用性。

第6章 迭代检测伪码捕获方法的 FPGA 设计与实现

前面章节中给出了伪码迭代捕获方法的算法步骤,并且为了提高算法的性能,对算法进行了一定的改进,本章主要阐述算法的硬件实现。在现代通信数字信号处理过程中,主要有两种硬件实现方法:一种是基于 DSP 处理器的算法实现,这种方式虽然运算速度比较快,但很难处理高度并行的算法结构;另一种是基于 FPGA 的算法实现,它通过 VHDL 编程或原理图输入的方式,能够为复杂的算法建立专用的处理电路,因而能够实现算法的并行快速处理。

分析伪码迭代捕获方法可以看到在信号处理过程中涉及信号的数字下变频、最大似然估计、迭代译码、向量选择、伪码恢复、数字相关等复杂的数字信号处理算法,而其中许多具体的算法需要高度并行的结构以及精确的时序配合,因而,适宜用 FPGA 完成算法的实现。

6.1 迭代检测伪码捕获方法的 FPGA 架构

6.1.1 算法功能模块的划分

通过对算法进行总结形成了一种新的捕获结构,如图 6.1 所示,主要包括 A/D 采样、载波解调、最大似然定时估计、数字平均、迭代处理、捕获判决等模块。

捕获过程开始后,采样信号经过载波解调被送入最大似然定时估计器,最大似然估计器产生对码片定时误差的定时估计,并根据定时估计结果形成对数字平均模块的开启控制信号;当数字平均模块收到开启信号后开始工作,形成 M 个码片观测量,构成一个观测模块的数据;数据模块准备好后,被送入迭代处理模块;迭代处理模块执行迭代消息传递运算,并产生伪码序列的状态向量;捕获判决模块根据状态向量恢复本地序列,与接收信号进行相关运算,判决捕获是否成功。需要补充的是,在形成的捕获结构中,是通过控制逻辑设置本地载波频率的,当其中一个载波频率下无法完成捕获时,需要对载波频率进行适当的调整,直至能够正确捕获信号为止。

根据图 6.1 给出的迭代检测伪码捕获方法的原理框图,以及第 4 章和第 5 章给出的伪码迭代捕获方法,可以看到,捕获算法中包含有数字下变频、最大似然估计、数字均值、相关运算等在算法结构上相对规则的数据处理单元;还包括包含有复

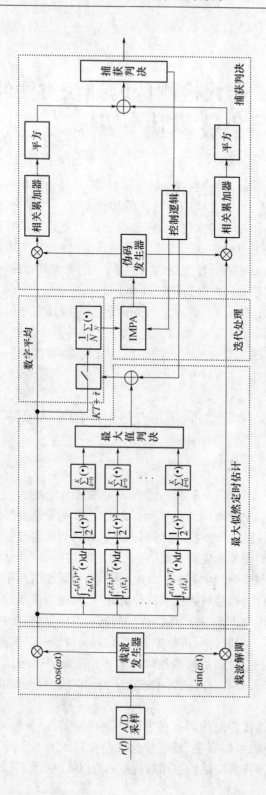

图6.1 迭代检测伪码捕获方法的原理框图

杂控制逻辑的迭代译码单元,在迭代译码单元中,主要进行的是消息的传递与更新,表现在程序上,就是在特定时序逻辑控制下对变量的运算与存取,可以说,迭代译码单元具有较多的不规则逻辑。从 FPGA 设计方法学上来看,宜将具有规则逻辑的单元设计成数据通路,而将不规则逻辑单元设计成控制通路,数据通路和控制通路一起构成算法状态机,这种设计方法有利于简化系统的设计。

根据上述设计思路,形成算法的 FPGA 架构,如图 6.2 所示,设计中将捕获电路分成控制通路和数据通路两大部分。

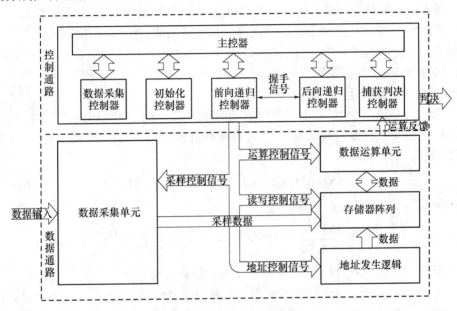

图 6.2 算法的 FPGA 架构

控制通路中包含 1 个主控制器和 5 个分控制器。在主控制器的控制下,数据采集控制器完成对初始信息的采集,并对数据采集状态进行监控;初始化控制器完成对迭代初始信息的初始化控制;前向递归与后向递归控制器相互配合,完成对迭代消息更新的运算控制以及消息的存取控制;捕获判决单元在迭代运算完成后,根据数据运算单元的反馈对迭代结果进行分析,给出完成捕获判决所需的控制信号。

数据通路包含数据采集单元、数据运算单元、数据存储单元以及地址发生逻辑。如果不考虑控制信号之间的时序关系,这些单元都是在特定的控制信号下执行独立的运算或读写,因而在设计上具有相对的独立性,需要考虑的时序配合较少,这也是将数据通路和控制通路分开设计的一个优点。数据采集单元主要完成数字下变频、最大似然估计、数字均值操作等运算,产生初始化迭代信息;数据运算单元完成迭代消息传递所必需的数据运算,另外根据运算特征,将捕获判决所需要的伪码恢复和相关运算也归入数据运算单元;数据存储单元包括完成迭代操作所必须的数据存储阵列;地址发生逻辑根据地址控制信号产生存储阵列所需的地址。

6.1.2 位宽设计

位宽设计在 FPGA 设计中是一个十分重要的环节,它与系统的性能指标密切相关,同时也极大地影响硬件电路的规模。

在伪码迭代捕获算法中,位宽的设计主要包括两个方面:一方面是确定 AD 采样的基本位宽;另一方面是确定迭代消息传递的中间信息变量的位宽。AD 采样的位宽和迭代运算过程决定了后者的位宽,因此首先要确定 AD 采样的基本位宽。

影响 AD 采样位宽选取的主要因素有待处理信号的动态范围和不同位宽对迭代译码性能的影响。这两个因素之间也是相互影响的,在大动态范围情形下往往需要选择较大的位宽,此时,在满足动态范围的前提下位宽的取舍对迭代译码的性能影响不大;在小动态范围情形下,所需位宽较小,在满足动态范围的前提下,位宽的取舍对迭代译码性能的影响较为明显。

假设信号捕获时的典型工作范围为 $-20 \sim 20\text{dB}$,因此信号的动态范围为 40dB。现要实现满量程信号转换,且设过采样倍数 $N = f_s/2B = 32$,那么根据 AD 转化理论:

$$\text{SNR} = 6.02n + 1.76\text{dB} + 10\lg[f_s/2B] \qquad (6-1)$$

可以得到 AD 转换的基本位宽:

$$n = \frac{(\text{SNR} - 1.76\text{dB} - 10\lg[f_s/2B])}{6.02} = \frac{40 - 1.76 - 10\lg32}{6.02} \approx 4(\text{bit})$$

因此,在设计中选取 4 位的基本位宽是比较合适的。

为了进一步确定 AD 位宽的大小和中间信息变量的位宽的大小,通过计算机仿真的手段对算法进行分析。图 6.3 中给出了浮点算法和不同位宽条件下伪码迭代捕获算法的捕获概率。

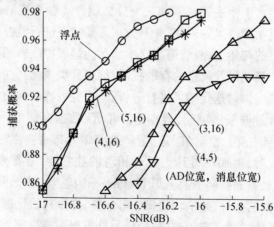

图 6.3 不同位宽下算法的性能

仿真显示,选择 4 位的 AD 基本位宽与 5 位位宽相比性能损失约 0.2dB,因此,选择 4 位的 AD 位宽是比较合理的。在前面章节给出的伪码迭代捕获算法中,消息变量 $\vec{Li}$ 和 $\vec{Ri}$ 的值会随着迭代过程的进行而增加,为了避免溢出,在设计中需要对数值进行人为的截短,仿真显示,选取 5 位的 $\vec{Li}$ 和 $\vec{Ri}$ 是合理的;对于前后向递归过程中的状态度量 F 和 B,根据第 5 章提供的低复杂度算法,只需对 0、1 不同配置间的差别进行运算,因此,只要位宽足以表示不同配置之间的差别就可以,仿真中可以看到,不同配置间的差别只需要 5 位即可表示,为了保证设计的裕量,最终选择采用 8 位的前后向状态变量。

6.2　控制通路设计

由算法的 FPGA 架构看到,控制通路是算法的控制中枢,它包含 1 个主控制器和 5 个分控制器,设计中,利用算法状态机(ASM)来实现各控制模块。算法状态机是使用 ASM 图来描述时序状态机功能的一种行为建模方法,而 ASM 图是类似于软件流程图的一种行为描述方法,它显示计算的时间顺序,以及在状态机输入影响下发生的时序步骤。ASM 图描述的是状态机的行为动作,而不是存储元件所存储的内容,这种特征方便于控制通路和数据通路的独立设计。

ASM 图的基本单元是 ASM 块,包含状态框、条件判断框和操作框,如图 6.4 所示。状态框表示同步时钟事件之间的机器状态,条件判断框表示转移判断,操作框表示在满足条件判断的情况下所要进行的操作。

状态框　　　　条件判断框　　　　操作框

图 6.4　ASM 图基本元素

6.2.1　主状态机设计

主状态机是整个控制通路的最高控制逻辑,它对控制通路中的其他几个子状态机进行控制,对电路的正常运行起到了至关重要的作用。

设计中,将主状态机的功能分为空闲状态 S_IDLE、信号采集状态 S_COLLECT、信息初始化状态 S_INITIAL、迭代处理状态 S_ITERATIVE、校验状态 S_CHECK 等。各状态中都会给出相应子状态的启动信号,从而控制各具体子状态的执行。具体的主状态机的算法状态机图如图 6.5 所示。当复位信号开始时电路处于初始状态,并且对信号采集电路施以初始信号,如本地载波的初始频率,当使能信号开始后,信号由初始状态进入信号采集状态。信号采集状态给出信号采集启动信号,使信号采集控制器开始工作,并开始捕捉信号采集控制器给出的信号采集监控信号,当采集电路完成规定的数据段的采集后给出采集完成信号,并进入初始化状态。初始化状态实际上是对迭代初始信息进行初始化,此时启动初始化子控制器,并对初始化的进程进行监控,一旦完成初始化,就转入前向递归状态。事实上,前向递归状态和后向递归状态一起构成了迭代过程,这两个进程之间有先后顺序,但同时又是并行执行的。因此为了协调两个进程,需要引入握手协议,保证迭代的顺利进行。此状态主要完成前向递归信号的启动,至于何时终止是由后向递归给出的。因而,后向递归与前向递归相对于主状态机有一定的独立性,一旦后向递归结束,主状态机就会接到迭代结束信号转入校验状态。校验状态也是给出捕获判决控制器的控制信号,启动校验,等校验结束后,根据校验控制器得出的结论,给出裁决:如果满足捕获条件,那么主状态机给出最终的判决,捕获结束;如果不满足条件,那么需要根据判决策略进行新的数据采集等待状态,开始新数据模块的捕获判决。

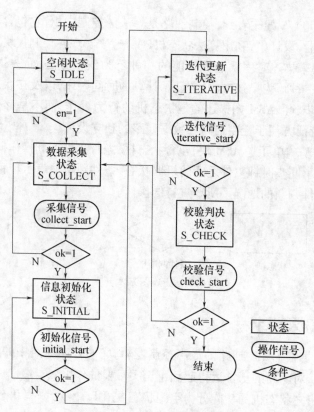

图 6.5 主状态机算法状态机图

根据图 6.5 所示的算法状态机图,用 Verilog HDL 语言进行编程,利用 Synplyfy Pro 对编程结果进行综合,得到的有限状态机的实现结果如图 6.6 所示。由图 6.6 可以清晰地看到电路的状态转移关系,在实现时为了调整状态间的时序关系,加入了信号采集等待状态 S_COLLECT_WAIT。

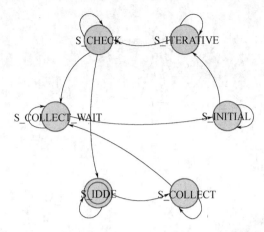

图 6.6　主状态机的有限状态机的 FPGA 实现结果

使用 ModelSim 仿真工具,通过编写电路的测试程序对设计的主状态机电路进行测试,测试结果如图 6.7 所示。可以看得到,控制电路能够根据设定的状态顺序产生有序的控制信号,信号 collect、initial_start、fwd_start、check 分别表示信号采集、初始化开始、迭代开始、校验控制命令,其结果满足主状态机逻辑功能。

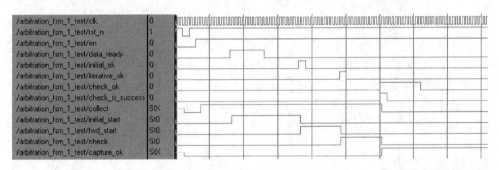

图 6.7　主状态机电路的 ModelSim 测试结果

6.2.2　信息初始化状态机设计

信息初始化状态机读取数据采集模块的信道信息数据,完成对迭代初始信息的初始化。它主要包括的状态有初始状态 S_IDLE、读采集数据状态 S_RD_MCH、写状态 S_WR_LI_RI。初始化状态机主要完成读和写操作,逻辑功能上比较简单,但由于为了节省消息变量的存储空间,对各种消息变量的存储单元进行了较为复杂的划分,这样就导致消息初始化的时序比较复杂。为了解决较为复杂的时序,根据信息初始化的进程添加了一些具体的状态。用 Verilog HDL 对设计进行编程,并通过 Synplify Pro 对设计结果进行综合,得到的信息初始化状态机如图 6.8 所示。这一实现结果显示了一个较为复杂的时序转移关系,可以看到,电路主要完成读写控制操作。

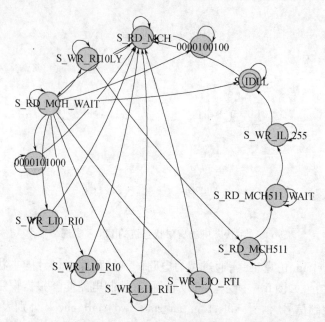

图 6.8　信息初始化状态机的 FPGA 实现结果

　　用 ModelSim 软件对信息初始化电路进行的部分测试结果如图 6.9 所示，为了清晰地说明状态电路的时序关系，在测试文件中加入了地址产生逻辑，该测试主要反映了，从信道变量采集单元中读出的数据 Mch，将被存入消息变量 LI 和 RI 的哪一段中的哪一个具体位置，这个具体位置，即地址的变化是受消息初始电路控制的，它控制了地址从高到低的产生，并且控制了写数据在不同段间的切换。

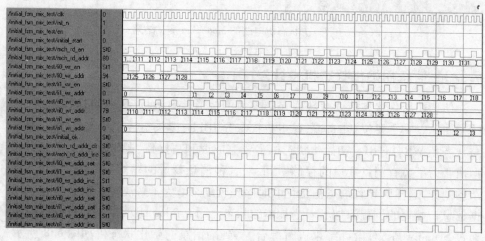

图 6.9　消息初始化电路的 ModelSim 测试结果(部分)

6.2.3　前向递归状态机与后向递归状态机设计

前向递归状态机与后向递归一起构成了迭代消息传递的核心运算过程,是整个算法中时序最为复杂的部分,由于前向递归与后向递归是并行执行的,且两者之间是相互配合的,因此本节中将两个状态机合并在一起分析。

通过分析迭代算法可知,伪码迭代捕获方法所进行的操作,在特定的时序控制下进行的存储器读写,以及对存储器内容进行的简单运算。因而在算法实现时,将会涉及大量的存储器读写控制和地址选择操作,并且为了保存计算的中间过程,还需要使用大量的存储器,FPGA 满足这些操作特点。

设计中,为了节省存储器资源,第 5 章已经采取了一些低复杂度算法的措施,在 FPGA 设计中这些措施也增加了时序控制的难度,具体的时序结构如图 6.10 所示。

(1) 时序状态机首先执行第 0 段前向递归运算,在这个过程中,需要读取第 0 段消息度量存储器中的 RI 和 LI 消息,然后执行最小和运算,得到后一个单元中的前向状态度量 F,并存入 SMM 状态度量存储器,即向 $SMM_{0:127}$ 写 $F_{0:127}$。

(2) 时序状态机开始执行第 0 段的后向递归和第 1 段的前向递归运算,后向递归中需要读取消息变量 RI 和 LI,同时需要读取前向状态度量存储器 SMM,最终产生新的消息变量 RI 和 LI,并进行更新。然而在前向递归中由于需要写 SMM,读 RI 和 LI,因此,在前向递归与后向递归中会产生两对读写冲突。为了解决前向递归与后向递归中对同一个 SMM 单元的读写冲突,通过握手协议来避免冲突发生;为了防止后向递归中产生的新的 RI 和 LI 覆盖正在使用的 RI 和 LI 存储单元,在前向递归单元中设置了 RI_BUFFER 和 LI_BUFFER,用来存储 RI 和 LI 的镜像,后向递归中写 RI 和 LI,读 RI_BUFFER 和 LI_BUFFER 这样就避免了读写冲突。在第 0 段后向递归和第 1 段前向递归过程中,从 $SMM_{127:0}$ 读 $F_{127:0}$,向 $SMM_{127:0}$ 写 $F_{128:255}$。

(3) 时序状态机开始执行第 1 段的后向递归和第 2 段的前向递归运算,具体过程与步骤(2)相同,在该过程中,从 $SMM_{0:127}$ 读 $F_{255:128}$,向 $SMM_{0:127}$ 写 $F_{256:383}$。

(4) 时序状态机开始执行第 2 段的后向递归和第 3 段的前向递归运算,具体过程与步骤(2)相同,在该过程中,从 $SMM_{127:0}$ 读 $F_{383:256}$,向 $SMM_{127:0}$ 写 $F_{384:511}$。

(5) 时序状态机开始执行第 3 段的后向递归,此时第一次迭代中的前向递归已经完成,因此需要重复指向第 0 段前向递归,从而开始新一轮的迭代,具体过程与步骤(2)相同,在该过程中,从 $SMM_{0:127}$ 读 $F_{511:384}$,向 $SMM_{0:127}$ 写 $F_{0:127}$。由于在第一轮迭代中,已经完成了对第一段数据的完全更新,因而在第二轮迭代中对这段数据进行重新计算,从而实现了迭代。

以下步骤重复上述过程,直到完成最后一次迭代中的最后一次后向递归,在该过程中,由于没有新一轮的迭代,因此不再存在前向递归过程,此过程只完成从 $SMM_{0:127}$ 读 $F_{511:384}$。

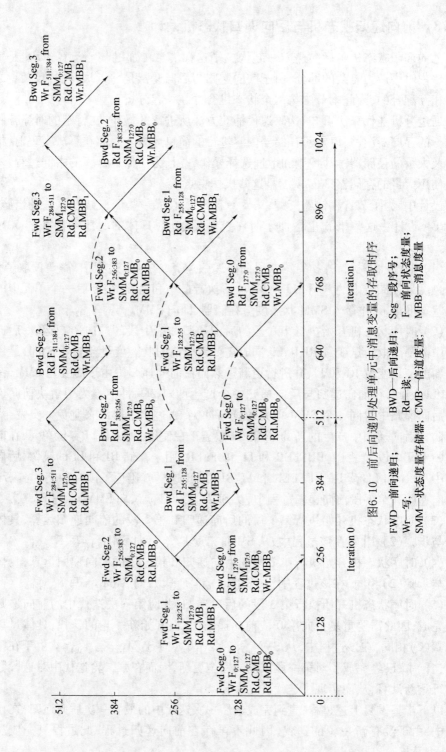

图6.10 前后向递归处理单元中消息变量的存取时序

FWD—前向递归; BWD—后向递归; Seg—段序号;
Wr—写; Rd—读; F—前向状态度量;
SMM—状态度量存储器; CMB—信道度量; MBB—消息度量

　　根据上述过程,采用 ASM 对前向递归与后向递归两个相对独立的进程进行设计,同时为了保证两个进程之间不发生读写冲突,引入了握手机制。

　　具体地,根据图 6.10 所描述的时序进程,用 Verilog HDL 对前向递归进程进行编程,并利用 Synplify Pro 对设计进行综合,得到的有限状态机实现结果如图 6.11 所示,该图显示了前向递归过程中读写状态间的转移情形。

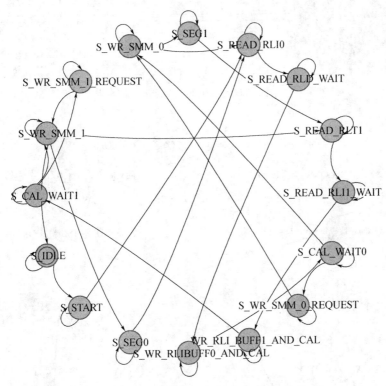

图 6.11　前向递归状态机的 FPGA 实现结果

　　使用 ModelSim 仿真工具,对前向递归电路进行测试,测试中为了清晰的显示时序状态间的关系,加入了地址产生逻辑。在前向递归中测试结果如图 6.12 所示。由图 6.12 可以看到:首先,为了产生消息 F(程序中 SMM),需要读 RI 和 LI,控制器决定了读地址的顺序变化以及在不同存储段之间的切换;其次,为了向 SMM 存储器中写入 F,且避免与后向递归中读 SMM 存储器发生冲突,引入的握手逻辑解决了这一矛盾,SMM 写使能 SMM_WR_EN 只有在写请求 SMM_WR_REQ 得到允许的情形下,即 SMM_WR_ALOW 有效时才能被使能。总的来看,前向递归状态电路满足预期的逻辑功能。

　　根据图 6.10 所描述的时序进程,用 Verilog HDL 语言对后向递归进程进行编程,并利用 Synplify Pro 对设计进行综合,得到的有限状态机实现结果如图 6.13 所示。图 6.13 显示了后向递归过程中读写状态间的转移情形。

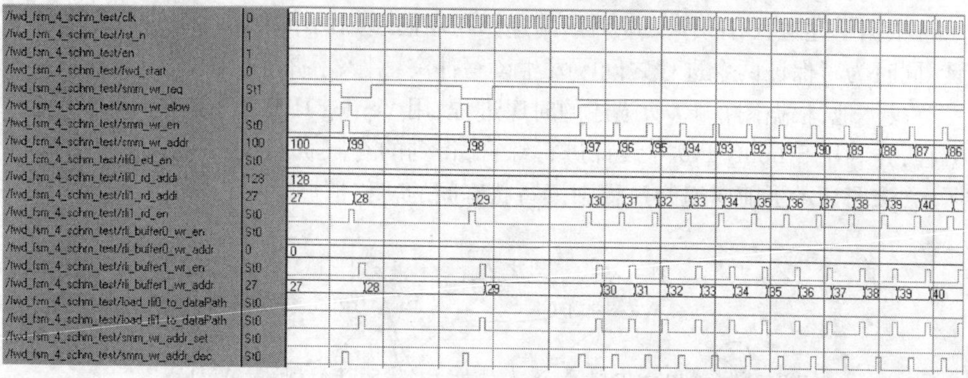

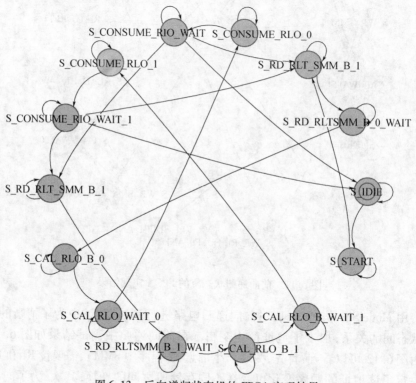

图 6.12　前向递归状态机的 ModelSim 部分测试结果

图 6.13　后向递归状态机的 FPGA 实现结果

　　使用 ModelSim 仿真工具,通过编写电路的测试程序,对后向递归状态机电路进行测试,同样,为了清晰地显示时序状态间的关系,在测试中加入了地址产生逻辑,测试结果如图 6.14 所示。该电路所进行的操作较多,也较为复杂:①该电路能够完成对消息 F(程序中 SMM)、$\overrightarrow{RI}$、$\overrightarrow{LI}$以及信道变量 Mch 的读控制,在控制时序下读地址顺序发生,并且根据迭代进程在不同的存储段之间进行切换;②该电路能够完成对需要更新的消息 $\overrightarrow{RI}$、$\overrightarrow{LI}$ 和输出信息 $\overrightarrow{Mdec}$ 写控制,在控制时序的作用下,写地

188

址顺序发生,并在不同存储段之间顺序发生;③由于存在握手机制,只有在存储器 SMM 读允许时,即 SMM_RD_ALOW 有效的情形下,才允许读 SMM。总的来看,设计的后向递归状态机满足预期的逻辑功能。

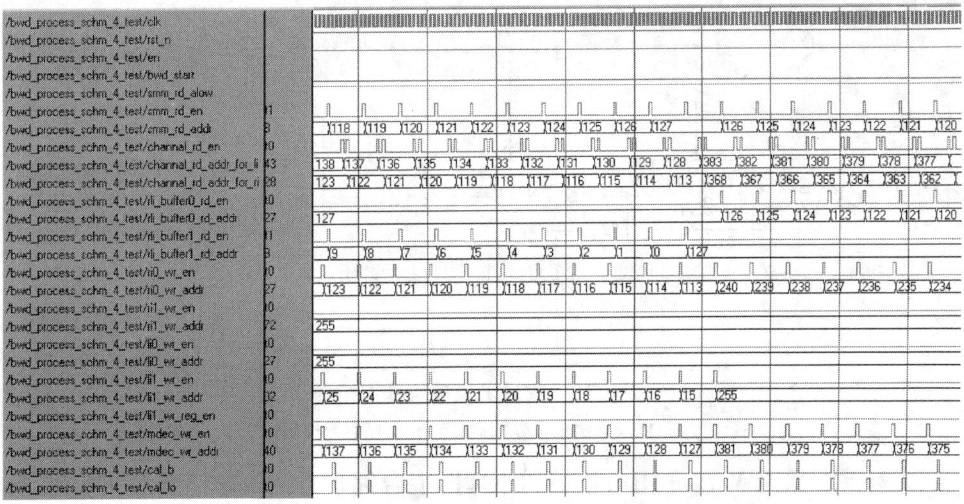

图 6.14　后向递归状态机的 ModelSim 部分测试结果

6.3　数据通路设计

数据通路的特点是对不同的数据集执行重复的操作,因而与控制通路相比,数据通路中一般都是规则逻辑。数据通路一般包含计算逻辑、数据选通逻辑、数据在计算单元与内部寄存器之间移动的逻辑以及数据进出外部系统的通道等。伪码迭代捕获电路中,数据通路主要包括采样数据通路、加法比较选择(ACS)计算逻辑、存储阵列及其地址发生逻辑等。

6.3.1　数据采集模块设计

数据采集模块是数据通路设计中的重点,它从 AD 采样单元接收数据,并且完成对数据的载波剥离、最大似然估计、数字平均等操作。为了保证数据采样和后续数据处理两个进程同时进行,在设计中引入了乒乓操作,即开辟两个采样缓存单元,其中一个缓存单元用于存放正在采样的数据,另一个缓存单元则存放已经采样好的数据,并且用于迭代处理,两个缓存单元交替工作,从而完成了乒乓操作,这样能够保证采样和后续处理同时进行。

数据采集模块的数据流如图 6.15 所示,AD 采样的数据经过数字下变频被送入最大似然估计模块中;最大似然估计给出数字平均的启动信号,启动数字平均单元从何时开始进行算术均值操作;算术均值对一个码片的多个采样值求算术均值,并把算术均值送入信道观测量的缓存里面;由于乒乓操作中包含两块缓存单元,因此,这种存放是交替进行的,当其中一个缓存被存满时,立即向第二个缓存中进行存放,当第二个缓存满时,向第一个缓存中存放数据,如此往复进行,构成乒乓操作。

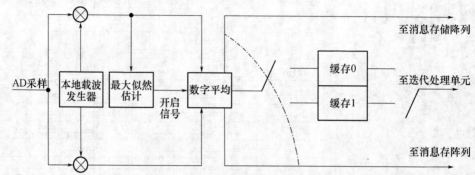

图 6.15　数据采集模块基本结构

注:虚线表示三个存储器受同一个写信号控制。

　　设计中,采用 Verilog HDL 语言和原理图混合编程方式对电路分模块实现,数据采集模块的顶层实现电路如图 6.16 所示。

　　使用 ModelSim 仿真工具通过编写电路的测试程序对设计的数据采集模块顶层实现电路进行测试,测试结果如图 6.17 所示。测试中,采用默认的频率控制字和相位控制字,当向一段 BUFFER 中写地址满时 wr_addr = 511,读使能 rd_en 发生,从读结果 dout 可以看到,输出结果能够反映 PN 码的信息,说明已经读出了正确的结果,设计的电路满足预期的逻辑功能。

6.3.2　计算逻辑模块设计

　　加法比较选择(ACS)计算逻辑类似于 CPU 结构中的算术逻辑运算(ALU)单元。ALU 单元主要完成算术逻辑运算,而 ACS 运算单元主要完成迭代消息传递算法——最小和算法中的基本运算,具体包括加法、比较以及选择等操作。运算过程中,ACS 运算单元操作频繁,往往会成为迭代电路的关键路径,从而制约 FPGA 电路的最高时钟频率。

　　具体地,ACS 运算单元完成第 5 章中的低复杂度最小和算法,典型操作如下:

$$\begin{cases} F[x_k] = \min(\overrightarrow{RI}[x_k] + \overrightarrow{LI}[x_{k-15}], F[x_{k-1}] + \overrightarrow{RI}[x_k]) - \min(0, F[x_{k-1}] + \overrightarrow{LI}[x_k]) \\ \overrightarrow{LO}[x_k] = \min(B[x_k] + \overrightarrow{RI}[x_k], F[x_{k-1}]) - \min(F[x_{k-1}] + B[x_k] + \overrightarrow{RI}[x_k], 0) \\ \overrightarrow{RO}[x_k] = \min(B[x_k] + \overrightarrow{LI}[x_{k-15}], F[x_{k-1}] + B[x_k]) - \min(0, F[x_{k-1}] + \overrightarrow{LI}[x_{k-15}]) \\ B[x_{k-1}] = \min(B[x_k] + \overrightarrow{RI}[x_k], \overrightarrow{LI}[x_{k-15}]) - \min(B[x_k] + \overrightarrow{LI}[x_{k-15}] + \overrightarrow{RI}[x_k], 0) \end{cases}$$

$$(6-2)$$

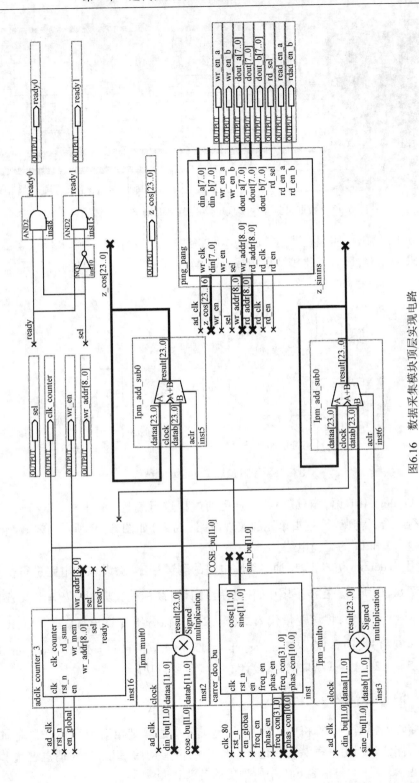

图6.16 数据采集模块顶层实现电路

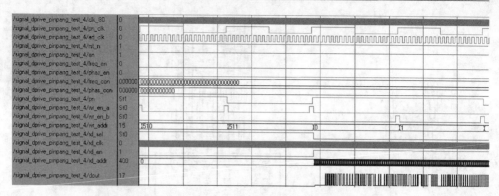

图 6.17　数据采集模块实现电路的 ModelSim 部分测试结果

图 6.18 给出了实现上述运算的基本电路结构。该电路首先读入信息变量,然后进行求和比较,最后将比较结果相减,从而实现了式(6-2)定义的信息更新。

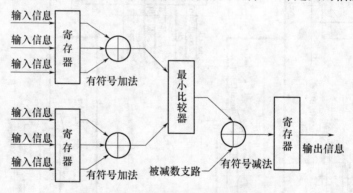

图 6.18　ACS 运算单元的基本结构

用 Verilog HDL 语言对最小和消息更新过程进行编程,通过 Synplify Pro 综合软件进行综合,得到计算逻辑单元的实现电路(局部)如图 6.19 所示,该电路包含消息变量 LO 和 LI 的更新电路。

使用 ModelSim 仿真工具,通过编写电路的测试程序,对设计的电路进行仿真,结果如图 6.20 所示。在波形图中,任选一组向量(线标处),此时有 $B = -10, \vec{RI} = -7, \vec{LI} = -7, F = 15$,将该变量代入式(6-2),可以分别计算出 $\vec{LO} = -15, \vec{RO} = -17, B = 7$,另外,$\vec{RI} = \vec{LO} + Mch\_for\_r = -15 + 14 = -1, \vec{LI} = \vec{RO} + Mch\_for\_l = -17 + 15 = -2$,与测试结果吻合,设计电路满足逻辑功能。

6.3.3　消息存储阵列设计

存储阵列相当于计算机中的内存,而地址发生逻辑则相当于 CPU 中的地址译码器。存储器阵列用来存储迭代伪码捕获中的信道初始变量、中间消息变量和输出消息变量,具体的包括表 6.1 中所列出的各消息变量。

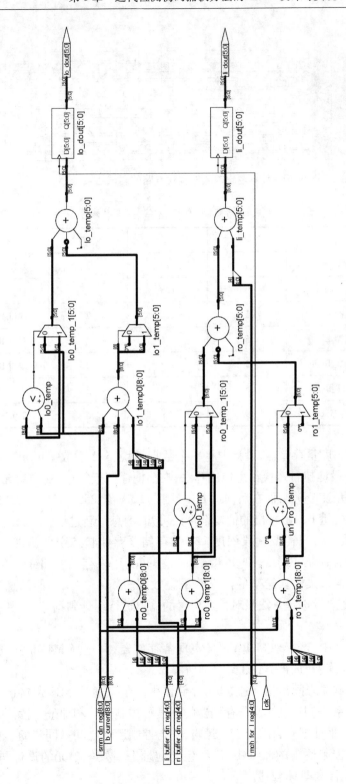

图6.19 计算逻辑模块的实现电路（局部）

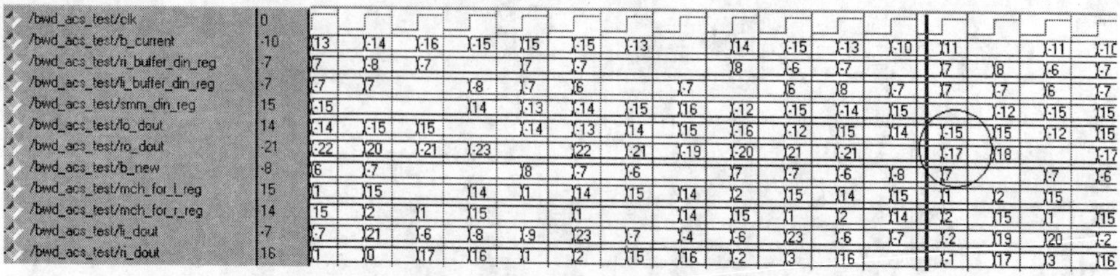

图 6.20   计算逻辑模块的实现电路的测试结果

表 6.1   消息存储阵列各存储单元基本参数

存储器名称	位宽/bit	深度	个数	类型
信道度量存储器 Mch	4	512	2	双口 RAM
状态度量存储器 SMM	9	128	1	双口 RAM
消息变量存储器 RI	5	256	2	双口 RAM
消息变量存储器 LI	5	256	2	双口 RAM
消息变量存储器 RI_Buffer	5	128	2	双口 RAM
消息变量存储器 LI_Buffer	5	128	2	双口 RAM
输出信息存储器 Mdec	9	15	5	移位寄存器

为了降低状态度量存储器,设计中将一个数据模块,512 个数据单元分成 4 个 128 的段,一段一段地执行迭代消息传递算法,在前向递归运算中,前向单元以 0 ~ 511 的顺序更新状态变量 F,而在后向递归中,则以 $127 \sim 0, 255 \sim 128, \cdots, 511 \sim 383$ 的顺序更新状态变量 B。由提出的低复杂算法可知,消息更新过程中不必对变量 B 进行存储,所以设计中只需要一段深度 128 的存储器存储状态变量 F 即可,记为 SMM。消息变量存储器 RI、LI、RI_Buffer 和 LI_Buffer 用来存储中间变量存储器。Mch 用来存储数据采集模块送来的两支路采集数据。Mdec 用来存储消息数据结果,由于低复杂度向量选择算法只对特定位置的输出进行统计判据,所以其存储规模较小。

在 FPGA 设计中,选择双口 RAM 来实现各存储器,并选择 M4K 底层逻辑模块,设计出的存储阵列(局部)如图 6.21 所示。

算法中各存储器之间是相互独立的,存储器中的信息通过 ACS 逻辑运算以及读写操作发生联系,其中,直接操作存储器的是读写控制信号和地址。读写控制逻辑来自控制通路,地址则来自地址产生逻辑,它与控制逻辑之间是同步的。在前向递归与后向递归控制逻辑的测试中,已经包含地址逻辑发生单元的设计与测试。由于其相对简单,不再具体叙述。

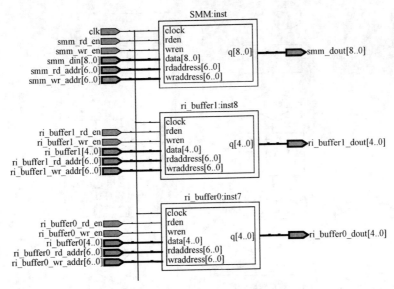

图 6.21　消息存储阵列实现电路图(局部)

6.4　恢复与判决单元设计

在图 6.2 所示的 FPGA 架构中,数据的恢复与判决单元包含于捕获判决控制器和数据运算单元。由于恢复与判决单元相对于迭代消息更新过程具有一定的独立性,设计过程有所区别,因此将恢复与判决单元作为单独的一节进行介绍。需要注意的是,控制通路和数据通路分离设计的思想是不变的。

6.4.1　捕获判决控制器设计

捕获判决控制器主要用来控制捕获判决进程,其算法流程如图 6.22 所示。捕获判决控制器接受主控制器的控制信号,判断何时启动捕获判决;一旦捕获判决被启动,捕获判决控制器依次读取存储阵列中的输出数据 Mdec,根据第 5 章中的向量选择算法,进行统计判决,得到 5 个特定位置处的向量,用于后续的伪码序列的恢复;将产生的向量送入伪码序列恢复模块,恢复本地伪码;将恢复出的伪码与信道存储器中的数据进行相关运算,并对两支路的相关运算结果平方求和,如果结果超出设定门限,捕获成功,反之,捕获失败,捕获判决模块发出信号,告诉信号采集模块,需要采集并读入新的一段数据,开始新数据模块的处理,直到成功捕获为止。

用 Verilog HDL 语言进行编程,捕获判决控制器的有限状态机的实现结果如图 6.23 所示,可以清晰地看到电路的状态转移关系,各状态间没有相互跳转,时序关系较为简单。

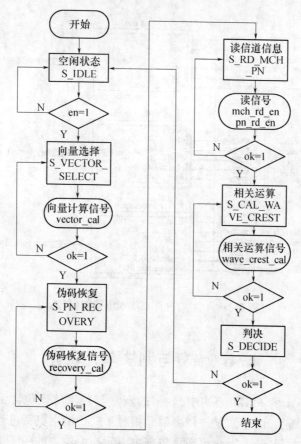

图 6.22　捕获判决控制器 ASM 图

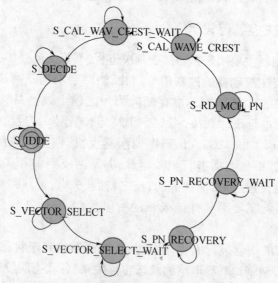

图 6.23　捕获判决状态机的 FPGA 实现结果

使用 ModelSim 仿真工具通过编写测试程序对设计的电路进行仿真,结果如图 6.24 所示。测试结果显示,当读信道信息和 PN 码结束后,电路能依次执行峰值计算和校验判决等过程,并根据数据通路的相关峰值判断结果 greater_than_gate 确定是否捕获成功。从时序顺序来看,电路满足逻辑功能。

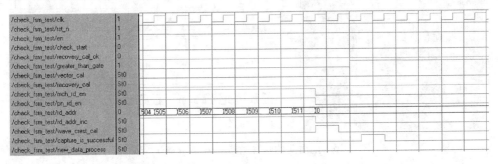

图 6.24　捕获判决状态机实现电路的 ModelSim 测试结果(部分)

6.4.2　伪码序列恢复模块设计

伪码序列恢复模块是根据给定的伪码向量,及其伪码向量在序列中的位置恢复整个的伪码序列,本节设计了一种前后向伪码序列产生模块。如图 6.25 所示,正反向伪码发生器包括两个互为镜像的 m 序列发生器、存储器、序列合成器。互为镜像是指对于任意给定的一个 m 序列生成多项式 $g(D)$,都有与之对应的镜像多项式 $g^{(R)}(D) = D^r \cdot g(1/D)$,它们之间能够产生完全相反的 m 序列。互为镜像的 m 序列发生器根据状态向量分别产生两个方向 m 序列存储在存储器中,序列合成器根据状态向量在序列中的位置将两个方向的序列合成为一个序列,得到的结果为恢复出的 m 序列。

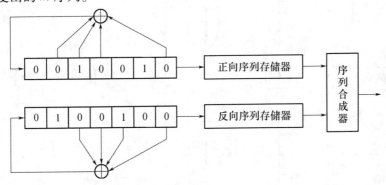

图 6.25　正反向伪码发生器原理结构

根据图 6.25,用 Verilog HDL 进行编程并利用 ModelSim 测试软件对生成电路进行测试,测试结果如图 6.26 所示。测试中以全 1 状态为伪码初始向量,并且设定该向量在序列中的位置为 111000(56)。从测试结果可以看到,产生的伪码中,初始向量恰好位于第 56 位置处,并能向前和向后产生正确的伪码序列,从而完成了电路的预期功能。

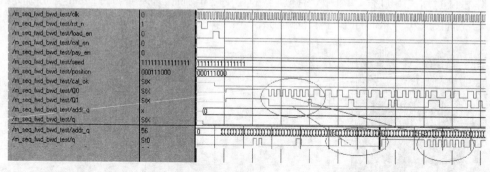

图 6.26　前后向伪码发生器 ModelSim 测试结果

6.4.3　门限判决模块设计

门限判决模块是根据伪码序列恢复模块产生的本地伪码与存储的信道信息进行相关运算,从而产生一定的相关峰值。其基本实现结构如图 6.27 所示。两个存储器在同步时钟的控制下同步的读出存储数据,并与接收数据进行相关运算,因为总共有 I 和 Q 两路数据,因此在最后要对两路数据进行平方求和,从而得到相关值。如果相关值超过设定的门限,则判决捕获成功;如果未超过相关峰值,则判决未捕获成功,需要将未捕获成功的信号经主控制器传递给数据采集控制器,进行新的数据采集和处理,直到捕获信号为止。

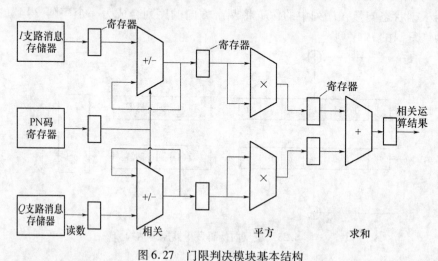

图 6.27　门限判决模块基本结构

根据上图 6.27,用 Verilog HDL 进行编程并利用 Synplify Pro 综合工具进行综合得到如图 6.28 所示的电路,该电路与 6.27 所给出的结构相对应。

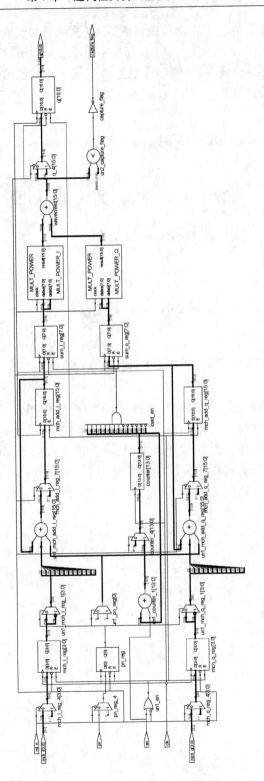

图6.28　门限判决模块的FPGA实现电路

199

利用 ModelSim 测试工具对实现电路进行测试,测试结果如图 6.29 所示。图中给定了两路信道输入信息 mch_i 和 mch_q,以及在伪码对齐的情形下的 PN 码序列。可以看到,在当达到累计周期后,输出峰值 q 会有一个较大的值,该值超过了预设的相关门限,因而捕获成功标志 capture_flag 被置 1。设计电路满足预期的逻辑功能。

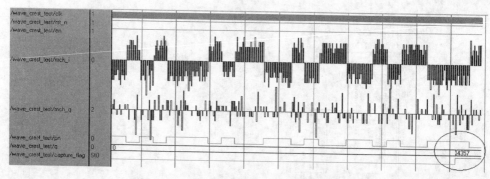

图 6.29 门限判决模块 ModelSim 测试结果

6.5 系统联调与测试结果

根据图 6.2 给出的算法 FPGA 架构,将设计的所有模块按照自下而上的原则进行组合,将得到伪码迭代捕获方法的最终实现电路。对整体电路进行必要的时序与资源优化后进行编译,编译结果如图 6.30 所示。该实现以 Stratix EP1S80 芯片为目标芯片,实现电路最终占用了芯片 41% 的逻辑单元,占用了约 9% 的存储器资源,占用了 6% 的 DSP 模块资源,并且为了产生可靠的时钟还消耗了一个锁相环。

```
Flow Status                  Successful - Mon Oct 12 11:02:58 2009
Quartus II Version           7.0 Build 33 02/05/2007 SJ Full Version
Revision Name                ACQUISITION
Top-level Entity Name         ACQUISITION
Family                       Stratix
Device                       EP1S80B956C6
Timing Models                Final
Met timing requirements      Yes
Total logic elements         32,586 / 79,040 ( 41 % )
Total pins                   19 / 692 ( 3 % )
Total virtual pins           0
Total memory bits            686,592 / 7,427,520 ( 9 % )
DSP block 9-bit elements     10 / 176 ( 6 % )
Total PLLs                   1 / 12 ( 8 % )
Total DLLs                   0 / 2 ( 0 % )
```

图 6.30 FPGA 集成开发环境 QuartusII 下的电路编译结果

为了验证设计电路的捕获性能,最后设计了测试用 TesteBench。测试中选用的码长是 15 级,由于码长较长,因此导致测试数据规模较大。为了解决这一问题,在测试中集成了一个扩频信号发生电路,该信号发生电路能够完成伪随机码的产生,载波发生以及 BPSK 调制,并能模拟扩频信号的延迟和噪声的产生。在 Model-Sim 环境中,对信号产生电路、伪码捕获电路和测试文件进行了集成,通过设定信号发生电路中的噪声产生,分别产生了 −10dB 和 −15dB 的两种扩频信号,对这两种信号进行迭代捕获,典型的测试结果如图 6.31 所示。

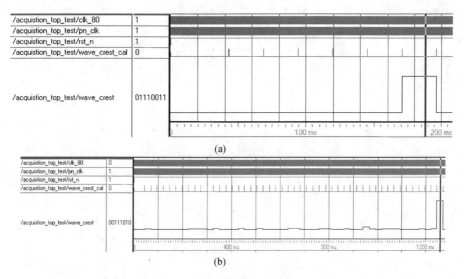

图 6.31　不同信噪比下伪码迭代捕获电路测试结果

(a) 信噪比为 −10dB 时的相关峰值;(b) 信噪比为 −15dB 时的相关峰值。

图 6.31(a)给出了 −10dB 下信号的相关峰值,在该信噪比下只用了 6 个模块即产生了相关峰值,对应的捕获时间为

$$T_c = 6 \times 512 \times 50 (\mathrm{ms}) = 0.154 (\mathrm{s})$$

图 6.31(b)给出了 −15dB 下信号的相关峰值,可以看到,在该信噪比下产生相关峰值所需的模块数为 48,对应的捕获时间为

$$T_c = 48 \times 512 \times 50 (\mathrm{ms}) = 1.23 (\mathrm{s})$$

在相同条件下,如果用 100 支路并行的滑动捕获结构进行捕获,则需要的平均捕获时间为

$$T_c = \frac{1}{100} \times \frac{1}{2} \times (2^{15} - 1)^2 \times 50 = 268.42 (\mathrm{s})$$

由此可见,伪码迭代捕获电路在捕获速度方面具有明显的优势,其速度远远的快于经典的捕获方法,这种优势在长码捕获中尤为明显,因此,对于伪码级数较长的扩频系统采用伪码迭代捕获方法具有一定的实用价值。

需要说明的是,设计的伪码迭代捕获电路在低信噪比(−20dB)下性能较差。主要原因:①伪码迭代捕获算法本身在低信噪比下性能较差;②在电路设计时为了简单起见,采取了一些工程上的折中,典型的表现在后向递归过程中,由于采用分段更新状态变量 B,导致长码的切断,阻碍信息在各码片间的传递,降低迭代的性能,设计时忽略了这一问题;③在设计过程中发现,所采用的位宽设计还不能完全满足设计的需求,表现在位宽较窄,导致信道信息和中间信息的损失,甚至曾导致数值溢出,在设计中,需要追踪各信息的变化规律,根据实际需求改善各信息变量的位宽。

参考文献

［1］Simon MK，Omura JK，Scholtz RA，et al. Spread Spectrum Communications Handbook［M］. New York：McGraw – Hill，1994.

［2］Zhu M，Chugg KM. Iterative message passing techniques for rapid code acquisition［C］. In Proc. IEEE Military Commun. Conf，2003，1（1）：434 – 439.

［3］Keith M Chugg. A New Approach to Rapid PN Code Acquisition Using Iterative Message Passing Techniques［J］. IEEE Journal On Selected Areas In Commun. 2005，23（5）：884 – 897.

［4］Massimo Rovini，Fabio Principe. Implementation of message – passing algorithms for the acquisition of spreading codes［C］. ICASSP 2008：1441 – 1444.

［5］Keith M Chugg. Iterative Detection Adaptivity，Complexity Reduction，and Applications［M］. Kluwer Academic Publishers，2001.

［6］Henk Wymeersch. Iterative Reciver Design［M］. Cambridge University Press：2007.

［7］田日才. 扩频通信［M］. 北京：清华大学出版社，2007.

［8］樊平毅. 现代通信理论［M］. 北京：清华大学出版社，2007.

［9］张欣. 扩频通信数字基带信号处理算法及其 VLSI 实现［M］. 北京：科学出版社，2004.

［10］陈文龙. 高动态多进制扩频系统的关键技术研究［D］. 西安：西安电子科技大学，2009.

［11］赵玮萍. 一种二次扩频系统的设计及抗干扰性能分析［D］. 西安：西安电子科技大学，2009.

［12］朱汉云. 扩频码同步技术的研究［D］. 南京：南京理工大学，2010.

［13］刘建国. 直接序列扩频信号参数估计方法研究［D］. 西安：西安电子科技大学，2006.

［14］马飞. 扩频系统技术研究及其实现［D］. 西安：西安电子科技大学，2008.

［15］郭少彬. 扩频导航接收机中多用户检测技术的研究［D］. 哈尔滨：哈尔滨工程大学，2008.

［16］王秉钧，居谧. 扩频通信［M］. 天津：天津大学出版社，1993.

［17］曾一凡，李晖. 扩频通信原理［M］. 北京：机械工业出版社，2005.

［18］维特比 A J. CDMA 扩频通信原理［M］. 北京：人民邮电出版社，1997.

［19］彭代渊. 新型扩频序列及其理论界研究［D］. 成都：西南交通大学，2005.

［20］国世超. 低轨道卫星扩频通信中快速码捕获技术研究［D］. 国防科学技术大学，2009.

［21］李海清. Turbo 交织器的设计及相关技术研究［D］. 哈尔滨：哈尔滨工程大学，2008.

［22］李小玮，韦岗. 基于三维矩阵的 Turbo 码交织器设计［J］. 电子与信息学报，2005.

［23］王伟，刘洋，李欣. 基于迭代信息传递的 PN 码快速捕获方法研究［J］. 宇航学报，2008.

［24］王伟，徐定杰，沈锋. 一种大步进伪码快速捕获方法的研究［J］. 哈尔滨工程大学学报，2006.

［25］陈实如，张京娟，孙尧. 直扩系统伪码序列串并组合捕获方案［J］. 哈尔滨工程大学学报，2003.

［26］王伟，郝燕玲，马龙华. 动态和噪声环境下伪码和载波联合测距算法研究［J］. 哈尔滨工程

大学学报,2006.

[27] 踪念科. 基于迭代检测的伪码捕获方法研究及 FPGA 实现[D]. 哈尔滨:哈尔滨工程大学,2010.

[28] 王伟,踪念科,熊晔. 低复杂度伪码迭代捕获方法[J]. 华中科技大学学报(自然科学版),2011.

[29] 赵国清. 因子图上基于迭代检测的伪随机序列快速捕获算法及其应用[D]. 哈尔滨:哈尔滨工程大学,2010.

[30] 任明禄. 深空通信中的 LDPC 编译码技术的研究[D]. 西安:西安电子科技大学,2007.

[31] 李浩. Turbo 码的优化设计和性能仿真[D]. 西安:西安电子科技大学,2006.

[32] 李周琦. GSM 系统中的 Turbo 频域均衡技术研究[D]. 西安:西安电子科技大学,2010.

[33] 赵颖. Turbo 接收机在 B3G 系统中的应用[D]. 成都:电子科技大学,2005.

[34] 杨鹏. 无线通信中 Turbo 编码与均衡技术[D]. 西安:西安电子科技大学,2005.

[35] 杨建华. Turbo 码迭代译码过程的理论研究[D]. 哈尔滨:哈尔滨工程大学,2005.

[36] 黄杰. 高速数据传输中的低密度校验(LDPC)编码调制研究[D]. 长沙:中国科学技术大学,2006.

[37] 刘昕琦. 低密度奇偶校验码译码算法的硬件实现[D]. 南京:南京航空航天大学,2007.

[38] 别志松. 基于因子图的迭代接收机设计与优化[D]. 北京:北京邮电大学,2007.

[39] 徐华,徐澄圻. 基于 EXIT 图的正则 LDPC 码性能分析研究[J]. 计算机工程与应用,2007(18).

[40] 徐华,徐澄圻. 对基于 EXIT 图的 LDPC 码优化算法的改进[J]. 应用科学学报,2007(2).

[41] 徐斌. 迭代多用户检测技术的研究[D]. 苏州大学,2008.

[42] 张爱萍,罗汉文,王豪行. Turbo 编码 DS/CDMA 系统中的迭代多用户接收器[J]. 通信学报,2002(10).

[43] 张爱萍,罗汉文,王豪行. 编码 CDMA 系统中的一种迭代多用户接收器[J]. 上海交通大学学报,2003(6).

[44] 林佳健. MIMO 系统中的迭代检测技术[D]. 西安:西安电子科技大学,2008.

[45] 孙艳华,龚萍,吴伟陵. 改进的基于序列列表的 MIMO 迭代检测算法[J]. 电子与信息学报,2007(2).

[46] 林竞力. 低密度校验码的构造及其应用研究[D]. 成都:电子科技大学,2009.

[47] 孙冰. LDPC 码迭代译码算法的研究[D]. 西安:西安电子科技大学,2009.

[48] 余娜. 基于 FPGA 的 LDPC 码的实现[D]. 西安:西安电子科技大学,2009.

[49] 邓志鑫,郝燕玲,薛冰. 无线电导航系统两种迭代伪码捕获算法的研究[J]. 中国航海,2009(3).

[50] 邓志鑫,郝燕玲,祖秉法. 迭代伪码捕获算法的改进方法[J]. 宇航学报,2010(1).

[51] 邓志鑫,郝燕玲. Tanner 图和积算法的伪码捕获及性能分析[J]. 北京邮电大学学报,2009(3).

[52] 徐定杰,姜利,沈锋. 基于迭代信息传递技术的直扩信号捕获[J]. 计算机仿真,2008(3).

[53] 王伟,郝燕玲,徐定杰,等. 基于迭代消息传递算法的多用户检测器[P]专利号 CN100501442C,2009.

[54] 郝燕玲,邓志鑫. Gold 码的因子图迭代捕获方法[J]. 北京邮电大学学报,2010(1).

［55］邓志鑫. 基于因子图消息传递算法的伪码快速捕获方法［D］. 哈尔滨: 哈尔滨工程大学, 2009.

［56］童胜勤, 邓勇强. 基于有环因子图的密度进化理论分析［J］. 计算机科学, 2007(11).

［57］郝燕玲, 邓志鑫, 赵丕杰. 基于伪码捕获的迭代消息传递算法 FPGA 设计［J］. 华中科技大学学报(自然科学版), 2009(1).

［58］郝燕玲, 邓志鑫, 王伟. 基于前置三阶相关检测的高性能直扩伪码捕获［J］. 通信学报, 2009(5).

内 容 简 介

迭代检测伪码捕获技术，不同于传统意义上的时频域捕获，而是基于迭代译码的思想，是从一种全新的视觉角度来分析伪码捕获问题。本书从扩频通信系统的基本原理出发，依次介绍迭代检测的基础知识、因子图理论、迭代检测伪码捕获方法、迭代检测伪码捕获方法的优化，迭代检测伪码捕获方法的 FPGA 设计与实现过程等。

本书可以作为导航通信领域相关专业工程技术人员参考用书，也可以作为高等院校导航制导与控制、电子信息工程、通信工程专业高年级本科生和研究生的参考书籍。

Iterative detection pseudo – code acquisition technology is a novel solution perspective to analyze pseudo – code acquisition problem, based on iterative decoding, different from traditional methods in time – frequency domain. This book starts with the basic principle of spread spectrum communication system, successively the basics of iterative detection, factor graph theory, iterative detection pseudo – code acquisition method, optimization of iterative detection pseudo – code acquisition method, FPGA design and implementation of iterative detection pseudo – code acquisition method.

This book can be used as reference material for related engineers working in navigation and communication field, also as a reference book for undergraduate and graduate major in navigation guidance and control, electronic information engineering, communications engineering.